16G101图集实例教程系列丛书

16G101平法钢筋设计实例教程

主编　栾怀军　孙国皖

中国建材工业出版社

图书在版编目(CIP)数据

16G101平法钢筋设计实例教程/栾怀军，孙国皖主编. —北京：中国建材工业出版社，2017.3

(16G101图集实例教程系列丛书)

ISBN 978-7-5160-1764-7

Ⅰ. ①1… Ⅱ. ①栾… ②孙… Ⅲ. ①钢筋混凝土结构-结构设计-教材 Ⅳ. ①TU375.04

中国版本图书馆 CIP 数据核字(2017)第 018641 号

内容简介

本书从实际应用出发，以 16G101 系列图集为基础，通过对混凝土结构设计基础知识，平法施工图通用规则简介，梁、板钢筋设计与计算，柱钢筋设计与计算，剪力墙钢筋设计与计算，钢筋混凝土楼梯设计计算以及基础钢筋设计计算章节的讲解介绍，详细地表述了平法钢筋设计的全部内容，尤其注重对"平法"制图规则的阐述，并且通过实例解读"平法"，以帮助读者正确理解并应用"平法"。

本书可作为介绍平法钢筋设计的基础性、普及性图书，平法钢筋宣贯培训教材，可供设计人员、施工技术人员、工程监理人员、工程造价人员、钢筋工以及其他对平法技术感兴趣的人士学习参考。

16G101平法钢筋设计实例教程

主编　栾怀军　孙国皖

出版发行：中国建材工业出版社

地　　址：北京市海淀区三里河路 1 号

邮　　编：100044

经　　销：全国各地新华书店

印　　刷：北京雁林吉兆印刷有限公司

开　　本：787mm×1092mm　1/16

印　　张：18.5

字　　数：450 千字

版　　次：2017 年 3 月第 1 版

印　　次：2017 年 3 月第 1 次

定　　价：56.80 元

本社网址：www.jccbs.com　　微信公众号：zgjcgycbs

前　言

　　"平法"，即建筑结构施工图平面整体设计方法，为山东大学陈青来教授首次提出。自 1996 年 11 月第一本平法标准图集 96G101 发布实施以来，平法相关标准图集得到了广泛发展与应用。图集内容丰富，表述翔实，涵盖了现浇混凝土结构柱、剪力墙、梁、板、楼梯、独立基础、条形基础、桩基承台、筏形基础、箱形基础和地下室结构的平法制图规则和标准构造详图。毋庸置疑，平法技术深入、广泛应用促进了建筑科技的进一步发展。

　　为了帮助广大读者更好地理解图集的内容，本书从实际应用出发，主要依据 16G101-1《混凝土结构施工图平面整体表示方法制图规则和构造详图（现浇混凝土框架、剪力墙、梁、板)》、16G101-2《混凝土结构施工图平面整体表示方法制图规则和构造详图（现浇混凝土板式楼梯)》、16G101-3《混凝土结构施工图平面整体表示方法制图规则和构造详图（独立基础、条形基础、筏形基础及桩基础)》三本最新图集，通过对混凝土结构设计基础知识，平法施工图通用规则简介，梁、板钢筋设计与计算，柱钢筋设计与计算，剪力墙钢筋设计与计算，钢筋混凝土楼梯设计计算以及基础钢筋设计计算章节的讲解介绍，详细地表述了平法钢筋设计的全部内容，尤其注重对"平法"制图规则的阐述，并且通过实例精解解读"平法"，以帮助读者正确理解并应用"平法"。

　　本书在编写过程中参阅和借鉴了许多优秀书籍、图集和有关国家标准，并得到了有关领导和专家的帮助，在此一并致谢。由于作者的学识和经验有限，虽经编者尽心尽力，但书中仍难免存在疏漏或未尽之处，敬请有关专家和读者予以批评指正。

编　者

2017 年 1 月

China Building Materials Press

目 录

第一章　混凝土结构设计基础知识

> **重点提示：**
> 1. 了解混凝土结构设计的基本规定
> 2. 了解混凝土结构的设计方案要求
> 3. 了解承载力能力极限状态验算和正常使用极限状态验算的内容
> 4. 了解混凝土结构的耐久性设计知识
> 5. 熟悉混凝土构件中的钢筋代换知识

第一节　基本规定

（1）混凝土结构设计应包括下列内容：

1）结构方案设计，包括结构选型、构件布置及传力途径。

2）作用及作用效应分析。

3）结构的极限状态设计。

4）结构及构件的构造、连接措施。

5）耐久性及施工要求。

6）满足特殊要求结构的专门性能设计。

（2）《混凝土结构设计规范》（GB 50010—2010）采用以概率理论为基础的极限状态设计方法，以可靠指标度量结构构件的可靠度，采用分项系数的设计表达式进行设计。

（3）混凝土结构的极限状态设计应包括：

1）承载能力极限状态：结构或结构构件达到最大承载力、出现疲劳破坏、发生不适于继续承载的变形或因结构局部破坏而引发的连续倒塌。

2）正常使用极限状态：结构或结构构件达到正常使用的某项规定限值或耐久性能的某种规定状态。

（4）结构上的直接作用（荷载）应根据现行国家标准《建筑结构荷载规范》（GB 50009—2012）及相关标准确定；地震作用应根据现行国家标准《建筑抗震设计规范》（GB 50011—2010）确定。

间接作用和偶然作用应根据有关的标准或具体情况确定。

直接承受吊车荷载的结构构件应考虑吊车荷载的动力系数。预制构件制作、运输及安装时应考虑相应的动力系数。对现浇结构，必要时应考虑施工阶段的荷载。

（5）混凝土结构的安全等级和设计使用年限应符合现行国家标准《工程结构可靠性设计统一标准》（GB 50153—2008）的规定。

混凝土结构中各类结构构件的安全等级，宜与整个结构的安全等级相同。对其中部分结构构件的安全等级，可根据其重要程度适当调整。对于结构中重要构件和关键传力部位，宜适当提高其安全等级。

（6）混凝土结构设计应考虑施工技术水平以及实际工程条件的可行性。有特殊要求的混凝土结构，应提出相应的施工要求。

（7）设计应明确结构的用途，在设计使用年限内未经技术鉴定或设计许可，不得改变结构的用途和使用环境。

第二节 混凝土结构的设计方案

（1）混凝土结构的设计方案应符合下列要求：

1）选用合理的结构体系、构件形式和布置。

2）结构的平、立面布置宜规则，各部分的质量和刚度宜均匀、连续。

3）结构传力途径应简捷、明确，竖向构件宜连续贯通、对齐。

4）宜采用超静定结构，重要构件和关键传力部位应增加冗余约束或有多条传力途径。

5）宜采取减小偶然作用影响的措施。

（2）混凝土结构中结构缝的设计应符合下列要求：

1）应根据结构受力特点及建筑尺度、形状、使用功能要求，合理确定结构缝的位置和构造形式。

2）宜控制结构缝的数量，并应采取有效措施减少设缝对使用功能的不利影响。

3）可根据需要设置施工阶段的临时性结构缝。

（3）结构构件的连接应符合下列要求：

1）连接部位的承载力应保证被连接构件之间的传力性能。

2）当混凝土构件与其他材料构件连接时，应采取可靠的措施。

3）应考虑构件变形对连接节点及相邻结构或构件造成的影响。

（4）混凝土结构设计应符合节省材料、方便施工、降低能耗与保护环境的要求。

第三节 承载能力极限状态计算

混凝土结构的承载能力极限状态计算应包括下列内容：

（1）结构构件应进行承载力（包括失稳）计算。

（2）直接承受重复荷载的构件应进行疲劳验算。

（3）有抗震设防要求时，应进行抗震承载力计算。

（4）必要时尚应进行结构的倾覆、滑移、漂浮验算。

（5）对于可能遭受偶然作用，且倒塌可引起严重后果的重要结构，宜进行防连续倒塌设计。

对持久设计状况、短暂设计状况和地震设计状况，当用内力的形式表达时，结构构件应采用下列承载能力极限状态设计表达式：

$$\gamma_0 S \leqslant R \tag{1-1}$$

$$R = R(f_c, f_s, \alpha_k \cdots)/\gamma_{Rd} \tag{1-2}$$

式中　γ_0——结构重要性系数：在持久设计状况和短暂设计状况下，对安全等级为一级的结构构件不应小于 1.1，对安全等级为二级的结构构件不应小于 1.0，对安全等级为三级的结构构件不应小于 0.9；对地震设计状况下应取 1.0；

　　　S——承载能力极限状态下作用组合的效应设计值：对持久设计状况和短暂设计状况按作用的基本组合计算；对地震设计状况按作用的地震组合计算；

　　　R——结构构件的抗力设计值；

$R\,(\cdot)$——结构构件的抗力函数；

　　γ_{Rd}——结构构件的抗力模型不定性系数：静力设计取 1.0，对不确定性较大的结构构件根据具体情况取大于 1.0 的数值；抗震设计应用承载力抗震调整系数 γ_{RE} 代替 γ_{Rd}；

f_c、f_s——混凝土、钢筋的强度设计值；

　　α_k——几何参数的标准值，当几何参数的变异性对结构性能有明显的不利影响时，应增减一个附加值。

公式（1-1）中的 $\gamma_0 S$ 为内力设计值，也可用 N、M、V、T 等表达。

第四节　正常使用极限状态验算

（1）混凝土结构构件应根据其使用功能及外观要求，按下列规定进行正常使用极限状态验算：

1）对需要控制变形的构件，应进行变形验算。

2）对不允许出现裂缝的构件，应进行混凝土拉应力验算。

3）对允许出现裂缝的构件，应进行受力裂缝宽度验算。

4）对舒适度有要求的楼盖结构，应进行竖向自振频率验算。

（2）对于正常使用极限状态，钢筋混凝土构件、预应力混凝土构件应分别按荷载的准永久组合，并考虑长期作用的影响或标准组合，采用下列极限状态设计表达式进行验算：

$$S \leqslant C \tag{1-3}$$

式中　S_1——正常使用极限状态荷载组合的效应设计值；

　　　C——结构构件达到正常使用要求所规定的变形、应力、裂缝宽度和自振频率等的限值。

（3）钢筋混凝土受弯构件的最大挠度应按荷载的准永久组合，预应力混凝土受弯构件的最大挠度应按荷载的标准组合，并均应考虑荷载长期作用的影响进行计算，其计算值不应超过表 1-1 规定的挠度限值。

表 1-1　受弯构件的挠度限值

构　件　类　型		挠度限值
吊车梁	手动吊车	$l_0/500$
	电动吊车	$l_0/600$

构 件 类 型		挠度限值
屋盖、楼盖及楼梯构件	当 $l_0 < 7m$ 时	$l_0/200$ （$l_0/250$）
	当 $7m \leqslant l_0 \leqslant 9m$ 时	$l_0/250$ （$l_0/300$）
	当 $l_0 > 9m$ 时	$l_0/300$ （$l_0/400$）

注：1. 表中 l_0 为构件的计算跨度；计算悬臂构件的挠度限值时，其计算跨度 l_0 按实际悬臂长度的 2 倍取用。

2. 表中括号内的数值适用于使用上对挠度有较高要求的构件。

3. 如果构件制作时预先起拱，且使用上也允许，则在验算挠度时，可将计算所得的挠度值减去起拱值；对预应力混凝土构件，尚可减去预加力所产生的反拱值。

4. 构件制作时的起拱值和预加力所产生的反拱值，不宜超过构件在相应荷载组合作用下的计算挠度值。

（4）结构构件正截面的受力裂缝控制等级分为三级，等级划分及要求应符合下列规定：

1）一级：严格要求不出现裂缝的构件，按荷载标准组合计算时，构件受拉边缘混凝土不应产生拉应力。

2）二级：一般要求不出现裂缝的构件，按荷载标准组合计算时，构件受拉边缘混凝土拉应力不应大于混凝土抗拉强度的标准值。

3）三级：允许出现裂缝的构件，对钢筋混凝土构件，按荷载准永久组合并考虑长期作用影响计算时，构件的最大裂缝宽度不应超过表 1-2 规定的最大裂缝宽度限值。对预应力混凝土构件，按荷载标准组合并考虑长期作用的影响计算时，构件的最大裂缝宽度不应超过表 1-2 规定的最大裂缝宽度限值；对二 a 类环境的预应力混凝土构件，尚应按荷载准永久组合计算，且构件受拉边缘混凝土的拉应力不应大于混凝土的抗拉强度标准值。

（5）结构构件应根据结构类型和《混凝土结构设计规范》（GB 50010—2010）规定的环境类别，按表 1-2 的规定选用不同的裂缝控制等级及最大裂缝宽度限值 ω_{lim}。

表 1-2　结构构件的裂缝控制等级及最大裂缝宽度限值 （mm）

环境类别	钢筋混凝土结构		预应力混凝土结构	
	裂缝控制等级	ω_{lim}	裂缝控制等级	ω_{lim}
一	三级	0.30 （0.40）	三级	0.20
二 a		0.20		0.10
二 b			二级	—
三 a、三 b			一级	—

注：1. 对处于年平均相对湿度小于 60％ 地区一类环境下的受弯构件，其最大裂缝宽度限值可采用括号内的数值。

2. 在一类环境下，对钢筋混凝土屋架、托架及需做疲劳验算的吊车梁，其最大裂缝宽度限值应取为 0.20mm；对钢筋混凝土屋面梁和托梁，其最大裂缝宽度限值应取为 0.30mm。

3. 在一类环境下，对预应力混凝土屋架、托架及双向板体系，应按二级裂缝控制等级进行验算；对一类环境下的预应力混凝土屋面梁、托梁、单向板，应按表中二 a 级环境的要求进行验算；在一类和二 a 类环境下需做疲劳验算的预应力混凝土吊车梁，应按裂缝控制等级不低于二级的构件进行验算。

4. 表中规定的预应力混凝土构件的裂缝控制等级和最大裂缝宽度限值仅适用于正截面的验算；预应力混凝土构件的斜截面裂缝控制验算应符合《混凝土结构设计规范》（GB 50010—2010）第 7 章的有关规定。

5. 对于烟囱、筒仓和处于液体压力下的结构，其裂缝控制要求应符合专门标准的有关规定。

6. 对于处于四、五类环境下的结构构件，其裂缝控制要求应符合专门标准的有关规定。

7. 表中的最大裂缝宽度限值用于验算荷载作用引起的最大裂缝宽度。

（6）对混凝土楼盖结构应根据使用功能的要求进行竖向自振频率验算，并宜符合下列要求：

1）住宅和公寓不宜低于 5Hz。

2）办公楼和旅馆不宜低于 4Hz。

3）大跨度公共建筑不宜低于 3Hz。

第五节　混凝土结构的耐久性设计

混凝土结构的可靠性是由结构的安全性、结构的适用性和结构的耐久性来保证的，在规定的设计使用年限内，在正常的维护下混凝土结构应具有足够的耐久性。耐久性与寿命概念不能混淆，与设计周期不一样。

耐久性是指结构在规定的工作环境中，在预定时期内，其材料性能的恶化不至于导致结构出现不可接受的失效概率，足够的耐久性可使结构正常使用到规定的设计使用年限。

根据《混凝土结构设计规范》（GB 50010—2010）第 3.1.3 条规定，耐久性设计按正常使用极限状态控制，耐久性问题表现为钢筋混凝土构件表面锈渍或锈胀裂缝；预应力筋开始锈蚀；结构表面混凝土出现酥裂、粉化等。它可能引起构件承载力破坏，甚至结构倒塌。

目前结构耐久性设计只能采用经验方法解决。根据调研及我国国情，《混凝土结构设计规范》（GB 50010—2010）规定了混凝土耐久性设计的六条基本内容。

（1）确定结构所处的环境类别。

（2）提出材料的耐久性质量要求。

（3）确定构件中钢筋混凝土保护层厚度。

（4）满足耐久性要求相应的技术措施。

（5）在不利的环境条件下应采取的保护措施。

（6）提出结构使用阶段检测与维护的要求。

对临时性的混凝土结构，可不考虑混凝土耐久性要求，如开发小区的售楼处。

按照《工程结构可靠性设计统一标准》（GB 50153—2008）确定的结构设计极限状态仍然分为两类——承载力极限状态和正常使用极限状态，但内容比《混凝土结构设计规范》（GB 50010—2010）有所扩大。

（1）承载力极限状态中，为结构安全考虑，增加了结构防连续倒塌的内容。

（2）正常使用极限状态中，为提高使用质量，增加了舒适度的要求。

影响混凝土结构耐久性的因素之一是环境类别，环境类别可分为七类（表 1-3）。

表 1-3　混凝土结构的环境类别

环境类别	条　　件
一	室内干燥环境 无侵蚀性静水浸没环境

续表

环境类别	条 件
二 a	室内潮湿环境 非严寒和非寒冷地区的露天环境 非严寒和非寒冷地区与无侵蚀性的水或土壤直接接触的环境 严寒和寒冷地区的冰冻线以下与无侵蚀性的水或土壤直接接触的环境
二 b	干湿交替环境 水位频繁变动环境 严寒和寒冷地区的露天环境 严寒和寒冷地区冰冻线以上与无侵蚀性的水或土壤直接接触的环境
三 a	严寒和寒冷地区冬季水位变动区环境 受除冰盐影响环境 海风环境
三 b	盐渍土环境 受除冰盐作用环境 海岸环境
四	海水环境
五	受人为或自然的侵蚀性物质影响的环境

注：1. 室内潮湿环境是指构件表面经常处于结露或湿润状态的环境。
2. 严寒和寒冷地区的划分应符合国家现行标准《民用建筑热工设计规范》（GB 50176）的有关规定。
3. 海岸环境和海风环境宜根据当地情况，考虑主导风向及结构所处迎风、背风部位等因素的影响，由调查研究和工程经验确定。
4. 受除冰盐影响环境是指受到除冰盐盐雾影响的环境；受除冰盐作用环境是指被除冰盐溶液溅射的环境以及使用除冰盐地区的洗车房、停车楼等建筑。
5. 暴露的环境是指混凝土结构表面所处的环境。

影响混凝土结构耐久性因素之二是设计使用年限，使用年限的主要内因是材料抵抗性能退化的能力，《混凝土结构设计规范》（GB 50010—2010）对设计使用年限为50年的混凝土结构材料作出了规定，见表1-4。主要控制混凝土的水胶比、强度等级、氯离子含量和碱含量的数量。与《混凝土结构设计规范》（GB 50010—2002）相比有以下变化：

（1）取消了对最小水泥用量的限制，主要由于近年来胶凝材料及配合比设计的变化，不确定性大，故不再加以限制。

（2）采用引气剂的混凝土，抗冻性能提高显著，因此冻融环境中的混凝土可适当降低要求（表1-4中括号内数字）。一般房屋混凝土结构不考虑碱骨料问题。

（3）混凝土中碱含量的计算方法，可参见《混凝土碱含量限值标准》（CECS 53—1993）。

（4）研究与实践表明，氯离子引起的钢筋电化学腐蚀是混凝土结构最严重的耐久性问题。《混凝土结构设计规范》（GB 50010—2010）对氯离子含量的限制比《混凝土结构设计规范》（GB 50010—2002）更严、更细。为满足氯离子含量限制的要求，应限制使用含功能性氯化物的外加剂。

表 1-4　结构混凝土材料的耐久性基本要求

环境类别	最大水胶比	最低混凝土强度等级	最大氯离子含量/%	最大碱含量/kg/m³
一	0.60	C20	0.30	不限制
二 a	0.55	C25	0.20	
二 b	0.50（0.55）	C30（C25）	0.15	
三 a	0.45（0.50）	C35（C30）	0.15	3.0
三 b	0.40	C40	0.10	

注：1. 氯离子含量系指其占胶凝材料总量的百分比。
　　2. 预应力构件混凝土中的最大氯离子含量为 0.06%；其最低混凝土强度等级宜按表中的规定提高两个等级。
　　3. 素混凝土构件的水胶比及最低强度等级的要求可适当放松。
　　4. 有可靠工程经验时，二类环境中的最低混凝土强度等级可降低一个等级。
　　5. 处于严寒和寒冷地区二 b、三 a 类环境中的混凝土应使用引气剂，并可采用括号中的有关参数。
　　6. 当使用非碱活性骨料时，对混凝土中的碱含量可不作限制。

在工程结构验收时，不仅要验收材料是否达到设计要求的强度，也要验收构件是否满足耐久性要求，特别对于最大水胶比、最大氯离子含量和最大碱含量的指标不能超过表 1-4 中的规定。

当混凝土中加入活性掺合料或能提高耐久性的添加剂时，可适当降低最小水泥用量。

第六节　混凝土构件中的钢筋代换

钢筋代换的基本原则：等强代换（钢筋承载力设计值相等），钢筋强度等级不同时，不可以采用等面积代换。

根据《混凝土结构设计规范》（GB 50010—2010）第 4.2.8 条，当进行钢筋代换时，除应符合设计要求的构件承载力、最大拉力下的总伸长率、裂缝宽度验算以及抗震规定以外，尚应满足最小配筋率、钢筋间距、保护层厚度、钢筋锚固长度、接头面积百分率及搭接长度等构造要求。

《建筑抗震设计规范》（GB 50011—2010），对钢筋的代换原则已列为强制性条文的规定。特别对于有抗震设防要求的框架梁、柱、剪力墙的边缘构件等部位，当代换后的纵向钢筋总承载力设计值大于原设计纵向钢筋总承载力设计值时，会造成薄弱部位的转移，以及构件在有影响的部位发生混凝土的脆性破坏（混凝土压碎、剪力破坏等），因此钢筋代换列入强制性条文。

在设计时，哪些是结构加强部位，哪些是结构薄弱部位，施工企业是不知道的，施工时，不能随意的把某些部位加强，这样会造成整栋楼的薄弱部位的转移，不该出现的破坏部位出现了。所以钢筋代换后需要验算，内容包括最小配筋率、裂缝宽度、挠度等。

《建筑抗震设计规范》（GB 50011—2010）第 3.9.4 条：在施工中，当需要以强度等级较高的钢筋替代原设计中的纵向受力钢筋时，应按照钢筋受拉承载力设计值相等的原则换算，并应满足最小配筋率要求。还应注意钢筋强度和直径改变后正常使用阶段的挠度和裂缝宽度是否在允许范围内。

当钢筋的品种、级别或规格作变更时，应办理设计变更文件。同一钢筋混凝土构件中，纵向受力钢筋应采用同一强度等级的钢筋。

思考题：

1. 混凝土结构的承载能力极限状态计算包括哪些内容？
2. 试说明承载能力极限状态设计的表达式。
3. 试说明正常使用极限状态验算的表达式。
4. 结构构件的裂缝控制等级及最大裂缝宽度限值有何要求？
5. 根据《混凝土结构设计规范》，结构混凝土材料的耐久性有哪些基本要求？

第二章 平法施工图通用规则简介

> **重点提示：**
> 1. 了解 16G101 图集的基本规定
> 2. 了解钢筋保护层的概念与要求
> 3. 熟悉受拉钢筋锚固长度的确定与修正
> 4. 了解钢筋的连接方法，熟悉纵向受力钢筋的绑扎搭接与机械搭接

第一节 16G101 图集基本规定

一、16G101 图集的基本要求

（1）16G101 图集是混凝土结构施工图采用建筑结构施工图平面整体设计方法的国家建筑标准设计图集。

平法的表达形式，概括来讲，是把结构构件的尺寸和配筋等，按照平面整体表示方法制图规则，整体直接表达在各类构件的结构平面布置图上，再与标准构造详图相配合，即构成一套完整的结构设计。平法系列图集包括：

1）16G101-1《混凝土结构施工图平面整体表示方法制图规则和构造详图（现浇混凝土框架、剪力墙、梁、板）》；

2）16G101-2《混凝土结构施工图平面整体表示方法制图规则和构造详图（现浇混凝土板式楼梯）》；

3）16G101-3《混凝土结构施工图平面整体表示方法制图规则和构造详图（独立基础、条形基础、筏形基础、桩基础）》。

（2）16G101 图集标准构造详图的主要设计依据

《混凝土结构设计规范》（GB 50010—2010）；

《建筑抗震设计规范》（GB 50011—2010）；

《建筑地基基础设计规范》（GB 50007—2011）；

《高层建筑混凝土结构技术规程》（JGJ 3—2010）；

《建筑桩基技术规范》（JGJ 944—2008）；

《地下工程防水技术规范》（GB 50108—2008）；

《建筑结构制图标准》（GB/T 50105—2010）；

《中国地震动参数区划图》（GB 18306—2015）。

（3）16G101 图集的制图规则，既是设计者完成平法施工图的依据，也是施工、监理人员准确理解和实施平法施工图的依据。

（4）16G101 图集中未包括的构造详图，以及其他未尽事项，应在具体设计中由设计者

另行设计。

（5）当具体工程设计需要对本图集的标准构造详图做某些变更，设计者应提供相应的变更内容。

（6）16G101 图集构造节点详图中的钢筋，部分采用深红色线条表示。

（7）16G101 图集的尺寸以毫米为单位，标高以米为单位。

二、平面整体表示方法制图规则

1. 16G101-1 图集

（1）为了规范使用建筑结构施工图平面整体设计方法，保证使用平法设计绘制的结构施工图实现全国统一，确保设计、施工质量，特制定 16G101-1 制图规则。

（2）16G101-1 图集制图规则适用于基础顶面以上各种现浇混凝土结构的框架、剪力墙、梁、板（有梁楼盖和无梁楼盖）等构件的结构施工图设计。

（3）当采用 16G101-1 制图规则时，除遵守 16G101-1 图集有关规定外，还应符合国家现行有关标准。

（4）按平法设计绘制的施工图，一般是由各类结构构件的平法施工图和标准构造详图两大部分构成，但对于复杂的工业与民用建筑，尚需增加模板、开洞和预埋件等平面图。只有在特殊情况下才需增加剖面配筋图。

（5）按平法设计绘制结构施工图时，必须根据具体工程设计，按照各类构件的平法制图规则，在按结构（标准）层绘制的平面布置图上直接表示构件的尺寸、配筋。出图时，宜按基础、柱、剪力墙、梁、板、楼梯及其他构件的顺序排列。

（6）在平面布置图上表示各构件尺寸和配筋的方式，分平面注写方式、列表注写方式和截面注写方式三种。

（7）按平法设计绘制结构施工图时，应将所有柱、剪力墙、梁和板等构件进行编号，编号中含有类型代号和序号等。其中，类型代号的主要作用是指明所选用的标准构造详图；在标准构造详图上，已经按其所属构件类型注明代号，以明确该详图与平法施工图中该类型构件的互补关系，使两者结合构成完整的结构设计图。

（8）按平法设计绘制结构施工图时，应当用表格或其他方式注明包括地下和地上各层的结构层楼（地）面标高、结构层高及相应的结构层号。

其结构层楼面标高和结构层高在单项工程中必须统一，以保证基础、柱与墙、梁、板、楼梯等用同一标准竖向定位。为施工方便，应将统一的结构层楼面标高和结构层高分别放在柱、墙、梁等各类构件的平法施工图中。

注：结构层楼面标高系将建筑图中的各层地面和楼面标高值扣除建筑面层及垫层做法厚度后的标高，结构层号应与建筑楼层号对应一致。

（9）为了确保施工人员准确无误地按平法施工图进行施工，在具体工程施工图中必须写明以下与平法施工图密切相关的内容：

1）注明所选用平法标准图的图集号（如图集号 16G101-1），以免图集改版后在施工中用错版本。

2）写明混凝土结构的设计使用年限。

3）应写明抗震设防烈度及抗震等级，以明确选用相应抗震等级的标准构造详图。

4）写明各类构件在不同部位所选用的混凝土的强度等级和钢筋级别，以确定相应纵向受拉钢筋的最小锚固长度及最小搭接长度等。

当采用机械锚固形式时，设计者应指定机械锚固的具体形式、必要的构件尺寸以及质量要求。

5）当标准构造详图有多种可选择的构造做法时写明在何部位选用何种构造做法。当未写明时，则为设计人员自动授权施工人员可以任选一种构造做法进行施工。例如：框架顶层端节点配筋构造（16G101-1 图集第 67 页）、复合箍中拉筋弯钩做法（16G101-1 图集第 62 页）、无支撑板端部封边构造（16G101-1 图集第 103 页）等。

某些节点要求设计者必须写明在何部位选用何种构造做法，例如：板的上部纵向钢筋在端支座的构造（16G101-1 图集第 99、100、105、106 页）、地下室外墙与顶板的连接（16G101-1 图集第 82 页）、剪力墙上柱 QZ 纵筋构造方式（16G101-1 图集第 65 页）等、剪力墙水平分布钢筋是否计入约束边缘构件体积配箍率计算（计入时，16G101-1 图集第 76 页）、非底部加强部位剪力墙构造边缘构件是否设置外圈封闭箍筋（16G101-1 图集第 77 页）等。

6）写明柱（包括墙柱）纵筋、墙身分布筋、梁上部贯通筋等在具体工程中需接长时所采用的连接形式及有关要求。必要时，尚应注明对接头的性能要求。

轴心受拉及小偏心受拉构件的纵向受力钢筋不得采用绑扎搭接，设计者应在平法施工图中注明其平面位置及层数。

7）写明结构不同部位所处的环境类别。

8）注明上部结构的嵌固部位位置；框架柱嵌固部位不在地下室顶板，但仍需考虑地下室顶板对上部结构实际存在嵌固作用时，也应注明。

9）设置后浇带时，注明后浇带的位置、浇筑时间和后浇混凝土的强度等级以及其他特殊要求。

10）当柱、墙或梁与填充墙需要拉结时，其构造详图应由设计者根据墙体材料和规范要求选用相关国家建筑标准设计图集或自行绘制。

11）当具体工程需要对 16G101-1 图集的标准构造详图做局部变更时，应注明变更的具体内容。

12）当具体工程中有特殊要求时，应在施工图中另加说明。

（10）对钢筋的混凝土保护层厚度、钢筋搭接和锚固长度，除在结构施工图中另有注明者外，均需按 16G101-1 图集标准构造详图中的有关构造规定执行。

2. 16G101-2 图集

（1）为了规范使用建筑结构施工图平面整体设计方法，保证按平法设计绘制的结构施工图实现全国统一，确保设计、施工质量，特制定 16G101-2 制图规则。

（2）16G101-2 图集制图规则适用于现浇混凝土板式楼梯。

（3）当采用 16G101-2 制图规则时，除遵守 16G101-2 图集有关规定外，还应符合国家现行相关标准。

（4）按平法设计绘制的楼梯施工图，一般是由楼梯的平法施工图和标准构造详图两大部分构成。

（5）梯板的平法注写方式包括平面注写、剖面注写和列表注写三种。平台板、梯梁及梯柱的平法注写方式参见国家建筑标准设计图集 16G101-1《混凝土结构施工图平面整体表示方法制图规则和构造详图（现浇混凝土框架、剪力墙、梁、板）》。

（6）按平法设计绘制结构施工图时，应当用表格或其他方式注明包括地下和地上各层的结构层楼（地）面标高、结构层高及相应的结构层号。

其结构层楼面标高和结构层高在单项工程中对应关系必须一致，以保证基础、柱与墙、梁、板等用同一标准竖向定位。为施工方便，应将统一的结构层楼面标高和结构层高分别放在柱、墙、梁等各类构件的平法施工图中。

注：结构层楼面标高系指将建筑图中的各层地面和楼面标高值扣除建筑面层及垫层做法厚度后的标高，结构层号应与建筑楼层号对应一致。

（7）按平法设计绘制结构施工图时，应将所有构件进行编号，构件编号中含有类型代号和序号等，其中类型代号的主要作用是指明所选用的标准构造详图；在标准构造详图上，已经按照其所属梯板类型注明代号，以明确该详图与施工图中相同构件的互补关系，使两者结合构成完整的结构设计施工图。

（8）为了确保施工人员准确无误地按平法施工图施工，在具体工程的结构设计总说明中必须写明以下与平法施工图密切相关的内容：

1）注明所选用平法标准图的图集号（如图集号 16G101-2），以免图集改版后在施工中用错版本。

2）注明楼梯所选用的混凝土强度等级和钢筋级别，以确定相应受拉钢筋的最小锚固长度及最小搭接长度等。

当采用机械锚固形式时，设计者应指定机械锚固的具体形式、必要的构件尺寸以及质量要求。

3）注明楼梯所处的环境类别。

4）当选用 ATa、ATb、ATc、CTa 或 CTb 型楼梯时，设计者应根据具体工程情况给出楼梯的抗震等级。

5）当标准构造详图有多种可选择的构造做法时，写明在何部位选用何种构造做法。

AT～GT 型楼梯梯板上部纵向钢筋在端支座的锚固要求，16G101-2 图集标准构造详图中规定：当设计按铰接时，平直段伸至端支座对边后弯折，且平直段长度不小于 $0.35l_{ab}$；弯折段投影长度 $15d$（d 为纵向钢筋直径）；当充分利用钢筋的抗拉强度时，直段伸至端支座对边后弯折，且平直段投影长度不小于 $0.6l_{ab}$，弯折段投影长度 $15d$。设计者应在平法施工图中注明采用何种构造，当多数采用同种构造时可在图注中写明，并将少数不同之处在图中注明。

6）当选用 ATa、ATb、CTa 或 CTb 型楼梯时，可选用 16G101-2 图集中滑动支座的做法。当采用与 16G101-2 图集不同的构造做法时，由设计者另行处理。

7）16G101-2 图集不包括楼梯与栏杆连接的预埋件详图，设计中应注明楼梯与栏杆连接的预埋件详见建筑设计图或相应的国家建筑标准设计图集。

8）当具体工程需要对 16G101-2 图集的标准构造详图作某些变更时，应注明变更的具体内容。

9）当具体工程中有特殊要求时，应在施工图中另加说明。

（9）钢筋的混凝土保护层厚度、钢筋搭接和锚固长度，除在结构施工图中另有注明者外，均按 16G101-2 图集标准构造详图中的有关构造规定执行。

（10）16G101-2 图集所有梯板踏步段的侧边均与侧墙相挨但不相连。当梯板踏步段与侧墙设计为相连或嵌入时，不论其侧墙为混凝土结构或砌体结构，均由设计者另行设计。

（11）16G101-2 图集 AT～GT 型楼梯，设计者可根据具体工程的实际情况增加抗震构造措施，同时将 16G101-2 图集中 l_a、l_{ab} 变更为 l_{aE}、l_{abE}。

（12）16G101-2 图集相关构件中纵向受力钢筋均按带肋钢筋表达，当采用 HPB300 级钢筋时，其末端应设 180°弯钩，做法见 16G101-2 图集第 18 页。

3. 16G101-3 图集

（1）为了规范使用建筑结构施工图平面整体设计方法，保证按平法设计绘制的结构施工图实现全国统一，确保设计、施工质量，特制定 16G101-3 制图规则。

（2）16G101-3 图集制图规则适用于各种现浇混凝土的独立基础、条形基础、筏形基础及桩基础施工图设计。

（3）当采用 16G101-3 制图规则时，除遵守 16G101-3 图集有关规定外，还应符合国家现行有关标准。

（4）按平法设计绘制的施工图，一般是由各类结构构件的平法施工图和标准构造详图两大部分构成，但对于复杂的工业与民用建筑，尚需增加模板、基坑、留洞和预埋件等平面图和必要的详图。

（5）按平法设计绘制结构施工图时，必须根据具体工程设计，按照各类构件的平法制图规则，在基础平面布置图上直接表示构件的尺寸、配筋。出图时，宜按基础、柱、剪力墙、梁、板、楼梯及其他构件的顺序排列。

（6）按平法设计绘制的现浇混凝土的独立基础、条形基础、筏形基础及桩基础施工图，以平面注写方式为主、截面注写方式为辅表达各类构件的尺寸和配筋。

（7）按平法设计绘制结构施工图时，应将所有构件进行编号，编号中含有类型代号和序号等。其中，类型代号的主要作用是指明所选用的标准构造详图；在标准构造详图上，已经按其所属构件类型注明代号，以明确该详图与平法施工图中该类型构件的互补关系，使两者结合构成完整的结构设计图。

（8）按平法设计绘制基础结构施工图时，应采用表格或其他方式注明基础底面基准标高、±0.000 的绝对标高。

16G101-3 图集应与国家建筑标准设计 16G101-1 及 16G101-2 配合使用，在单项工程中，其结构层楼（地）面标高与结构层高必须统一，以保证地基与基础、柱与墙、梁、板、楼梯等构件按照统一的竖向定位尺寸进行标注。

注：1. 结构层楼面标高系指将建筑图中的各层地面和楼面标高值扣除建筑面层及垫层做法厚度后的标高，结构层号应与建筑楼层号一致。

2. 当具体工程的全部基础底面标高相同时，基础底面基准标高即为基础底面标高。当基础底面标高不同时，应取多数相同的底面标高为基础底面基准标高，对其他少数不同标高者应标明范围并注明标高。

（9）为方便设计表达和施工识图，规定结构平面的坐标方向为：

1）当两向轴网正交布置时，图面从左至右为 X 向，从下至上为 Y 向；当轴网在某位置转向时，局部坐标方向顺轴网的转向角度做相应转动，转动后的坐标应加图示。

2）当轴网向心布置时，切向为 X 向，径向为 Y 向，并应加图示。

3）对于平面布置比较复杂的区域，如轴网转折交界区域、向心布置的核心区域等，其平面坐标方向应由设计者另行规定并加图示。

（10）为了确保施工人员准确无误地按平法施工图进行施工，在具体工程施工图中必须写明以下与平法施工图密切相关的内容：

1）注明所选用平法标准图的图集号（如图集号 16G101-3），以免图集改版后在施工中用错版本。

2）注明各构件所采用的混凝土强度等级和钢筋级别，以确定与其相关的受拉钢筋最小锚固长度及最小搭接长度。

3）注明基础中各部位所处的环境类别，且对混凝土保护层厚度有特殊要求时应予以注明。

4）设置后浇带时，注明后浇带的位置、浇灌时间和后浇混凝土的强度等级以及其他特殊要求。

5）当标准构造详图有多种可选择的构造做法时写明在何部位选用何种构造做法。当未写明时，则为设计人员自动授权施工人员可以任选一种构造做法进行施工。例如：复合箍中拉筋弯钩做法（16G101-3 图集第 63 页）、筏形基础板边缘侧面封边构造（16G101-3 图集第93 页）等。

某些节点要求设计者必须写明在何部位选用何种构造做法。例如：墙身外侧竖向分布钢筋与基础底部纵筋搭接连接做法（见 16G101-3 图集第 64 页）、筏形基础次梁、筏形基础平板底部钢筋在边支座的锚固要求（见 16G101-3 图集第 85、89、93 页）。

6）当采用防水混凝土时，应注明抗渗等级；应注明施工缝、变形缝、后浇带、预埋件等采用的防水构造类型。

7）当具体工程需要对 16G101-3 图集的标准构造详图做局部变更时，应注明变更的具体内容。

8）当具体工程中有特殊要求时，应在施工图中另行说明。

（11）对钢筋的混凝土保护层厚度、钢筋搭接和锚固长度，除在结构施工图中另有注明者外，按 16G101-3 图集标准构造详图中的有关构造规定执行。

（12）16G101-3 图集基础自身的钢筋当采用绑扎搭接连接时标为 l_l；基础自身钢筋的锚固标为 l_a、l_{ab}。设计者可根据具体工程的实际情况，将基础自身的钢筋连接与锚固按抗震设计处理，对 16G101-3 图集的标准构造做相应变更。

三、平法图集与其他标准图集的差异

以往接触的大量标准图集，都是"构件类"标准图集，如：预制平板图集、薄腹梁图集、梯形屋架图集、大型屋面板图集，图集对每一个"图号"（即一个具体的构件），除了明示其工程做法以外，还都给出了明确的工程量（混凝土体积、各种钢筋的用量和预埋件的用量等）。

然而，平法图集不是"构件类"标准图集，它不是讲某一类构件，它讲的是混凝土结构施工图平面整体表示方法，也就是"平法"。

"平法"的实质，是把结构设计师的创造性劳动与重复性劳动区分开来。一方面，把结构设计中的重复性部分，做成标准化的节点构造；另一方面，把结构设计中的创造性部分，使用标准化的设计表示法"平法"来进行设计，从而达到简化设计的目的。

所以，看每一本平法标准图集，有一半的篇幅是讲"平法"的标准设计规则，另一半的篇幅是讲标准的节点构造。

使用"平法"设计施工图以后，结构设计工作大大简化了，图纸也大大减少了，设计的速度加快了，改革的目的达到了。但是，给施工和预算带来了麻烦。以前的图纸有构件的大样图和钢筋表，照表下料、按图绑扎就可以完成施工任务。钢筋表还给出了钢筋质量的汇总数值，做工程预算是很方便的。但现在整个构件的大样图要根据施工图上的平法标注，结合标准图集给出的节点构造去进行想象，钢筋表更是要自己努力去把每根钢筋的形状和尺寸逐一计算出来。可是一个普通工程也有几千种钢筋，显然，采用手工计算来处理上述工作是极其麻烦的。

于是，系统分析师和软件工程师共同努力，研究出"平法钢筋自动计算软件"，用户只需要在"结构平面图"上按平法进行标注，就能够自动计算出《工程钢筋表》来。但是，光靠软件是不够的，计算机软件不能完全取代人的作用，使用软件的人也要看懂平法施工图纸、熟悉平法的基本技术。

第二节　钢筋保护层

钢筋保护层是指钢筋外表面到构件外表面的距离，如图 2-1 所示。

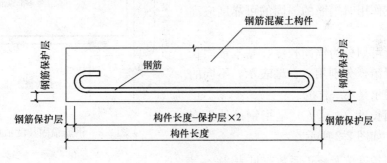

图 2-1　钢筋保护层示意图

钢筋保护层的规定，根据混凝土强度等级和环境类别的不同有所不同，详见 16G101 图集。表 2-1 是各种现浇混凝土构件的钢筋保护层最小厚度表。

当设计施工图纸中有钢筋保护层的规定时，应按设计施工图纸中的规定计算。

表 2-1　混凝土保护层的最小厚度

环境类别	板、墙/mm	梁、柱/mm
一	15	20
二 a	20	25
二 b	25	35
三 a	30	40

续表

环境类别	板、墙/mm	梁、柱/mm
三 b	40	50

注：1. 表中混凝土保护层厚度是指最外层钢筋外边缘至混凝土表面的距离，适用于设计使用年限为50年的混凝土结构。

2. 构件中受力钢筋的保护层厚度不应小于钢筋的公称直径。

3. 设计使用年限为100年的混凝土结构，一类环境中，最外层钢筋的保护层厚度不应小于表中数值的1.4倍；二、三类环境中，应采取专门的有效措施。

4. 混凝土强度等级不大于C25时，表中保护层厚度数值应增加5mm。

5. 基础底面钢筋的保护层厚度，有混凝土垫层时应从垫层顶面算起，且不应小于40mm；无垫层时不应小于70mm。

第三节　受拉钢筋的锚固长度

一、受拉钢筋锚固长度的确定

（1）锚固作用是通过钢筋和混凝土之间粘结，通过混凝土对钢筋表面产生的握裹力，从而使钢筋和混凝土共同作用，以抵抗外界承载能力破坏变形，改善结构受力状态。如果钢筋的锚固失效，则可能会使结构丧失承载力而引起结构破坏。在抗震设计中提出"强锚固"，即要求在地震作用时钢筋的锚固的可靠度应高于非抗震设计。

锚固长度可划分为锚固长度、基本锚固长度。为避免混淆，分别用 l_a、l_{ab} 表示，不同的节点做法，表示是不一样的。

钢筋锚固长度（l_{aE}、l_a）是指钢筋伸入支座内的长度，如图 2-2 所示。

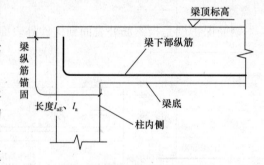

图 2-2　钢筋锚固长度示意图

钢筋锚固长度值及修正系数，见表 2-2～表 2-5。

表 2-2　受拉钢筋基本锚固长度 l_{ab}

钢筋种类	混凝土强度等级								
	C20	C25	C30	C35	C40	C45	C50	C55	≥C60
HPB300	$39d$	$34d$	$30d$	$28d$	$25d$	$24d$	$23d$	$22d$	$21d$
HRB335	$38d$	$33d$	$29d$	$27d$	$25d$	$23d$	$22d$	$21d$	$21d$
HRB400、HRBF400、RRB400	—	$40d$	$35d$	$32d$	$29d$	$28d$	$27d$	$26d$	$25d$
HRB500、HRBF500	—	$48d$	$43d$	$39d$	$36d$	$34d$	$32d$	$31d$	$30d$

表 2-3 抗震设计时受拉钢筋基本锚固长度 l_{abE}

钢筋种类		混凝土强度等级								
		C20	C25	C30	C35	C40	C45	C50	C55	≥C60
HPB300	一、二级	$45d$	$39d$	$35d$	$32d$	$29d$	$28d$	$26d$	$25d$	$24d$
	三级	$41d$	$36d$	$32d$	$29d$	$26d$	$25d$	$24d$	$23d$	$22d$
HRB335	一、二级	$44d$	$38d$	$33d$	$31d$	$29d$	$26d$	$25d$	$24d$	$24d$
	三级	$40d$	$35d$	$31d$	$28d$	$26d$	$24d$	$23d$	$22d$	$22d$
HRB400 HRBF400	一、二级	—	$46d$	$40d$	$37d$	$33d$	$32d$	$31d$	$30d$	$29d$
	三级	—	$42d$	$37d$	$34d$	$30d$	$29d$	$28d$	$27d$	$26d$
GRB500 HRBF500	一、二级	—	$55d$	$49d$	$45d$	$41d$	$39d$	$37d$	$36d$	$35d$
	三级	—	$50d$	$45d$	$41d$	$38d$	$36d$	$34d$	$33d$	$32d$

注：1. 四级抗震时，$l_{abE}=l_{ab}$。

2. 当锚固钢筋的保护层厚度不大于 $5d$ 时，锚固钢筋长度范围内应设置横向构造钢筋，其直径不应小于 $d/4$（d 为锚固钢筋的最大直径）；对梁、柱等构件间距不应大于 $5d$，对板、墙等构件间距不应大于 $10d$，且均不应大于 100mm（d 为锚固钢筋的最小直径）。

表 2-4 受拉钢筋锚固长度 l_a

钢筋种类	混凝土强度等级																
	C20	C25		C30		C35		C40		C45		C50		C55		≥C60	
	$d≤25$	$d≤25$	$d>25$	$d≤25$	$d>25$	$d≤25$	$d>25$	$d≤25$	$d>25$	$d≤25$	$d>25$	$d≤25$	$d>25$	$d≤25$	$d>25$	$d≤25$	$d>25$
HPB300	$39d$	$34d$	—	$30d$	—	$28d$	—	$25d$	—	$24d$	—	$23d$	—	$22d$	—	$21d$	—
HRB335	$38d$	$33d$	—	$29d$	—	$27d$	—	$25d$	—	$23d$	—	$22d$	—	$21d$	—	$21d$	—
HRB400、HRBF400 RRB400	—	$40d$	$44d$	$35d$	$39d$	$32d$	$35d$	$29d$	$32d$	$28d$	$31d$	$27d$	$30d$	$26d$	$29d$	$25d$	$28d$
HRB500、HRBF500	—	$48d$	$53d$	$43d$	$47d$	$39d$	$43d$	$36d$	$40d$	$34d$	$37d$	$32d$	$35d$	$31d$	$34d$	$30d$	$33d$

表 2-5 受拉钢筋抗震锚固长度 l_{aE}

钢筋种类及抗震等级		混凝土强度等级																
		C20	C25		C30		C35		C40		C45		C50		C55		≥C60	
		$d≤25$	$d≤25$	$d>25$	$d≤25$	$d>25$	$d≤25$	$d>25$	$d≤25$	$d>25$	$d≤25$	$d>25$	$d≤25$	$d>25$	$d≤25$	$d>25$	$d≤25$	$d>25$
HPB300	一、二级	$45d$	$39d$	—	$35d$	—	$32d$	—	$29d$	—	$28d$	—	$26d$	—	$25d$	—	$24d$	—
	三级	$41d$	$36d$	—	$32d$	—	$29d$	—	$26d$	—	$25d$	—	$24d$	—	$23d$	—	$22d$	—
HRB335	一、二级	$44d$	$38d$	—	$33d$	—	$31d$	—	$29d$	—	$26d$	—	$25d$	—	$24d$	—	$24d$	—
	三级	$40d$	$35d$	—	$30d$	—	$28d$	—	$26d$	—	$24d$	—	$23d$	—	$22d$	—	$22d$	—
HRB400 HRBF400	一、二级	—	$46d$	$51d$	$40d$	$45d$	$37d$	$40d$	$33d$	$37d$	$32d$	$36d$	$31d$	$35d$	$30d$	$33d$	$29d$	$32d$
	三级	—	$42d$	$46d$	$37d$	$41d$	$34d$	$37d$	$30d$	$34d$	$29d$	$33d$	$28d$	$32d$	$27d$	$30d$	$26d$	$29d$

钢筋种类及抗震等级		混凝土强度等级															
		C20	C25		C30		C35		C40		C45		C50		C55		≥C60
		$d≤25$	$d≤25$	$d>25$	$d≤25$	$d>25$	$d≤25$	$d>25$	$d≤25$	$d>25$	$d≤25$	$d>25$	$d≤25$	$d>25$	$d≤25$	$d>25.$	$d≤25$	$d>25$
HRB500 HRBF500	一、二级	—	$55d$	$61d$	$49d$	$54d$	$45d$	$49d$	$41d$	$46d$	$39d$	$43d$	$37d$	$40d$	$36d$	$39d$	$35d$	$38d$
	三级	—	$50d$	$56d$	$45d$	$49d$	$41d$	$45d$	$38d$	$42d$	$36d$	$39d$	$34d$	$37d$	$33d$	$36d$	$32d$	$35d$

注: 1. 当为环氧树脂涂层带肋钢筋时,表中数据尚应乘以1.25。

2. 当纵向受拉钢筋在施工过程中易受扰动时,表中数据尚应乘以1.1。

3. 当锚固长度范围内纵向受力钢筋周边保护层厚度为3d、5d（d为锚固钢筋的直径）时,表中数据可分别乘以 0.8、0.7;中间时按内插值。

4. 当纵向受拉普通钢筋锚固长度修正系数（注1～注3）多于一项时,可按连乘计算。

5. 受拉钢筋的锚固长度 l_a、l_{aE} 计算值不应小于200。

6. 四级抗震时,$l_{aE}=l_a$。

7. 当锚固钢筋的保护层厚度不大于5d时,锚固钢筋长度范围内应设置横向构造钢筋,其直径不应小于d/4（d 为锚固钢筋的最大直径）;对梁、柱等构件间距不应大于5d,对板、墙等构件间距不应大于10d,且均不应 大于100（d为锚固钢筋的最小直径）。

8. HPB300级钢筋末端应做180°弯钩,做法详见16G101-1图集第57页。

受拉钢筋的锚固长度根据《混凝土结构设计规范》（GB 50010—2010）第8.3.1条计算,当计算中充分利用钢筋的抗拉强度时,受拉钢筋的锚固应符合下列要求:

受拉钢筋的基本锚固长度 $l_{ab}=\alpha\ (f_y/f_t)\ d$

受拉钢筋的锚固长度 $l_a=\zeta_a l_{ab}$,且不应小于200mm;其中 ζ_a 为锚固长度修正系数,按《混凝土结构设计规范》（GB 50010—2010）第8.3.2条及8.3.3条的规定取用,当多于一项时,可按连乘计算,以减少锚固长度,但不应小于0.6;对预应力钢筋,可取1.0。

受拉钢筋的抗震锚固长度 $l_{aE}=\zeta_{aE} l_a$

有抗震结构设计要求的钢筋的基本锚固长度为 l_{abE},16G101-1图集第57页已列表,可直接采用,不必计算。

梁柱节点中纵向受拉钢筋的锚固要求应按《混凝土结构设计规范》（GB 50010—2010）第9.3节（梁柱节点中框架下部纵向钢筋在端节点的锚固构造）规定执行。

（2）基本锚固长度 l_{ab} 与钢筋的抗拉强度设计值 f_y（预应力钢筋为 f_{py}）、混凝土的轴心抗拉强度等级 f_t、锚固钢筋的外形系数 α（表2-6）及钢筋直径 d 有关。

表2-6 锚固钢筋的外形系数 α

钢筋类型	光圆钢筋	带肋钢筋	螺旋肋钢丝	三股钢绞线	七股钢绞线
α	0.16	0.14	0.13	0.16	0.17

钢筋外形系数中删除了锚固性能很差的刻痕钢丝;带肋钢筋是指HRB热轧带肋钢筋、HRBF细晶粒热轧带肋钢筋、RRB余热处理钢筋;新增加的预应力螺纹钢筋采用螺母锚固,故未列入锚固长度计算。

（3）钢筋的抗拉强度设计值 f_y 为钢筋的屈服强度,《混凝土结构设计规范》（GB 50010—2010）增加了HRB500级带肋钢筋（屈服强度标准值500N/mm²,极限强度标准值

630N/mm²）。

普通钢筋的屈服强度标准值：HPB300（公称直径 6～22mm）为 300N/mm²；HRB335、HRBF335（公称直径 6～50mm）为 335N/mm²；HRB400、HRBF400、RRB400（公称直径 6～50mm）为 400N/mm²；HRB500、HRBF500（公称直径 6～50mm）为 500N/mm²。

普通钢筋的极限强度标准值：HPB300（公称直径 6～22mm）为 420N/mm²；HRB335、HRBF335（公称直径 6～50mm）为 455N/mm²；HRB400、HRBF400、RRB400（公称直径 6～50mm）为 540N/mm²；HRB500、HRBF500（公称直径 6～50mm）为 630N/mm²。

（4）素混凝土结构的混凝土强度等级不应低于 C15；钢筋混凝土结构的混凝土强度等级不应低于 C20；采用强度级别 400MPa 及以上的钢筋时，混凝土强度等级不应低于 C25。

承受重复荷载的钢筋混凝土构件，混凝土强度等级不应低于 C30。

预应力混凝土结构的混凝土强度等级不宜低于 C40，且不应低于 C30。

混凝土的轴心抗拉强度设计值 f_t：C15 为 0.91N/mm²、C20 为 1.10N/mm²、C25 为 1.27N/mm²、C30 为 1.43N/mm²、C35 为 1.57N/mm²、C40 为 1.71N/mm²、C45 为 1.80N/mm²、C50 为 1.89N/mm²、C55 为 1.96N/mm²、C60 为 2.04N/mm²、C65 为 2.09N/mm²、C70 为 2.14N/mm²、C75 为 2.18N/mm²、C80 为 2.22N/mm²。

（5）高强钢筋的锚固问题不可能单纯以增加锚固长度的方式解决，如增加构件的支座宽度，这是不可采取的，我们可以采取提高混凝土强度等级的方式。为控制钢筋在高强度混凝土中锚固长度不至于过短，当混凝土的强度等级≥C60 时，会直接影响到钢筋的锚固长度，所以仍按 C60 取值计算。

（6）锚固长度在图纸设计中一般不会直接标注，需要施工技术人员对结构构件本身、对构件的受力状况有一个准确的判断，并了解结构计算中是否充分利用钢筋的抗拉强度或仅利用钢筋的抗压强度，钢筋下料才会准确。

（7）构件受拉钢筋的锚入支座一般采用直线锚固形式，在构件端部截面尺寸不能满足钢筋直锚时，要求钢筋伸至柱对边再弯折，即使水平段长度足够时也要伸至节点对边后弯折，因为"弯弧力"会使其附近的箍筋产生附加拉力，加大了箍筋承载力，抵抗节点附近产生的次生斜裂缝。

（8）中间层框架梁端节点上部纵向钢筋的弯锚要求≥水平段长度 $0.4l_{ab}$（$0.4l_{abE}$）＋弯折段长度 15d（伸至节点对边并向上或向下弯折）。

框架顶层中柱纵向钢筋的弯锚要求≥水平段长度 $0.5l_{ab}$（$0.5l_{abE}$）＋弯折段长度 12d。

桩基承台纵向钢筋在端部的弯锚要求≥水平段长度 25d＋弯折段长度 10d。

二、受拉钢筋锚固长度的修正

在实际工程应用中，由于锚固条件和锚固强度的变化，锚固长度应根据不同情况做相应的调整。

（1）锚固长度修正系数 ζ_a 可连乘，系考虑混凝土保护层厚度及钢筋未充分利用强度的比值等因素，锚固长度修正后其限值不得小于 $0.6l_{ab}$，任何情况下不得小于 200mm，以保证可靠锚固的最低限度。

（2）当带肋钢筋直径 $d > 25$mm 时，锚固长度应乘以 1.10 修正系数，直径大于 25mm 加长是考虑钢筋肋高减小，对锚固作用降低的影响。

（3）采用环氧树脂涂层钢筋，环氧涂膜的钢筋表面光滑，对锚固不利，降低了钢筋的有效锚固强度 20%，尤其要解决在恶劣环境中钢筋的耐久性问题，所以工程中采用环氧树脂涂层的钢筋（主要是抗腐蚀），需乘 1.25 修正系数。

（4）当钢筋在混凝土施工中易受施工扰动影响，影响钢筋在混凝土中粘结锚固强度。如采用滑模施工、核心筒施工，以及其他施工期间依托钢筋承载的情况，对锚固不利，需乘 1.10 修正系数。

（5）当混凝土保护层厚度较大时，握裹作用加强，锚固长度可以减短，可根据工程实践确定系数。

当锚固区混凝土保护层厚度为 3 倍锚固钢筋直径且配有箍筋时，其锚固长度可减少，乘以 0.8 修正系数；当锚固区保护层厚度为 5 倍锚固钢筋直径时，乘 0.7 修正系数（中间值时按内插取值计算）。

当锚固区钢筋保护层厚度不大于 $5d$ 时，锚固长度范围内应配置横向构造钢筋，其直径不应小于 $d/4$；对梁、柱等杆状构件间距不应大于 $5d$，对板、墙等平面构件间距不应大于 $10d$，且均不应小于 100mm，此处 d 为锚固钢筋的直径。

（6）有抗震设防要求的构件，要考虑到地震时反复荷载作用下钢筋与其周边混凝土之间具有可靠的粘结强度，锚固长度 l_{aE} 的计算与结构的抗震等级有关，在地震作用下时钢筋锚固的可靠度应高于非抗震设计。

抗震锚固长度修正系数 ζ_{aE}：对一、二级抗震等级取 1.15；对三级抗震等级取 1.05；对四级抗震等级取 1.00。

设计中要明确建筑物中哪些是抗震构件中抗受力构件，如框架梁、框架柱；哪些是不属于有抗震设防要求的构件，如次梁、楼板。比如梁、柱中箍筋的直线段，对于抗震构件长度为 $10d$，对于非抗震构件长度为 $5d$。

（7）当纵向受力钢筋的实际配筋面积比计算值大时，如因构造要求而大于计算值，钢筋实际应力小于强度设计值，锚固长度可以减少，但锚固长度减少的情况不能用在抗震设计和直接承受动力荷载的构件中。实际配筋大于设计值时，对于次要构件，如楼板、次梁，可根据设计计算面积与实际配置的钢筋面积的比值，确定修正系数，这个在设计文件应加以明确。

第四节　钢筋的连接

一、钢筋的连接方法

目前，工程上钢筋连接的方法包括绑扎搭接、焊接和机械连接。

绑扎搭接是一种传统的钢筋连接技术，是人工采用绑扎铁丝按照一定的方式将两段钢筋连成一个整体的连接方法。它工艺简单，但劳动强度大，功效低，钢材耗用量大。除轴心受拉、小偏心受拉杆件和直径大于 28mm 的钢筋之外，当施工需要时都可以采用。

焊接连接现在在钢筋工程中被广泛采用，焊接的钢筋网和骨架具有刚度好、接头质量高等优点。采用焊接方法还可以利用钢筋的短头余料，节省钢筋。目前工程中常用的钢筋焊接方法有：钢筋电阻点焊、钢筋闪光对焊、钢筋电弧焊、钢筋电渣压力焊、钢筋气压焊等。不同的焊接方法分别有其适应性，在选用时应考虑钢筋所处的部位、作用及品种规格，同时还要考虑钢材的可焊性。

钢筋机械连接技术是通过钢筋与连接件的机械咬合作用或钢筋端面的承压作用，将一根钢筋的力传递至另一根钢筋的连接方法。

二、纵向受力钢筋的绑扎搭接

《混凝土结构设计规范》（GB 50010—2010）第 8.4.2 条、第 8.4.3 条规定：钢筋连接的形式（搭接、机械连接、焊接）不分优劣，各自适用于一定的工程条件。考虑近年钢筋强度提高以及连接技术进步所带来的影响，搭接钢筋直径的限制较原规范适当减小。绑扎搭接的直径，分别由 28mm（受拉）和 32mm（受压）减少到 25mm（受拉）和 28mm（受压）。

（1）轴心受拉及小偏心受拉杆件（如桁架和拱的拉杆）的纵向受力钢筋不得采用绑扎搭接。

（2）其他构件中的钢筋采用绑扎搭接时：

1）受拉钢筋直径不大于 25mm（原平法为 28mm）；

2）受压钢筋直径不大于 28mm（原平法为 32mm）。

特别说明对于直径较粗的受力钢筋，绑扎搭接在连接区域易发生过宽的裂缝，宜采用机械连接或焊接。

（3）粗细钢筋搭接时，按粗钢筋截面积计算接头面积百分率，按细钢筋直径计算搭接长度。

（4）考虑到绑扎钢筋在受力后，尤其是受弯构件挠曲变形，钢筋与搭接区混凝土会产生分离，直至纵向劈裂，纵向受力钢筋搭接长度范围内应配置箍筋，其直径不应小于搭接钢筋较大直径的 0.25 倍。

（5）在搭接长度范围内的构造钢筋（箍筋或横向钢筋）要求同锚固长度范围（应符合《混凝土结构设计规范》（GB 50010—2010）第 8.3.1 条）同样要求，构造钢筋直径按最大钢筋直径取值，间距按最小搭接钢筋直径取值。

纵向受拉钢筋绑扎接头的搭接长度应根据位于同一连接区段内的钢筋搭接接头面积百分率来确定，按下列公式计算：

$$l_l = \zeta l_a \tag{2-1}$$

$$l_{lE} = \zeta l_{aE} \tag{2-2}$$

式中　　l_l——纵向受拉钢筋的搭接长度；

　　　　l_{lE}——纵向受拉钢筋抗震搭接长度；

　　　　l_a——纵向受拉钢筋的锚固长度；

　　　　l_{aE}——纵向受拉钢筋抗震搭接的锚固长度。

（6）纵向受力钢筋的绑扎搭接接头的有关规定如下：

钢筋的接头宜设置在受力较小处。同一纵向受力钢筋在同一受力区段内不宜设置两个或两个以上接头。

同一构件中相邻纵向受力钢筋的绑扎搭接接头宜互相错开，保持一定间距，以避免在接头处引起应力集中和局部裂缝。钢筋在混凝土中粘结面积越大，搭接区段的抗力越高，为了保证在接头处钢筋与混凝土之间的粘结锚固作用，绑扎搭接接头中钢筋的横向净距离不应小于钢筋直径，且不应小于 25mm。而为防止受力筋合力中轴移动，梁、柱类构件的角部纵筋必须与箍筋角部靠拢绑牢，无法实现分离式绑扎搭接形式。因此，为便于施工和满足搭接区段的抗力要求，角部纵筋可采用并筋式接头形式，但必须通过加大搭接区段长度来满足承载力要求。

同一连接区段内，纵向钢筋搭接接头面积百分率为该区段内有搭接接头的纵向受力钢筋截面面积与全部纵向受力钢筋截面面积的比值（图 2-3）。钢筋绑扎搭接接头连接区段的长度为 1.3 倍搭接长度。凡搭接接头中心间距不大于 1.3 倍搭接长度，或搭接钢筋端部距离不大于 0.3 倍搭接长度时，均属位于同一连接区段的搭接接头。

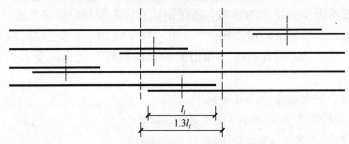

图 2-3　同一连接区段内的纵向受拉钢筋绑扎搭接接头示意

注：图中所示同一连接区段内的搭接接头钢筋为 2 根，当钢筋直径相同时，钢筋搭接接头面积百分率为 50%。

同一连接区段内纵向受拉钢筋搭接接头面积百分率应符合设计要求。当设计无具体要求时，应符合下列规定：

1) 对梁类、板类及墙类构件，不宜大于 25%。

2) 对柱类构件，不宜大于 50%。

3) 当工程中确有必要增大接头面积百分率时，对梁类构件不应大于 50%，对其他构件可根据实际情况放宽。

（7）柱纵向钢筋的"非连接区"外钢筋连接可采用绑扎、焊接、机械连接。当某层连接区的高度小于纵筋分两批搭接所需的高度时，应改为机械连接或焊接。

三、纵向受力钢筋的机械连接

1. 基本要求

《混凝土结构设计规范》（GB 50010—2010）第 8.4.7 条规定：纵向受力钢筋机械连接接头宜相互错开。钢筋机械连接接头连接区段的长度为 $35d$，d 为连接钢筋的较小直径（一般钢筋接头直径不会相差大于 2 级，如果差一级，d 为连接钢筋的较小直径。原规范为较大钢筋直径，并取消了 500mm 的规定。这是为避免接头处相对滑移变形影响）。

凡是接头中点位于该连接区段长度内的机械连接接头均属于同一连接区段。位于同一连接区段内的纵向受拉钢筋接头面积百分率不宜大于 50%；但对于板、墙、柱及预制构件的拼接处，可根据实际情况放宽。受拉钢筋应力较小部位或纵向受压钢筋的接头百分率可不受限制。机械连接宜用于直径不小于 16mm 受力钢筋的连接。

机械连接接头在箍筋非加密区无箍筋加密要求，但必须进行必要的检验。

机械连接通过套筒的咬合力实现钢筋连接，但机械连接区域的混凝土保护层厚度、净距将减少。所以机械连接套筒的保护层厚度宜满足钢筋最小保护层厚度的规定。机械连接套筒的横向净距不宜小于25mm；套筒处箍筋的间距应满足构造要求。

直接承受动力荷载的结构构件中的机械连接接头，除应满足设计要求的抗疲劳性能外，位于同一连接区段内的纵向受力钢筋接头面积百分率不应大于50％。

2. 接头类型

常用的钢筋机械连接接头类型包括：

（1）套筒挤压连接接头

它是通过挤压力使连接件钢套筒塑性变形与带肋钢筋紧密咬合形成的接头。有径向挤压连接和轴向挤压连接两种形式。由于轴向挤压连接现场施工不方便及接头质量不够稳定，没有得到推广；而径向挤压连接技术中，连接接头得到了大面积推广使用。目前工程中使用的套筒挤压连接接头都是径向挤压连接。

（2）锥螺纹连接接头

它是通过钢筋端头特制的锥形螺纹和连接件锥形螺纹咬合形成的接头。锥螺纹连接技术的诞生克服了套筒挤压连接技术存在的不足。锥螺纹丝头完全是提前预制，现场连接占用工期短，现场只需用力矩扳手操作，不需搬动设备和拉扯电线，深受各施工单位的好评。但是锥螺纹连接接头质量不够稳定。由于加工螺纹的锥螺纹小径削弱了母材的横截面面积，从而降低了接头强度，一般只能达到母材实际抗拉强度的85％～95％。我国的锥螺纹连接技术和国外相比还存在一定差距，最突出的一个问题就是螺距单一，直径16～40mm的钢筋采用螺距都为2.5mm，而2.5mm螺距最适合直径22mm钢筋的连接，太粗或太细钢筋连接的强度都不理想，尤其是直径为36mm、40mm钢筋的锥螺纹连接，很难达到母材实际抗拉强度的0.9倍。许多生产单位自称达到钢筋母材标准强度，是利用了钢筋母材超强的性能，即钢筋实际抗拉强度大于钢筋抗拉强度的标准值。

（3）直螺纹连接接头

等强度直螺纹连接接头是20世纪90年代钢筋连接的国际最新潮流，它的接头质量稳定可靠，连接强度高，可与套筒挤压连接接头相媲美，而且又具有锥螺纹接头施工方便、速度快的特点，因此直螺纹连接技术的出现给钢筋连接技术带来了质的飞跃。

直螺纹连接接头主要有镦粗直螺纹连接接头和滚压直螺纹连接接头。这两种工艺采用不同的加工方式，增强钢筋端头螺纹的承载能力，达到接头与钢筋母材等强的目的。

1）镦粗直螺纹连接接头

它是通过钢筋端头镦粗后制作的直螺纹和连接件螺纹咬合形成的接头。其工艺是：先将钢筋端头通过镦粗设备镦粗，再加工出螺纹，接头与母材达到等强。国外镦粗直螺纹连接接头的钢筋端头既有热镦粗又有冷镦粗，热镦粗主要是消除镦粗过程中产生的内应力，但加热设备投入费用高。我国的镦粗直螺纹连接接头的钢筋端头主要是冷镦粗，对钢筋的延性要求高；对延性较低的钢筋，镦粗质量较难控制，易产生脆断现象。

镦粗直螺纹连接接头的优点是强度高，现场施工速度快，工人劳动强度低，钢筋直螺纹丝头全部提前预制，现场连接为装配作业。其不足之处在于镦粗过程中易出现镦偏现象，一旦镦偏必须切掉重镦；镦粗过程中产生内应力，钢筋镦粗部分延性降低，易产生脆断现象，螺纹加工需要两道工序和两套设备来完成。

2）滚压直螺纹连接接头

它是通过钢筋端头直接滚压或挤（碾）压肋滚压或剥肋后滚压制作的直螺纹和连接件螺纹咬合形成的接头。其基本原理是利用了金属材料塑性变形后冷作硬化增强金属材料强度的特性，而仅在金属表层发生塑性变形、冷作硬化，金属内部仍保持原金属的性能，因而使钢筋接头与母材达到等强。

目前，国内常见的滚压直螺纹连接接头有直接滚压螺纹、挤（碾）压肋滚压螺纹和剥肋滚压螺纹三种类型。这三种形式连接接头获得的螺纹精度及尺寸不同，接头质量也存在一定差异。

① 直接滚压直螺纹连接接头。其优点是螺纹加工简单，设备投入少；不足之处在于螺纹精度差，存在虚假螺纹现象。由于钢筋粗细不均，公差大，加工的螺纹直径大小不一致，给现场施工造成困难，使套筒与丝头配合松紧不一致，有个别接头出现拉脱现象。由于钢筋直径变化及横纵肋的影响，使滚丝轮寿命降低，增加接头的附加成本，现场施工易损件更换频繁。

② 挤（碾）压肋滚压直螺纹连接接头。这种连接接头是用专用挤压设备先将钢筋的横肋和纵肋进行预压平处理，然后再滚压螺纹，目的是减轻钢筋肋对成型螺纹精度的影响。

其特点是：成型螺纹精度相对直接滚压有一定提高，但仍不能从根本上解决钢筋直径大小不一致对成型螺纹精度的影响，而且螺纹加工需要两道工序和两套设备来完成。

③ 剥肋滚压直螺纹连接接头。其工艺是先将钢筋端部的横肋和纵肋进行剥切处理后，使钢筋滚丝前的柱体直径达到同一尺寸，然后再进行螺纹滚压成型。

思考题：

1. 16G101 图集标准构造详图的主要设计依据有哪些？

2. 简述 16G101-1 图集的平面整体表示方法制图规则。

3. 简述 16G101-2 图集的平面整体表示方法制图规则。

4. 简述 16G101-3 图集的平面整体表示方法制图规则。

5. 混凝土保护层的最小厚度有何要求？

6. 实际工程应用中，受拉钢筋锚固长度如何进行修正？

7. 纵向受力钢筋机械连接的接头形式有哪些？

第三章 梁、板钢筋设计与计算

重点提示：

1. 了解梁、板配筋计算的基本要求，通过实例学习，掌握梁、板配筋计算方法
2. 熟悉梁的平法识图与钢筋构造详图
3. 熟悉板的平法识图与钢筋构造详图
4. 了解梁、板平法钢筋计算公式，掌握梁、板平法钢筋计算方法

第一节 梁、板的配筋计算

一、受弯构件

1. 概述

结构中各种类型的梁、板是弯矩和剪力共同作用的受弯构件。梁和板的区别在于梁的截面高度一般大于其宽度，而板的截面高度则远小于其宽度。

受弯构件在荷载作用下可能发生正截面破坏和斜截面破坏两种破坏形式。当受弯构件沿弯矩最大的截面破坏时，破坏截面与构件的纵轴线垂直，称为正截面破坏，如图 3-1（a）所示；当受弯构件沿剪力最大或弯矩和剪力都较大的截面发生破坏，破坏截面与构件的纵轴线斜交，称为斜截面破坏，如图 3-1（b）所示。因此，为防止上述两种破坏的产生，需要对受弯构件进行正截面承载力和斜截面承载力计算。

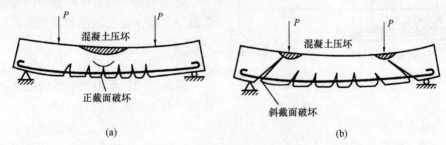

图 3-1 受弯构件的破坏形式
（a）正截面破坏；（b）斜截面破坏

2. 截面形式

受弯构件常用矩形梁、T 形梁、工字形梁、槽形板、空心板、矩形板等截面，如图 3-2 所示。

在受弯构件中，仅在截面的受拉区配置纵向受力钢筋的截面称为单筋截面。同时在截面的受拉区和受压区配置纵向受力钢筋的截面称为双筋截面。

25

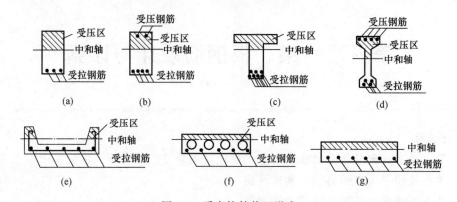

图 3-2　受弯构件截面形式

（a）单筋矩形梁；（b）双筋矩形梁；（c）T 形梁；（d）工字形梁；（e）槽形板；

（f）空心板；（g）矩形板

二、梁的基本要求

1. 截面尺寸

高与跨度之比 h/l 称为高跨比。对于肋形楼盖的主梁为（1/8～1/14）l，次梁为（1/12～1/18）l；独立梁不小于 $l/15$（简支）和 $l/20$（连续）；对于一般铁路桥梁为（1/6～1/10）l，公路桥梁为（1/10～1/18）l。

矩形截面梁的高宽比 h/b 一般取 2.0～3.0；T 形截面梁的 h/b 一般取 2.5～4.0（此处 b 为梁肋宽）。为便于统一模板尺寸，通常采用矩形截面梁的宽度或 T 形截面梁的肋宽 $b=$ 120mm、150mm、180mm、200mm、220mm、250mm 和 300mm，300mm 以上的级差为 50mm。梁的高度 $h=$ 250mm、300mm、……、750mm、800mm、900mm、1000mm 等尺寸。当 $h<800$mm 时，级差为 50mm，当 $h\geqslant800$mm 时，级差为 100mm。

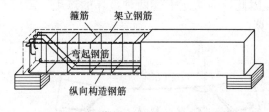

图 3-3　梁的配筋

2. 钢筋类型及要求

梁中钢筋一般有纵向受力钢筋、纵向构造钢筋（包括架立钢筋和梁侧腰筋）和箍筋（图 3-3）。

（1）纵向受力钢筋

纵向受力钢筋沿梁的纵向配置，起抗拉作用（弯矩引起的拉力）。

常用钢筋直径为 10～25mm，梁内受力钢筋的直径宜尽可能相同。设计中若采用两种不同直径的钢筋，钢筋直径相差至少 2mm，以便于在施工中能用肉眼识别，但相差也不宜超过 6mm。

钢筋混凝土梁纵向受力钢筋的直径，当梁高 $h\geqslant300$mm 时，不应小于 10mm；当梁高 $h<300$mm 时，不应小于 8mm。为了便于浇筑混凝土，保证钢筋周围混凝土的密实性，以及保证钢筋能与混凝土粘结在一起，梁纵筋的净间距应满足图 3-4 所示的要求。对于配筋密集引起的设计、施工困难，《混凝土结构设计规范》（GB 50010—2010）给出了并筋的配筋形式。并筋应按单根有效直径进行计算，等效直径应按截面面积相等的原则确定，见表 3-1。

并筋的重心为等效直径钢筋的重心。

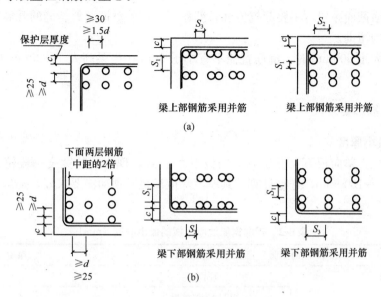

图 3-4　梁纵筋净间距的要求

（a）梁上部纵筋间距要求；（b）梁下部纵筋间距要求

d—钢筋最大直径

表 3-1　梁并筋等效直径、最小净距表

单筋直径 d（mm）	25	28	32
并筋根数	2	2	2
等效直径 d_{eq}（mm）	35	39	45
层净距 S_1（mm）	35	39	45
上部钢筋净距 S_2（mm）	53	59	68
下部钢筋净距 S_3（mm）	35	39	45

注：并筋等效直径的概念可用于钢筋的净距、保护层厚度、钢筋锚固长度等计算中。

（2）纵向构造钢筋

1）架立钢筋。为了固定箍筋并与纵向受力钢筋形成骨架，在梁的受压区应设置架立钢筋。梁内架立钢筋的直径，当梁的跨度 $l < 4$m 时，不宜小于 8mm；当梁的跨度 $l = 4 \sim 6$m 时，不宜小于 10mm；当梁的跨度 $l > 6$m 时，不宜小于 12mm。

2）梁侧腰筋。由于混凝土收缩量的增大，近年在梁的侧面产生收缩裂缝的现象时有发生。裂缝一般呈枣核状，两头尖而中间宽，向上伸至板底，向下置于梁底纵筋处，截面较高的梁，情况更为严重。

因此，《混凝土结构设计规范》（GB 50010—2010）规定，当梁的腹板高度 $h_w \geqslant 450$mm 时，在梁的两个侧面沿高度配置纵向构造钢筋（腰筋）。每侧纵向构造钢筋（不包括梁上、下部受力钢筋及架立钢筋）的截面面积不应小于腹板截面面积 bh_w 的 0.1%，且其间距不宜大于 200mm。此处腹板高度 h_w：矩形截面为有效高度 h_0；对 T 形截面，取有效高度 h_0 减去翼缘高度；对工字形截面，取腹板净高。

（3）箍筋

箍筋沿梁横截面布置，主要起抗剪和骨架作用，另外对抑制斜裂缝的开展和增强纵筋的锚固也有很大的帮助。

当梁高不大于 800mm 时，箍筋直径不宜小于 6mm；当梁高大于 800mm 时，箍筋直径不宜小于 8mm。

三、板的基本要求

1. 板的最小厚度

板的跨厚比，单向板不大于 30，双向板不大于 40。现浇板的宽度一般较大，设计时可取单位宽度（b＝1000mm）进行计算。其厚度除应满足各项功能要求外，还应满足表 3-2 的要求。

表 3-2　现浇钢筋混凝土板的最小厚度（mm）

板的类别		厚度
单向板	屋面板	60
	民用建筑楼板	60
	工业建筑楼板	70
	行车道下的楼板	80
双向板		80
密肋板	肋间距不大于 700	40
	肋间距大于 700	50
悬臂板	板的悬臂长度不大于 500	60
	板的悬臂长度大于 500	80
无梁楼板		150

注：悬臂板的厚度指悬臂根部的厚度。

2. 板内配筋

板内配筋一般有受力钢筋和分布钢筋，如图3-5所示。受力钢筋主要作用是抗拉，分布钢筋的作用是固定受力钢筋的位置和抗裂等。

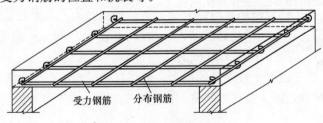

受力钢筋　分布钢筋

图 3-5　板内配筋

为了便于浇筑混凝土，保证钢筋周围混凝土的密实性，板内钢筋间距不宜太密；为了使板能正常地承受外荷载，板内钢筋间距也不宜过稀；板内钢筋的间距一般为 70～200mm，如图 3-6 所示。当板厚 $h\leqslant150$mm 时，板内钢筋间距不宜大于 200mm；当板厚 $h>150$mm 时，板内钢筋间距不宜大于 1.5h，且不宜大于 250mm。

3. 板内分布钢筋

当按单向板设计时，除沿受力方向布置受力钢筋外，还应在垂直受力方向布置分布钢筋，如图3-5所示。板内分布钢筋常用直径是 6mm 和 8mm。单位长度上分布钢筋的截面面积不宜小于单位宽度上受力钢筋截面面积的 15%，且不宜小于该方向板截面面积的 0.15%；分布钢筋的间距不宜大于250mm，直径不宜小于 6mm；对集中荷载较大或温度变化较大的情况，分布钢筋的截面面积应适当增加，其间距不宜大于 200mm。

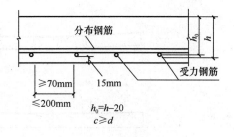

图 3-6　板内配筋构造要求
c—保护层厚度；d—钢筋直径

四、受弯构件正截面承载力计算

1. 纵向受拉钢筋的配筋率 ρ

钢筋混凝土构件是由钢筋和混凝土两种材料组成的，它们的配比变化直接对其受力性能和破坏形态产生影响。截面上配置钢筋的多少，通常用配筋率来衡量。

对矩形截面受弯构件，纵向受拉钢筋的面积 A_s 与截面有效面积 bh_0 的比值称为纵向受拉钢筋的配筋率，简称配筋率，用 ρ 表示，即

$$\rho = \frac{A_s}{bh_0}\% \tag{3-1}$$

$$h_0 = h - a_s$$

式中　ρ——纵向受拉钢筋的配筋率；

　　　A_s——纵向受拉钢筋的面积；

　　　b——截面宽度；

　　　h_0——截面有效高度；

　　　a_s——纵向受拉钢筋合力点至截面近边的距离。

2. 受弯构件正截面破坏类型

试验表明，受弯构件正截面的破坏形态主要与配筋率、混凝土和钢筋的强度等级、截面形式等因素有关，但以配筋率对构件的破坏形态的影响最为明显。根据配筋率不同，其破坏形态为适筋破坏、超筋破坏和少筋破坏，如图 3-7 所示；与三种破坏形态相对应的弯矩-挠度（M-f）曲线如图 3-8 所示。

（1）适筋梁破坏

当配筋适中，即 $\rho_{min} \leqslant \rho \leqslant \rho_{max}$ 时（ρ_{min}、ρ_{max} 分别为纵向受拉钢筋的最小配筋率、最大配筋率）发生适筋梁破坏，其主要特点是纵向受拉钢筋先屈服，然后随着弯矩的增加受压区混凝土被压碎，破坏时两种材料的性能均得到充分发挥。

适筋梁的破坏特点是破坏始自受拉区钢筋的屈服。在钢筋应力达到屈服强度之初，受压区边缘纤维的应变小于受弯时混凝土极限压应变。在梁完全破坏之前，因为钢筋要经历较大的塑性变形，随之引起裂缝急剧开展和梁挠度的激增（图 3-8），它会表露出破坏预兆，属于延性破坏类型，如图 3-7（a）所示。

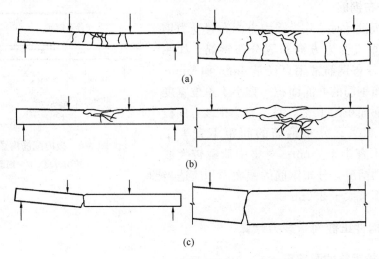

图 3-7　梁正截面的三种破坏形态

(a) 适筋破坏；(b) 超筋破坏；(c) 少筋破坏

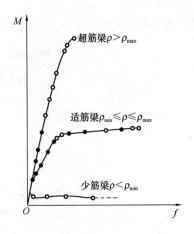

图 3-8　适筋梁、超筋梁、
少筋梁的 M-f 曲线

（2）超筋梁破坏

当配筋过多，即 $\rho > \rho_{max}$ 时发生超筋梁破坏，其主要特点是混凝土受压区先压碎，纵向受拉钢筋不屈服。

超筋梁的破坏特点是在受压区边缘纤维应变达到混凝土受弯极限压应变值时，钢筋应力尚小于屈服强度，但此时梁已告破坏。试验表明，钢筋在梁破坏前仍处于弹性工作阶段，裂缝开展不宽，延伸不高，梁的挠度也不大，如图 3-8 所示。总之，它在没有明显预兆的情况下因为受压区混凝土被压碎而突然破坏，所以属于脆性破坏类型。图 3-7（b）所示超筋梁虽配置过多的受拉钢筋，但由于梁破坏时其钢筋应力低于屈服强度，不能充分发挥作用，造成钢材的浪费。这样不仅不经济，而且破坏前没有预兆，所以设计中不允许采用超筋梁。

（3）少筋梁破坏

当配筋过少，即 $\rho < \rho_{min}$ 时发生少筋破坏形态，其主要特点是受拉区混凝土一开裂就破坏。少筋梁的破坏特点是一旦开裂，受拉钢筋立即达到屈服强度，有时可迅速经历整个流幅而进入强化阶段，在个别情况下，钢筋甚至可能被拉断。少筋梁破坏时，裂缝往往只有一条，不仅裂缝开展过宽，且沿梁高延伸较高，即已标志着梁的"破坏"，如图 3-7（c）所示。

从单纯满足承载力需要出发，少筋梁的截面尺寸过大，所以不经济；同时它的承载力取决于混凝土的抗拉强度，属于脆性破坏类型，所以在土木工程中不允许采用。水利工程中，往往截面尺寸很大，为了经济，有时允许采用少筋梁。

比较适筋梁和超筋梁的破坏特点，可以发现两者的差异在于：前者破坏始自受拉钢筋屈服；后者破坏则始自受压区混凝土被压碎。显然，总会有一个界限配筋率 ρ_b，这时钢筋应力达到屈服强度的同时，受压区边缘纤维应变也恰好达到混凝土受弯时极限压应变值，这种破坏形态称为界限破坏，即适筋梁与超筋梁的界限。界限配筋率 ρ_b 即为适筋梁的最大配筋率 ρ_{max}。界限破坏也属于延性破坏类型，所以界限配筋的梁也属于适筋梁的范围。可见，梁的配筋率应满足 $\rho_{min} \leqslant \rho \leqslant \rho_{max}$ 的要求。

3. 最大配筋率 ρ_{max}、最小配筋率 ρ_{min}

（1）最大配筋率

$$\rho_{max} = \xi_b \alpha_1 \frac{f_c}{f_y} \tag{3-2}$$

式中　ξ_b——相对界限受压区高度，$\xi_b = x_b/h_0$，C50 以下的混凝土对不同强度等级钢筋的 ξ_b 按表 3-3 取用；

　　　x_b——界限受压区高度；

　　　α_1——系数，《混凝土结构设计规范》（GB 50010—2010）规定 $f_{cu,k} \leqslant 50\text{N/mm}^2$ 时，$\alpha_1 = 1.0$；当 $f_{cu,k} = 80\text{N/mm}^2$ 时，$\alpha_1 = 0.94$，其间数值按线性内插法确定。

　　　f_c——混凝土轴心抗压强度设计值；

　　　f_y——钢筋抗拉强度设计值。

表 3-3　相对界限受压区高度 ξ_b 取值

混凝土强度等级	$\leqslant$C50			
钢筋级别	HPB300	HRB335 HRBF335	HRB400 HRBF400 RRB400	HRB500 HRBF500
ξ_b	0.576	0.550	0.518	0.487

（2）最小配筋率 ρ_{min}

少筋破坏的特点是一裂就坏，而最小配筋率 ρ_{min} 是适筋梁与少筋梁的界限配筋率。《混凝土结构设计规范》（GB 50010—2010）规定，对梁类受弯构件，受拉钢筋的最小配筋率取 $\rho_{min} = 45\dfrac{f_t}{f_y}\%$，同时不应小于 0.2%。

若按最小配筋率配筋，当是矩形截面时 $\rho_{min} = \dfrac{A_{s,min}}{bh}$，当为 T 形或工字形截面时，有

$$A_{s,min} = \rho_{min}[bh + (b_f - b)h_f] \tag{3-3}$$

或

$$A_{s,min} = \rho_{min}[A - (b'_f - b)h'_f] \tag{3-4}$$

式中　$A_{s,min}$——按最小配筋率配置的纵向受拉钢筋的面积；

　　　A——构件全截面面积；

　　　b——矩形截面宽度，T 形、工字形截面的腹板宽度；

　　　h——梁的截面高度；

　　b'_f、b_f——T 形或工字形截面受压区、受拉区的翼缘宽度；

　　h'_f、h_f——T 形或工字形截面受压区、受拉区的翼缘高度。

4. 单筋矩形截面正截面受弯承载力计算

（1）基本计算公式

单筋矩形截面受弯构件正截面承载力计算简图如图 3-9 所示。

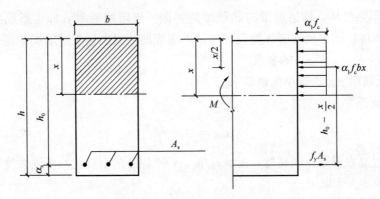

图 3-9　单筋矩形截面受弯构件正截面承载力计算简图

$$\sum X = 0, f_y A_s = \alpha_1 f_c bx \tag{3-5}$$

$$\sum M = 0, M \leqslant M_u = \alpha_1 f_c bx \left(h_0 - \frac{x}{2} \right) \tag{3-6}$$

或

$$M \leqslant M_u = f_y A_s \left(h_0 - \frac{x}{2} \right) \tag{3-7}$$

式中　M——弯矩设计值；

　　　M_u——正截面受弯承载力设计值；

　　　f_c——混凝土轴心抗压强度设计值；

　　　f_y——钢筋抗拉强度设计值；

　　　A_s——纵向受拉钢筋截面面积；

　　　h_0——截面有效高度，$h_0 = h - a_s$；

　　　b——截面宽度；

　　　x——混凝土受压区高度。

采用相对受压区高度 $\xi = x/h_0$ 时，式（3-5）～式（3-7）可写成

$$f_y A_s = \alpha_1 f_c b h_0 \xi \tag{3-8}$$

$$M \leqslant M_u = \alpha_1 f_c h_0^2 \xi (1 - 0.5\xi) \tag{3-9}$$

或

$$M \leqslant M_u = f_y A_s h_0 (1 - 0.5\xi) \tag{3-10}$$

适用条件：

1）防止发生超筋脆性破坏的适用条件为

$$\xi \leqslant \xi_b (x \leqslant \xi_b h_0) \text{ 或 } \rho = \frac{A_s}{b h_0} \leqslant \rho_{max}$$

2）防止发生少筋脆性破坏的适用条件为

$$\rho = \frac{A_s}{b h_0} \geqslant \rho_{min}$$

若令

$$\alpha_s = \xi (1 - 0.5\xi) \tag{3-11}$$

将式（3-11）代入式（3-9），得

$$\alpha_s = \frac{M}{\alpha_1 f_c b h_0^2} \tag{3-12}$$

式中　α_s——截面抵抗矩系数。

由式（3-11）可知

$$\xi = 1 - \sqrt{1 - 2\alpha_s} \tag{3-13}$$

由式（3-8）可知

$$A_s = \frac{\alpha_1 f_c b h_0 \xi}{f_y} \tag{3-14}$$

根据以往设计经验，梁的经济配筋率范围为 $0.6\% \sim 1.5\%$，板的经济配筋率范围为 $0.4\% \sim 0.8\%$。这样的配筋率远小于最大配筋率 ρ_{max}，既节约钢材，又降低成本，且可防止脆性破坏。

（2）设计计算方法

在受弯构件正截面承载力计算时，通常只需对控制截面进行受弯承载力计算。其中控制截面，在等截面构件中一般是指弯矩设计值最大的截面；在变截面构件中则是指截面尺寸相对较小，而弯矩相对较大的截面。

在工程设计计算中，正截面受弯承载力计算包括截面设计和截面复核。

1）截面设计。截面设计是指根据截面所承受的弯矩设计值 M 选定材料、确定截面尺寸，计算配筋量。

设计时，应满足 $M \leqslant M_u$。为了经济起见，一般按 $M = M_u$ 进行计算。

已知：弯矩设计值 M、截面尺寸 bh、混凝土和钢筋的强度等级，求受拉钢筋截面面积 A_s。

计算的一般步骤如下：

① 计算 $\alpha_s = \dfrac{M}{\alpha_1 f_c b h_0^2}$、$\xi = 1 - \sqrt{1 - 2\alpha_s}$。

② 若 $\xi \leqslant \xi_b$，则计算 $A_s = \dfrac{\alpha_1 f_c b h_0 \xi}{f_y}$，选择钢筋。

③ 验算最小配筋率 $\rho = \dfrac{A_s}{b h_0} \geqslant \rho_{min}$。

2）截面复核。截面复核是在截面尺寸、截面配筋以及材料强度已给定的情况下，要求确定该截面的受弯承载力 M_u，并验算是否满足 $M \leqslant M_u$ 的要求。若不满足承载力要求，应修改设计或进行加固处理。这种计算一般在设计审核或结构检验鉴定时进行。

如果计算发现 $A_s < \rho_{min} b h$，则认为该受弯构件是不安全的，应修改设计或进行加固。

已知：弯矩设计值 M、截面尺寸 bh、混凝土和钢筋的强度等级、受拉钢筋的面积 A_s，求受弯承载力 M_u。

计算的一般步骤如下：

① 计算 $\rho = \dfrac{A_s}{b h_0}$。

② 计算 $\xi = \dfrac{\rho \cdot f_y}{\alpha_1 f_c} \left($ 由公式 3-14 和 $\rho = \dfrac{A_s}{b h_0}$ 变换求得 $\right)$。

③ 若 $\xi \leqslant \xi_b$，则 $M_u = f_y A_s h_0 (1 - 0.5\xi)$ 或 $M_u = \alpha_1 f_c b h_0^2 \xi (1 - 0.5\xi)$。

④ 若 $\xi > \xi_b$，则取 $\xi = \xi_b$，$M \leqslant M_u$。

⑤ 当 $M \leqslant M_u$ 时，构件截面安全，否则为不安全。

当 $M < M_u$ 过多时，该截面设计不经济。也可以按基本计算公式求解 M_u，更为直观。

5．T形截面梁

（1）受弯性能

受弯构件在破坏时，大部分受拉区混凝土早已退出工作，故可挖去部分受拉区混凝土，并将钢筋集中放置，如图 3-10（a）所示，形成 T 形截面，对受弯承载力没有影响。这样既可节省混凝土，也可减轻结构自重。若受拉钢筋较多，为便于布置钢筋，可将截面底部适当增大，形成工字形截面，如图 3-10（b）所示。

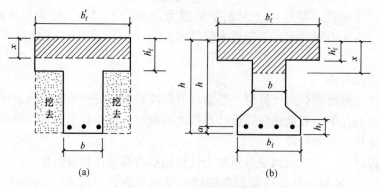

图 3-10　T 形截面
（a）T 形截面；（b）工字形截面

T 形截面伸出部分称为翼缘，中间部分称为肋或梁腹。肋的宽度为 b，位于截面受压区的翼缘宽度为 b'_f，厚度为 h'_f，截面总高为 h。工字形截面位于受拉区的翼缘不参与受力，因此也按 T 形截面计算。

工程结构中，T 形和工字形截面受弯构件的应用是很多的，如现浇肋形楼盖中的主、次梁，T 形吊车梁、薄腹梁、槽形板等均为 T 形截面；箱形截面、空心楼板、桥梁中的梁为工字形截面。

但是，若翼缘在梁的受拉区，如图 3-11（a）所示的倒 T 形截面梁，当受拉区的混凝土开裂以后，翼缘对承载力就不再起作用了。对于这种梁应按肋宽为 b 的矩形截面计算承载力。又如整体式肋梁楼盖连续梁中的支座附近的 2—2 截面，如图 3-11（b）所示，由于承受负弯矩，翼缘（板）受拉，因此仍应按肋宽为 b 的矩形截面计算。

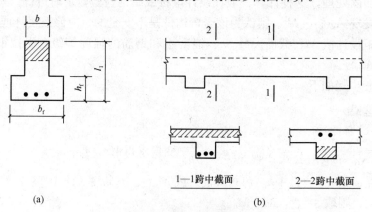

图 3-11　倒 T 形截面
（a）倒 T 形截面；（b）连续梁跨中与支座截面

（2）翼缘的计算宽度 b'_f

T形截面梁受力后，翼缘上的纵向压应力是不均匀分布的，离梁肋越远压应力越小，实际压应力分布如图 3-12（a）、图 3-12（c）所示。因此在设计中把翼缘限制在一定范围内，称为翼缘的计算宽度 b'_f，并假定在 b'_f 范围内压应力是均匀分布的，如图 3-12（b）、图 3-12（d）所示。

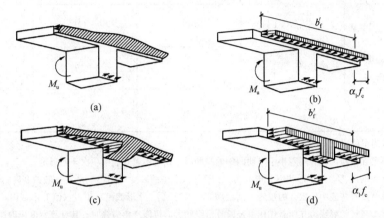

图 3-12 T形截面受弯构件受压翼缘的应力分布

受压翼缘的计算宽度如图 3-13 所示。

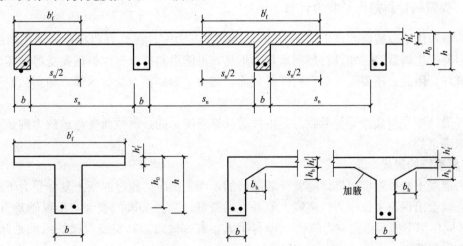

图 3-13 T形截面受压翼缘的计算宽度

《混凝土结构设计规范》（GB 50010—2010）对翼缘计算宽度 b'_f 的取值规定如表 3-4 所示，计算时应取表中有关各项中的最小值。

表 3-4 T形、工字形及倒 L 形截面受弯构件翼缘的计算宽度 b'_f

项次	情 况	T形、工字形截面		倒 L 形截面
		肋形梁（肋形板）	独立梁	肋形梁（板）
1	按跨度 l_0 考虑	$\dfrac{1}{3}l_0$	$\dfrac{1}{3}l_0$	$\dfrac{1}{6}l_0$

续表

项次	情　况		T形、工字形截面		倒L形截面
			肋形梁（肋形板）	独立梁	肋形梁（板）
2	按梁（纵肋）净距 s_n 考虑		$b+s_n$	—	$b+\dfrac{s_n}{2}$
3	按翼缘高度 h_f' 考虑	$\dfrac{h_f'}{h_0}\geqslant0.1$	—	$b+12h_f'$	—
		$0.1>\dfrac{h_f'}{h_0}\geqslant0.05$	$b+12h_f'$	$b+6h_f'$	$b+5h_f'$
		$\dfrac{h_f'}{h_0}<0.05$	$b+12h_f'$	b	$b+5h_f'$

注：1. 表中 b 为梁的腹板宽度。

2. 如肋形梁在梁跨内设有间距小于纵肋间距的横肋时，则可不遵守表中项次3的规定。

3. 对有加腋的T形、工字形和倒L形截面，当受压区加腋的高度 h_h 不小于 h_f' 且加腋的宽度 $b_h \leqslant 3h_h$ 时，则其翼缘计算宽度可按表中项次3的规定分别增加 $2b_h$（T形、工字形截面）和 b_h（倒L形截面）。

4. 独立梁受压区的翼缘板在荷载作用下经验算沿纵肋方向可能产生裂缝时，其计算宽度应取用腹板宽度 b。

另外，T形截面正截面承载力计算与矩形截面正截面承载力计算类似。

五、受弯构件斜截面承载力计算

在荷载作用下，截面除产生弯矩 M 外，还产生剪力 V，在剪力和弯矩共同作用的剪弯区段，容易产生斜裂缝，如果斜截面承载力不足，可能沿斜裂缝发生斜截面受剪破坏或斜截面受弯破坏。因此，还要保证受弯构件斜截面承载力，即斜截面受剪承载力和斜截面受弯承载力。

工程设计中，斜截面受剪承载力是由抗剪计算来满足的，斜截面受弯承载力则是通过构造要求来满足的。

1. 斜裂缝的形成

因为混凝土抗拉强度很低，随着荷载的增加，当主拉应力超过混凝土复合受力下的抗拉强度时，就会出现与主拉应力轨迹线大致垂直的裂缝。除纯弯段的裂缝与梁纵轴垂直以外，M、V 共同作用下的截面主应力轨迹线都与梁纵轴有一倾角，其裂缝与梁的纵轴是倾斜的，所以称为斜裂缝。

当荷载继续增加，斜裂缝不断延伸和加宽，当截面的抗弯强度得到保证时，梁最后可能由于斜截面的抗剪强度不足而破坏。为了防止斜截面破坏，理论上应在梁中设置与主拉应力方向平行的钢筋最合理，可以有效地限制斜裂缝的发展。但考虑到施工方便，通常采用梁中设置与梁轴垂直的箍筋（图3-14）。弯起钢筋一般利用梁内的纵筋弯起而形成，虽然弯起钢筋的方向与主拉应力方向一致（图3-14），但由于其传力较集中，受力不均匀，同时增加了施工难度，通常仅在箍筋略有不足时采用。箍筋和弯起钢筋皆

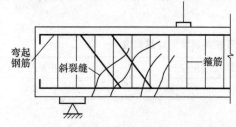

图3-14　箍筋、弯起钢筋和斜裂缝

称为腹筋。

2. 有腹筋梁的斜截面受剪性能

影响梁斜截面承载力的主要因素包括梁截面形状和尺寸、混凝土强度等级、剪跨比的大小、腹筋的含量等。

剪跨比$\lambda=\dfrac{M}{Vh_0}$反映的是梁的同一截面弯矩和剪力相对比值，也是反映梁内截面上正应力与剪应力的相对比值。

（1）箍筋的作用

在有腹筋的梁中，腹筋的作用有以下几点：

1）腹筋可以直接承担部分剪力。

2）腹筋能限制斜裂缝的开展和延伸，增大混凝土剪压区的截面面积，提高混凝土剪压区的抗剪能力。

3）腹筋还将提高斜裂缝交界面骨料的咬合和摩擦作用，延缓沿纵筋的粘结劈裂裂缝的发展，防止混凝土保护层的突然撕裂，提高纵向钢筋的"销栓"作用。因此，腹筋将使梁的受剪承载力有较大的提高。

（2）有腹筋梁斜截面破坏的主要形态

1）配箍率ρ_{sv}。有腹筋梁的破坏形态不仅与剪跨比有关，还与配箍率ρ_{sv}有关。

配箍率ρ_{sv}按下式计算

$$\rho_{sv}=\frac{A_{sv}}{bs}=\frac{nA_{sv1}}{bs} \tag{3-15}$$

式中　　A_{sv}——配置在同一截面内箍筋各肢的截面面积总和；

　　　　n——同一截面内箍筋的肢数，图 3-15 所示箍筋为双肢箍，$n=2$；

　　　　A_{sv1}——为单肢箍筋的截面面积；

　　　　s——箍筋的间距；

　　　　b——梁宽。

2）有腹筋梁斜截面破坏的主要形态。有腹筋梁斜截面剪切破坏形态与无腹筋梁一样，也可概括为下面三种主要破坏形态。

① 斜拉破坏。当配箍率太小或箍筋间距太大且剪跨比较大（$\lambda>3$）时，易发生斜拉破坏。其破坏特征与无箍筋梁相同，破坏时箍筋被拉断。

② 斜压破坏。当配置的箍筋太多或剪跨比很小（$\lambda<1$）时，发生斜压破坏，其特征是混凝土斜向柱体被压碎，但箍筋不屈服。

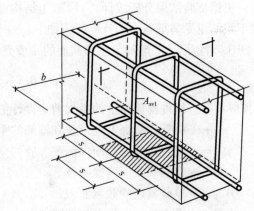

图 3-15　配箍率

③ 剪压破坏。当配箍适量且剪跨比 $1\leqslant\lambda\leqslant3$ 时发生剪压破坏。其特征是箍筋受拉屈服，剪压区混凝土压碎，斜截面受剪承载力随配箍率及箍筋强度的增加而增大。

斜压破坏和斜拉破坏都是不理想的。因为斜压破坏在破坏时箍筋强度未得到充分发挥，斜拉破坏发生得十分突然，所以在工程设计中应避免出现这两种破坏。

剪压破坏在破坏时箍筋强度得到了充分发挥，且破坏时承载力较高。因此斜截面承载力计算公式就是根据这种破坏模型建立的。

3. 有腹筋梁的受剪承载力计算公式

《混凝土结构设计规范》（GB 50010—2010）中的斜截面受剪承载力的计算公式是在大量的试验基础上，依据极限破坏理论，采用理论与经验相结合的方法建立的。

（1）基本假定

对于梁的三种斜截面破坏形态，在工程设计时都应设法避免。对于斜压破坏，通常采用限制截面尺寸的条件来防止；对于斜拉破坏，则用满足最小配箍率及构造要求来防止；剪压破坏，因其承载力变化幅度较大，必须通过计算，构件应满足一定的斜截面受剪承载力，防止剪压破坏。《混凝土结构设计规范》（GB 50010—2010）的基本计算公式就是根据这种剪切破坏形态的受力特征而建立的。采用理论与试验相结合的方法，同时引入一些试验参数。假设梁的斜截面受剪承载力 V_u 由斜裂缝上端剪压区混凝土的抗剪能力 V_c、与斜裂缝相交的箍筋的抗剪能力 V_{sv} 和斜裂缝相交的弯起钢筋的抗剪能力 V_{sb} 三部分所组成（图 3-16），由平衡条件 $\Sigma y=0$ 得

$$V_u=V_{cs}+V_{sb}=V_c+V_{sv}+V_{sb} \quad (3\text{-}16)$$

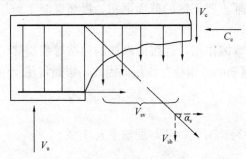

图 3-16　有腹筋梁斜截面破坏时的受力状态

（2）计算公式

1）当仅配有箍筋时，斜截面受剪承载力计算公式采用无腹筋梁所承担的剪力和箍筋承担的剪力两项相加的形式，即

$$V_u=V_c+V_{sv}=V_{cs} \quad (3\text{-}17)$$

根据试验结果分析统计，《混凝土结构设计规范》（GB 50010—2010）按 95% 保证率取偏下限给出受剪承载力的计算公式如下。

① 对矩形、T 形和工字形截面的一般受弯构件，有

$$V\leqslant V_{cs}=0.7f_tbh_0+1.25f_{yv}\frac{A_{sv}}{s}h_0 \quad (3\text{-}18)$$

式中　V——构件斜截面上的最大剪力设计值；

V_{cs}——构件斜截面上混凝土和箍筋的受剪承载力设计值；

A_{sv}——配置在同一截面内箍筋各肢的全部截面面积，$A_{sv}=nA_{sv1}$；

n——在同一截面内箍筋肢数；

A_{sv1}——单肢箍筋的截面面积；

s——沿构件长度方向的箍筋间距；

f_t——混凝土轴心抗拉强度设计值；

f_{yv}——箍筋抗拉强度设计值；

b——矩形截面的宽度或 T 形截面和工字形截面的腹板宽度。

② 对集中荷载作用下（包括作用有多种荷载，其中集中荷载对支座截面或节点边缘所产生的剪力值占总剪力值的 75% 以上的情况）的矩形、T 形和工字形截面的独立梁（没有和楼板整浇一起的梁，如吊车梁），按下式计算

$$V \leqslant V_{cs} = \frac{1.75}{\lambda+1} f_t b h_0 + f_{sv} \frac{A_{sv}}{s} h_0 \qquad (3\text{-}19\text{-}1)$$

$$\lambda = \frac{M}{V h_0} = \frac{a}{h_0} \qquad (3\text{-}19\text{-}2)$$

式中 λ——计算截面的计算剪跨比；

a——集中荷载作用点至支座截面或节点边缘的距离。

当 $\lambda < 1.5$ 时，取 $\lambda = 1.5$；当 $\lambda > 3$ 时，取 $\lambda = 3$，此时，在集中荷载作用点与支座之间的箍筋应均匀配置。

T 形和工字形截面的独立梁忽略翼缘的作用，只取腹板的宽度作为矩形截面梁计算构件的受剪承载力，其结果偏于安全。

式（3-19）考虑了间接加载和连续梁的情况，对连续梁，式（3-19）采用计算截面剪跨比 $\lambda = \frac{a}{h_0}$，而不采用广义剪跨比 $\lambda = \frac{M}{V h_0}$。这是为了计算方便，且偏于安全，实际上是采用加大剪跨比的方法来考虑连续梁对受剪承载力降低的影响。因此式（3-18）和式（3-19）适用于矩形、T 形和工字形截面的简支梁、连续梁和约束梁。

必须指出，因为配置箍筋后混凝土所能承受的剪力与无箍筋时所能承受的剪力是不同的，所以对于式（3-18）和式（3-19），虽然其第一项在数值上等于无腹筋梁的受剪承载力，但不应理解为配置箍筋梁的混凝土所能承受的剪力；同时，第二项代表箍筋受剪承载力和箍筋对限制斜裂缝宽度后间接抗剪作用。也就是说，对于上述二项表达式应理解为二项之和代表有箍筋梁的受剪承载力。

2）同时配置箍筋和弯起钢筋的梁。弯起钢筋所能承担的剪力为弯起钢筋的总拉力在垂直于梁轴方向的分力，如图 3-17 所示，即 $V_{sb} = 0.8 f_y A_{sb} \sin\alpha_s$。系数 0.8 是考虑弯起钢筋在破坏时可能达不到其屈服强度的应力不均匀系数。因此，对于配有箍筋和弯起钢筋的矩形、T 形和工字形截面的受弯构件，其受剪承载力按下式计算

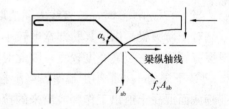

图 3-17 弯起钢筋承担的剪力

$$V \leqslant V_u = V_{cs} + V_{sb} = V_{cs} + 0.8 f_y A_{sb} \sin\alpha_s \qquad (3\text{-}20)$$

式中 V——剪力设计值；

V_{cs}——构件斜截面上混凝土和箍筋的受剪承载力设计值；

f_y——弯起钢筋的抗拉强度设计值；

A_{sb}——同一弯起平面内弯起钢筋的截面面积；

α_s——弯起钢筋与构件纵轴线之间的夹角，一般情况 $\alpha_s = 45°$，梁截面高度较大时（$h \geqslant 800\text{mm}$），取 $\alpha_s = 60°$。

3）有腹筋梁的受剪承载力计算公式的适用范围。为了防止发生斜压及斜拉这两种严重脆性的破坏形态，必须控制构件的截面尺寸不能过小及箍筋用量不能过少，为此规范给出了相应的控制条件。

① 上限值——最小截面尺寸。当梁的截面尺寸较小而剪力过大时，可能在梁的腹部产生过大的主压应力，使梁腹产生斜压破坏。这种梁的承载力取决于混凝土的抗压强度和截面尺寸，不能靠增加腹筋来提高承载力，多配置的腹筋不能充分发挥作用。为了避免斜压破

坏，同时也为了防止梁在使用阶段斜裂缝过宽（主要指薄腹梁），对矩形、T形和工字形截面的一般受弯构件，应满足下列条件：

当 $h_w/b \leqslant 4$ 时

$$V \leqslant 0.25\beta_c f_c b h_0 \qquad (3-21)$$

当 $h_w/b \geqslant 6$ 时

$$V \leqslant 0.2\beta_c f_c b h_0 \qquad (3-22)$$

式中　V——构件斜截面上的最大剪力设计值；

　　　β_c——高强混凝土的强度折减系数，当混凝土强度等级不大于 C50 级对，取 $\beta_c = 1$；当混凝土强度等级为 C80 时，$\beta_c = 0.8$，其间数值按线性内插法取值；

　　　h_w——截面腹板高度，按图 3-18 所示规定采用；

　　　b——矩形截面的宽度或 T 形截面和工字形截面的腹板宽度。

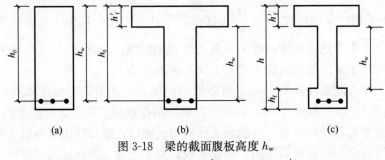

图 3-18　梁的截面腹板高度 h_w

(a) $h_w = h_0$；(b) $h_w = h_0 - h_f'$；(c) $h_w = h - h_f' - h_f$

当 $4 < h_w/b < 6$ 时，按直线内插法取用。

对于薄腹梁，由于其肋部宽度较小，所以在梁腹中部剪应力很大，与一般梁相比容易出现腹剪斜裂缝，裂缝宽度较宽，因此对其截面限值条件（式 3-22）取值有所降低。

② 下限值——最小配箍率。当配箍率小于一定值时，斜裂缝出现后，箍筋不能承担斜裂缝截面混凝土退出工作释放出来的拉应力，而很快达到屈服，其受剪承载力与无腹筋梁基本相同，当剪跨比较大时，可能产生斜拉破坏。为了防止斜拉破坏，《混凝土结构设计规范》（GB 50010—2010）规定：当 $V > V_c$ 时配箍率应满足

$$\rho_{sv} = \frac{nA_{sv1}}{bs} \geqslant \rho_{svmin} = \frac{0.24f_t}{f_{yv}} \qquad (3-23)$$

为控制使用荷载下的斜裂缝宽度，并保证箍筋穿越每条斜裂缝，《混凝土结构设计规范》（GB 50010—2010）规定了最大箍筋间距 S_{max}。

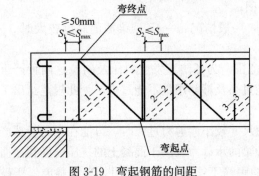

图 3-19　弯起钢筋的间距

同样，为防止弯起钢筋间距太大，出现不与弯起钢筋相交的斜裂缝，使其不能发挥作用，《混凝土结构设计规范》（GB 50010—2010）规定：当按计算要求配置弯起钢筋时，前一排弯起点至后一排弯终点的距离不应大于最大箍筋间距 S_{max}，且第一排弯起钢筋弯终点距支座边的间距也不应大于 S_{max}（图 3-19）。

4. 箍筋的构造要求

（1）箍筋的设置

当 $V \leqslant V_c$，按计算不需设置箍筋时，对于高度大于 300mm 的梁，仍应按梁的全长设置箍筋；高度为 150～300mm 的梁，可仅在梁的端部各 1/4 跨度范周内设置箍筋，但当梁的中部 1/2 跨度范围内有集中荷载作用时，则应沿梁的全长配置箍筋；高度为 150mm 以下的梁，可不设箍筋。

梁支座处的箍筋应从梁边（或墙边）50mm 处开始放置。

（2）箍筋的直径

箍筋除承受剪力外，还能固定纵向钢筋的位置，并与纵向钢筋一起构成钢筋骨架，为使钢筋骨架具有一定的刚度，箍筋最小直径应不小于表 3-5 的规定。当梁中配有计算需要的纵向受压钢筋时，箍筋直径尚不应小于 $d/4$（d 为纵向受压钢筋的最大直径）。

表 3-5　箍筋的最小直径（mm）

梁高 h	箍筋直径	梁高 h	箍筋直径
$h \leqslant 800$	6	$h > 800$	8

（3）箍筋的间距

1）梁内箍筋的最大间距应符合表 3-6 的要求。

表 3-6　梁内箍筋的最大间距 S_{max}（mm）

梁高 h	$V > 0.7 f_t b h_0$	$V \leqslant 0.7 f_t b h_0$	梁高 h	$V > 0.7 f_t b h_0$	$V \leqslant 0.7 f_t b h_0$
$150 < h \leqslant 300$	150	200	$500 < h \leqslant 800$	250	350
$300 < h \leqslant 500$	200	300	$h > 800$	300	400

2）当梁中配有按计算需要的纵向受压钢筋时，箍筋应做成封闭式；此时，箍筋的间距不应大于 15d（d 为纵向受压钢筋的最小直径），同时不应大于 400mm；当一层内的纵向受压钢筋多于 5 根且直径大于 18mm 时，箍筋间距不应大于 10d；当梁的宽度大于 400mm 且一层内的纵向受压钢筋多于 3 根时，或当梁的宽度不大于 400mm 且一层内的纵向受压钢筋多于 4 根时，应设置复合箍筋。

3）梁中纵向受力钢筋搭接长度范围内的箍筋间距应符合《混凝土结构设计规范》（GB 50010—2010）规定。

（4）箍筋的形式

箍筋通常有开口式和封闭式两种，如图 3-20 所示。

对于 T 形截面梁，当不承受动荷载和扭矩时，在其跨中承受正弯矩区段内，可采用开口式箍筋。

除上述情况外，一般均应采用封闭式箍筋。在实际工程中，大多数情况下都是采用封闭式箍筋。

（5）箍筋的肢数

箍筋按其肢数，分为单肢，双肢及四肢箍，如图 3-21 所示。

梁中箍筋肢数按顺剪力方向数。

采用如图 3-21 所示形式的双肢箍或四肢箍时，钢筋末端应采用 135°弯钩，且弯钩伸进梁截面内的平直段长度，对于一般结构，应不小于箍筋直径的 5 倍。

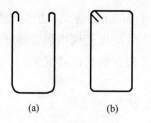

图 3-20　箍筋的形式

（a）开口式；（b）封闭式

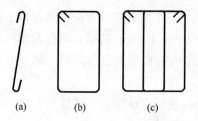

图 3-21　箍筋的肢数

（a）单肢；（b）双肢；（c）四肢

【实例一】某矩形截面梁的截面设计计算

已知：矩形截面承受弯矩设计值 $M=180\text{kN}\cdot\text{m}$，环境类别为一类。试对该截面进行设计。

【解】

（1）选用材料

混凝土 C30，得 $f_c=14.3\text{N/mm}^2$。

采用 HRB400 级钢筋，得 $f_y=360\text{N/mm}^2$。

（2）确定截面尺寸

选取 $\rho=1\%$，假定 $b=250\text{mm}$，则

$$h_0=1.05\sqrt{\frac{M}{\rho f_y b}}=1.05\sqrt{\frac{180\times10^6}{0.01\times360\times250}}=470\text{mm}$$

选用 $h=500\text{m}$，$h_0=500-35=465\text{mm}$

（3）计算钢筋截面面积和选择钢筋。

由 $M=\alpha_1 f_c bx\left(h_0-\dfrac{x}{2}\right)$ 得：$182\times10^6=1.0\times14.3\times250x(465-0.5x)$

$x=127\text{mm}$ 或 $x=803\text{mm}$

取 $x=127\text{mm}<0.518h_0=241\text{mm}$

$x=127\text{mm}$

由 $1.0\times14.3\times250\times127=360A_s$

得 $A_s=1261\text{mm}^2$

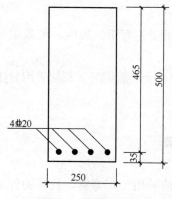

4Φ20

465

500

35

250

图 3-22　钢筋布置图

选用 4 Φ 20，$A_s=1256\text{mm}^2$

$$\rho_{1\text{min}}=0.45\frac{f_t}{f_y}=0.45\times\frac{1.27}{360}=0.16\%<0.2\%，取\ \rho_{1\text{min}}=0.2\%$$

$$\rho_1=\frac{1256}{250\times250}=1.0\%>\rho_{1\text{min}}=0.2\%$$

符合要求。

钢筋布置如图 3-22 所示。

【实例二】某双筋矩形截面梁的受拉和受压钢筋计算

某双筋矩形截面梁，已知梁截面尺寸 $b\times h=250\text{mm}\times550\text{mm}$，混凝土强度等级 C20，钢筋 HRB335 级钢弯矩设

计值为 250kN·m，计算受拉和受压钢筋截面面积，并绘制配筋图。

【解】

（1）验算是否需要采用双筋截面

假设采用双排钢筋：$h_0 = h - 60 = 550 - 60 = 490$mm，HRB335 级钢，查《混凝土结构设计规范（GB 50010—2010）》$f_y = 300$N/mm^2，$f'_y = 100$N/mm^2，混凝土 C20 级，$f_c = 9.6$N/mm^2，$\alpha_1 = 1.0$。

HRB335 级钢筋，$\xi_b = 0.550$，单筋截面最大抗弯能力为：

$$M_{u,max} = \alpha_1 f_c b h_0 \xi_b (1 - 0.5\xi_b)$$
$$= 1.0 \times 9.6 \times 250 \times 490^2 \times 0.550 \times (1 - 0.5 \times 0.550)$$
$$= 229.78 \text{kN·m} < M = 250 \text{kN·m}$$

所以，需要采用双筋截面。

（2）计算 A_{s1}

令 $x = \xi_b h_0$，则 $M_{u1} = M_{u,max} = 229.78$kN·m

$$A_{s1} = \xi_b b h_0 \frac{\alpha_1 f_c}{f_y} = 0.550 \times 250 \times 490 \times \frac{1.0 \times 9.6}{300} = 2156 \text{mm}^2$$

（3）计算 A_{s2}

由 A'_s 和 A_{s2} 承担的弯矩为：

$$M_{u2} = M - M_{u1} = 250 - 229.78 = 20.22 \text{kN·m}$$

$$A_{s2} = A'_s = \frac{M_{u2}}{f_y(h_0 - a'_s)} = \frac{20.22 \times 10^6}{300 \times (490 - 35)} = 148 \text{mm}^2$$

（4）计算 A_s

$$A_s = A_{s1} + A_{s2} = 2156 + 148 = 2304 \text{mm}^2$$

（5）选用钢筋（如图 3-23 所示）

受拉钢筋：4 Φ 25 + 2 Φ 18（$A_s = 1964 + 509 = 2473$mm^2）

受压钢筋：2 Φ 18（$A'_s = 509$mm^2）

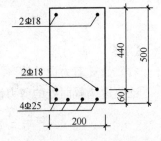

图 3-23　双筋截面配筋图

【实例三】某 T 形梁纵向受力钢筋计算

某 T 形梁纵向受力钢筋，已知：T 形截面尺寸 $b = 250$mm，$b'_f = 2000$mm，$h = 550$mm，$h'_f = 80$mm，弯矩设计值 $M = 210$kN·m，$a_s = 35$mm，C20 混凝土，HRB335 级纵筋，$f_y = 300$N/mm^2。求纵向受力钢筋截面积。

【解】

由已知条件可得：

$$h_0 = h - a_s = 550 - 35 = 515 \text{mm}$$

受压区高度：

$$x = h_0 - \sqrt{h_0^2 - \frac{2M}{\alpha_1 f_c b'_f}} = 515 - \sqrt{515^2 - \frac{2 \times 210 \times 10^6}{1.0 \times 9.6 \times 2000}} = 21.7 \text{mm} < h'_f = 80 \text{mm}$$

中和轴在翼缘的范围内，所以可按宽度 b'_f 的矩形梁计算。

受拉钢筋截面积 A_s：

$$A_s = \frac{\alpha_1 f_c b'_f x}{f_y} = \frac{1.0 \times 9.6 \times 2000 \times 21.7}{300} = 1389 \text{mm}^2$$

【实例四】斜截面受剪承载力计算

已知：某钢筋混凝土矩形截面简支梁（如图 3-24 所示），承受均布荷载设计值 $P=15.5\text{kN/m}$，集中荷载设计值 $P=180\text{kN}$，$b=250\text{mm}$，$h=700\text{mm}$，$a_s=60\text{mm}$，$s=150\text{mm}$，混凝土强度等级为 C25，采用 HPB235 级钢筋作箍筋，相关设计参数查《混凝土结构设计规范》（GB 50010—2010）。按正截面受弯承载力计算配置的纵向受拉钢筋为 $6\,\Phi\,22+2\,\Phi\,18$，进行斜截面受剪承载力计算。

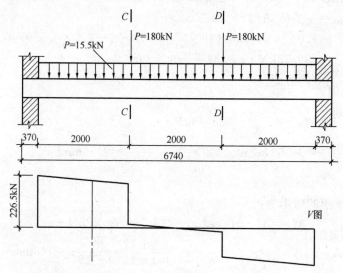

图 3-24　某钢筋混凝土矩形截面简支梁受力计算简图

【解】

（1）计算剪力设计值

支座边缘截面处的剪力设计值为：

$$V=\frac{1}{2}pl_n+P=\frac{1}{2}\times15.5\times6.0+180=226.5\text{kN}$$

（2）复核梁的截面尺寸

$$h_0=h-a_s=700-60=640\text{mm}$$

$$\frac{h_w}{b}=\frac{h_0}{b}=\frac{640}{250}=2.56<4$$

$0.25\beta_c f_c bh_0=0.25\times1.0\times11.9\times250\times640=476000\text{N}=476\text{kN}>V=226.5\text{kN}$

（3）确定是否需要按计算配置腹筋

由于集中荷载在支座截面产生的剪力值已占总剪力值的 75% 以上，故需考虑剪跨比 λ 的影响。

$$\lambda=\frac{a}{h_0}=\frac{2000}{640}=3.125>3,\ \text{取}\ \lambda=3$$

$$\frac{1.75}{\lambda+1.0}f_t bh_0=\frac{1.75}{3+1.0}\times1.27\times250\times640=88900\text{N}=88.9\text{kN}<V=226.5\text{kN}$$

所以必须按计算设置腹筋。

$$\rho_{sv} = \frac{nA_{sv1}}{bs} = \frac{2 \times 50.3}{250 \times 150}$$

$$= 0.27\% > \rho_{sv,min} = 0.24 \frac{f_t}{f_{yv}}$$

$$= 0.24 \times \frac{1.27}{210} = 0.145\% \text{（满足要求）}$$

$$V_{cs} = \frac{1.75}{\lambda + 1.0} f_t b h_0 + f_{yv} \frac{nA_{sv1}}{s} h_0$$

$$= \frac{1.75}{3 + 1.0} \times 1.27 \times 250 \times 640 + 210 \times \frac{2 \times 50.3}{150} \times 640$$

$$= 179040N = 179.04kN < V = 226.5kN$$

所以必须按计算配置弯筋。

（4）计算弯起钢筋截面面积 A_{sb}

取 $\alpha_s = 45°$，则

$$A_{sb} = \frac{V - V_{cs}}{0.8 f_y \sin\alpha_s} = \frac{226500 - 179040}{0.8 \times 300 \times 0.707} = 279mm^2$$

【实例五】矩形梁截面的受拉钢筋截面面积计算

已知矩形梁截面尺寸 $bh = 250mm \times 500mm$，弯矩设计值 $M = 150kN \cdot m$，混凝土强度等级为 C30，钢筋采用 HRB335 级，环境类别为一类。计算所需的受拉钢筋截面面积 A_s。

【解】

（1）设计参数

查《混凝土结构设计规范》（GB 50010—2010）可得：$f_c = 14.3N/mm^2$、$f_t = 1.43N/mm^2$、$\alpha_1 = 1.0$，$c = 20mm$，纵向受力筋的直径假设为 20mm，单排布置，箍筋直径假设为 10mm，$a_1 = c + d_{箍} + d/2 = 20 + 10 + 20/2 = 40mm$，$h_0 = 500 - 40 = 460mm$，HRB335 级钢筋，查得 $f_y = 300N/mm^2$，查表 3-3 得 $\xi_b = 0.55$。

（2）计算 ξ、α_s

$$\alpha_s = \frac{M}{\alpha_1 f_c b h_0^2} = \frac{150 \times 10^6}{1.0 \times 14.3 \times 250 \times 460^2} = 0.198$$

$$\xi = 1 - \sqrt{1 - 2\alpha_s} = 1 - \sqrt{1 - 2 \times 0.198} = 0.222 < \xi_b = 0.55$$

不会发生超筋现象。

（3）计算配筋 A_s

$$A_s = \frac{\alpha_1 f_c b h_0 \xi}{f_y} = \frac{1.0 \times 14.3 \times 250 \times 460 \times 0.222}{300} = 1216mm^2$$

查《混凝土结构设计规范》（GB 50010—2010）：选用 4 Φ 20，$A_s = 1256mm^2$。

（4）验算最小配筋率

$$\rho = \frac{A_s}{bh_0} = \frac{1256}{250 \times 460} = 1.09\% > \rho_{min} = 0.45 \frac{f_t}{f_y} = 0.45 \times \frac{1.43}{300} = 0.214\%$$

ρ、ρ_{min} 同时大于 0.2%、满足要求。

（5）验算配筋构造要求

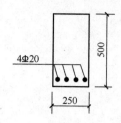

图 3-25 截面配筋

钢筋净间距 $=\dfrac{250-4\times20-2\times30}{3}=36\mathrm{mm}>25\mathrm{mm}$，且大于 d，满足要求。

截面配筋如图 3-25 所示。

【实例六】矩形梁截面的截面复核

已知矩形截面梁 $bh=250\mathrm{mm}\times500\mathrm{mm}$，承受弯矩设计值 $M=180\mathrm{kN\cdot m}$，混凝土强度等级为 C25，钢筋采用 HRB400 级，环境类别为一类，结构的安全等级为二级。截面配筋如图 3-26 所示，试复核该截面是否安全。

【解】

（1）设计参数

对于 C25 混凝土，查得：$f_c=11.9\mathrm{N/mm^2}$、$f_t=1.27\mathrm{N/mm^2}$、$\alpha_1=1.0$，环境类别为一类，查得 $c=20+5=25\mathrm{mm}$，$a_1=25+10+20/2=45\mathrm{mm}$，$h_0=500-45=455\mathrm{mm}$，HRB400 级钢筋，查得 $f_y=360\mathrm{N/mm^2}$，$\xi_b=0.518$，对于 4 Φ 20，$A_s=1256\mathrm{mm^2}$。

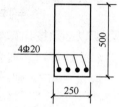

图 3-26 截面配筋

（2）验算最小配筋率

$$\rho=\frac{A_s}{bh_0}=\frac{1256}{250\times455}=1.10\%>\rho_{min}=0.45\frac{f_t}{f_y}=0.45\times\frac{1.27}{360}=0.158\%$$

ρ、ρ_{min} 同时大于 0.2%，满足要求。

（3）计算受压区高度 x

$$x=\frac{f_yA_s}{f_cb}=\frac{360\times1256}{11.9\times250}=152\mathrm{mm}<\xi_bh_0=0.518\times455=236\mathrm{mm}$$

满足适筋要求。

（4）计算受弯承载力 M_u

$$M_u=f_yA_s\left(h_0-\frac{x}{2}\right)=360\times1256\times\left(455-\frac{152}{2}\right)\times10^{-6}=171.36\mathrm{kN\cdot m}>160\mathrm{kN\cdot m}$$

故该截面满足受弯承载力要求。

【实例七】现浇钢筋混凝土板的板厚及受拉钢筋截面面积计算

某办公楼的走廊为简支在砖墙上的现浇钢筋混凝土板 ［图 3-27（a）］，计算跨度 $l_0=2.38\mathrm{m}$，板上作用的均布活荷载标准值 $q_k=2\mathrm{kN/m^2}$，水磨石地面及细石混凝土垫层共 30mm 厚（重力密度为 $22\mathrm{kN/m^3}$），板底粉刷白灰砂浆厚 12mm（重力密度为 $17\mathrm{kN/m^3}$）。已知环境类别为一类，结构的安全等级为二级，混凝土强度等级为 C25，纵向受拉钢筋采用 HPB300 级。试确定板厚和所需的受拉钢筋截面面积。

【解】

设板厚 $h=80\mathrm{mm}$，取板宽 $b=1000\mathrm{mm}$ 的板带作为计算单元，如图 3-27（b）所示。

（1）设计参数

对于 C25 混凝土，查得：$f_c=11.9\mathrm{N/mm^2}$、$f_t=1.27\mathrm{N/mm^2}$、$\alpha_1=1.0$，环境类别为一类，查得 $c=15+5=20\mathrm{mm}$，$h_0=80-20-10/2=55\mathrm{mm}$（假设板筋直径为 10mm），HPB300 级钢筋，查得 $f_y=270\mathrm{N/mm^2}$，$\xi_b=0.576$。

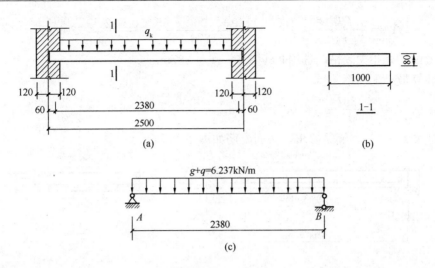

图 3-27　现浇钢筋混凝土板

（2）计算荷载标准值和设计值

1）荷载标准值 g_k

对于水磨石地面及细石混凝土垫层厚 30mm，有

$$0.03 \times 22 = 0.66 \text{kN/m}^2$$

对于厚 80mm 钢筋混凝土板自重，有

$$0.08 \times 25 = 2 \text{kN/m}^2$$

对于板底粉刷白灰砂浆厚 12mm，有

$$0.012 \times 17 = 0.204 \text{kN/m}^2$$

故　　　　　　$$g_k = (0.66 + 2 + 0.204) \times 1 = 2.864 \text{kN/m}$$

活荷载标准值为

$$q_k = 2 \times 1 = 2 \text{kN/m}$$

2）荷载设计值

$$g + q = 1.2g_k + 1.4q_k = 1.2 \times 2.864 + 1.4 \times 2 = 6.237 \text{kN/m}$$

$$g + q = 1.35g_k + 1.4 \times 0.7q_k = 1.35 \times 2.864 + 1.4 \times 0.7 \times 2 = 5.826 \text{kN/m}$$

因此取 $g + q = 6.237 \text{kN/m}$。

计算简图如图 3-27（c）所示。

（3）计算弯矩设计值 M

$$M = \frac{1}{8}(g + q)l_0^2 = \frac{1}{8} \times 6.237 \times 2.38^2 = 4.416 \text{kN} \cdot \text{m}$$

（4）计算系数 α_s、ξ

$$\alpha_s = \frac{M}{\alpha_1 f_c b h_0^2} = \frac{4.416 \times 10^6}{1.0 \times 11.9 \times 1000 \times 55^2} = 0.123$$

$$\xi = 1 - \sqrt{1 - 2\alpha_s} = 1 - \sqrt{1 - 2 \times 0.123} = 0.132 < \xi_b = 0.576$$

满足适筋要求。

（5）计算配筋 A_s

$$A_s = \frac{\alpha_1 f_c b h_0 \xi}{f_y} = \frac{1.0 \times 11.9 \times 1000 \times 55 \times 0.132}{270} = 320\text{mm}^2$$

偏于安全考虑，查相关表格，选用 $\Phi 8@130$，$A_s = 387\text{mm}^2$。

（6）验算最小配筋率

$$\rho = \frac{A_s}{b h_0} = \frac{387}{1000 \times 55} = 0.70\% > \rho_{\min} = 0.45\frac{f_t}{f_y} = 0.45 \times \frac{1.27}{270} = 0.21\%$$

ρ、$\rho_{\min}$ 同时大于 0.2%，满足要求，截面配筋如图 3-28 所示。

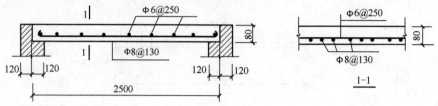

图 3-28　截面配筋

【实例八】某矩形截面简支梁最大剪力设计值的计算

一承受均布荷载的矩形截面简支梁，截面尺寸 $bh = 200\text{mm} \times 500\text{mm}$，采用混凝土 C30，箍筋 HPB300 级，$a_s = 35\text{mm}$，当采用 $\Phi 8@200$ 箍筋时，双肢箍，如图 3-29 所示，计算该梁能承担的最大剪力设计值 V。

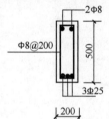

图 3-29　箍筋

【解】

（1）已知条件

$h_0 = 500 - 35 = 465\text{mm}$，混凝土 C30，$f_c = 14.3\text{N/mm}^2$，$f_t = 1.43\text{N/mm}^2$，箍筋 HPB300 级，$f_{yv} = 270\text{N/mm}^2$，$\Phi 8$ 双肢箍，$A_{sv} = 50.3\text{mm}^2$，$n = 2$。

（2）假设次梁的截面尺寸和配箍率均满足要求，则其受剪承载力为

$$V_{cs} = 0.7 f_t b h_0 + 1.25 f_{yv} \frac{A_{sv}}{s} h_0$$

$$= 0.7 \times 1.43 \times 200 \times 465 + 1.25 \times 270 \times \frac{2 \times 50.3}{200} \times 465$$

$$= 172032\text{N} = 172.032\text{kN}$$

$$V_u = V_{cs} = 172.032\text{kN}$$

（3）复核截面尺寸及配箍率

$$h_w = h_0 = 465\text{mm}, \frac{h_w}{b} = \frac{465}{200} = 2.33 < 4$$

$0.25\beta_c f_c b h_0 = 0.25 \times 1 \times 14.3 \times 200 \times 465 = 332475\text{N} = 332.475\text{kN} > V_u = 172.032\text{kN}$

截面尺寸满足要求，不会发生斜压破坏。

$$\rho_{sv} = \frac{n A_{sv}}{bs} = \frac{2 \times 50.3}{200 \times 200} = 0.25\% > \rho_{sv,\min} = 0.24\frac{f_t}{f_{yv}} = 0.24 \times \frac{1.43}{270} = 0.12\%$$

所以不会发生斜拉破坏。

所选箍筋直径和间距均满足要求，所以该梁能承担的最大剪力设计值 $V = V_u$

＝172.032kN。

【实例九】 简支梁按斜截面受剪承载力要求确定腹筋的计算

如图 3-30（a）所示，一钢筋混凝土简支梁，承受永久荷载标准值 g_k＝25kN/m，可变荷载标准值 q_k＝40kN/m，环境类别一类，采用混凝土 C25，箍筋 HPB300 级，纵筋 HRB335 级，按正截面受弯承载力计算，选配 3Φ25 纵筋，试根据斜截面受剪承载力要求确定腹筋。

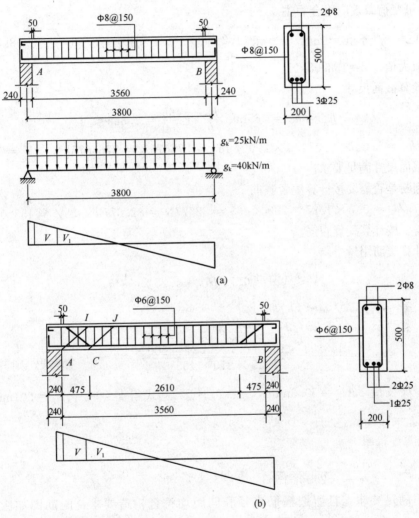

图 3-30 钢筋混凝土简支梁

【解】

配置腹筋的方法有两种：

（1）只配置箍筋。

（2）同时配置箍筋和弯起钢筋。

方法一：只配置箍筋不配置弯起钢筋

（1）已知条件

$l_n = 3.56$，$h_0 = 500 - 35 = 465\text{mm}$，混凝土 C25，$f_c = 11.9\text{N/mm}^2$，$f_t = 1.27\text{N/mm}^2$，箍筋 HPB300 级，$f_{yv} = 270\text{N/mm}^2$，纵筋 HRB335 级，$f_y = 300\text{N/mm}^2$。

（2）计算剪力设计值

最危险的截面在支座边缘处，剪力设计值有以下两种。

1）以永久荷载效应组合为主

$$V = \frac{1}{2}(\gamma_G g_k + \gamma_Q q_k)l_n = \frac{1}{2}(1.35 \times 25 + 1.4 \times 0.7 \times 40) \times 3.56 = 130.12\text{kN}$$

2）以可变荷载效应组合为主

$$V = \frac{1}{2}(\gamma_G g_k + \gamma_Q q_k)l_n = \frac{1}{2}(1.2 \times 25 + 1.4 \times 40) \times 3.56 = 153.08\text{kN}$$

两者取大值，$V = 153.08\text{kN}$。

（3）验算截面尺寸

$$h_w = h_0 = 465\text{mm}, \frac{h_w}{b} = \frac{465}{200} = 2.325 < 4$$

$0.25\beta_c f_c b h_0 = 0.25 \times 1 \times 11.9 \times 200 \times 465 = 276675\text{N} = 276.675\text{kN} > V = 153.08\text{kN}$

所以截面尺寸满足要求。

（4）判断是否需要按计算配置腹筋

$0.7 f_t b h_0 = 0.7 \times 1.27 \times 200 \times 465 = 82677\text{N} = 82.677\text{kN} < V = 153.08\text{kN}$

所以需要按计算配置腹筋。

（5）计算腹筋用量

$$V \leqslant V_{cs} = 0.7 f_t b h_0 + 1.25 f_{yv} \frac{A_{sv}}{s} h_0$$

$$\frac{n A_{sv}}{s} = \frac{V - 0.7 f_t b h_0}{1.25 f_{yv} h_0}$$

$$= \frac{153.08 \times 10^3 - 0.7 \times 1.27 \times 200 \times 465}{1.25 \times 270 \times 465} = 0.449\text{mm}$$

选 Φ 8 双肢箍，$A_{sv1} = 50.3\text{mm}^2$，$n = 2$，代入上式得 $s \leqslant \frac{2 \times 50.3}{0.449} = 201\text{mm}$，取 $s = 150\text{mm} < S_{max} = 200\text{mm}$。

（6）验算配箍率

$$\rho_{sv} = \frac{n A_{sv1}}{bs} = \frac{2 \times 50.3}{200 \times 150} = 0.335\% > \rho_{sv,min} = 0.24 \frac{f_t}{f_{yv}} = 0.163\%$$

配箍率满足要求，且所选箍筋直径和间距均符合构造要求，配筋图如图 3-30（b）所示。

方法二：既配置箍筋又配置弯起钢筋

（1）截面尺寸验算与方法一相同。

（2）确定箍筋和弯起钢筋。一般可先确定箍筋，箍筋的数量可参考设计经验和构造要求，本题选 Φ 6@150，弯起钢筋利用梁底纵筋 HRB335，$f_y = 300\text{N/mm}^2$，弯起角 $\alpha = 45°$。

$$\rho_{sv} = \frac{n A_{sv1}}{bs} = \frac{2 \times 28.3}{200 \times 150} = 0.1887\% > \rho_{sv,min} = 0.24 \frac{f_t}{f_{yv}} = 0.145\%$$

$$V \leqslant V_u = V_{cs} + 0.8 f_y A_{sb} \sin\alpha$$

$$V_{cs} = 0.7 f_t b h_0 + 1.25 f_{yv} \frac{A_{sv}}{s} h_0$$

$$= 0.7 \times 1.27 \times 200 \times 465 + 1.25 \times 270 \times \frac{2 \times 28.3}{150} \times 465$$

$$= 141895\text{N} = 141.895\text{kN}$$

$$A_{sb} \geqslant \frac{V - V_{cs}}{0.8 f_y \sin\alpha} = \frac{153.08 \times 10^3 - 141.895 \times 10^3}{0.8 \times 300 \times 0.707} = 70\text{mm}^2$$

实际从梁底弯起 $1 \Phi 25$，$A_{sb} = 491\text{mm}^2$，满足要求，若不满足，应修改箍筋直径和间距。

上面的计算考虑的是从支座边 A 处向上发展的斜截面 $A\text{-}I$ [图 3-30（b）]，为了保证沿梁各斜截面的安全，对纵筋弯起点 C 处的斜截面 $C\text{-}J$ 也应该验算。根据弯起钢筋的弯终点到支座边缘的距离应符合 $S_1 < S_{max}$，本例取 $S_1 = 50\text{mm}$，根据 $\alpha = 45°$ 可求出弯起钢筋的弯起点到支座边缘的距离为 $50 + 500 - 25 - 25 - 25 = 475\text{mm}$，因此 C 处的剪力设计值为

$$V_1 = \frac{0.5 \times 3.56 - 0.475}{0.5 \times 3.56} \times 153.08 = 112.23\text{kN}$$

$$V_{cs} = 0.7 f_t b h_0 + 1.25 f_{yv} \frac{A_{sv}}{s} h_0$$

$$= 141.895\text{kN} > V_1 = 112.23\text{kN}$$

$C\text{-}J$ 斜截面受剪承载力满足要求，若不满足，应修改箍筋直径和间距或再弯起一排钢筋，直到满足。既配箍筋又配弯起钢筋的情况如图 3-30（b）所示。

第二节 梁的平法识读与构造

一、梁的平法识图

1. 平面注写方式

（1）平面注写方式是在梁平面布置图上，分别在不同编号的梁中各选一根梁，在其上注写截面尺寸和配筋具体数值的方式来表达梁平法施工图。

平面注写包括集中标注与原位标注，集中标注表达梁的通用数值，原位标注表达梁的特殊数值。当集中标注中的某项数值不适用于梁的某部位时，则将该项数值原位标注，施工时，原位标注取值优先，如图 3-31 所示。

（2）梁编号由梁类型代号、序号、跨数及有无悬挑代号几项组成，并应符合表 3-7 的规定。

表 3-7 梁 编 号

梁类型	代号	序号	跨数及是否带有悬挑
楼层框架梁	KL	××	(××)、(××A)或(××B)
楼层框架扁梁	KBL	××	(××)、(××A)或(××B)
屋面框架梁	WKL	××	(××)、(××A)或(××B)
框支梁	KZL	××	(××)、(××A)或(××B)
托柱转换梁	TZL	××	(××)、(××A)或(××B)

梁类型	代号	序号	跨数及是否带有悬挑
非框架梁	L	××	(××)、(××A)或(××B)
悬挑梁	XL	××	(××)、(××A)或(××B)
井字梁	JZL	××	(××)、(××A)或(××B)

注：1. (××A)为一端有悬挑，(××B)为两端有悬挑，悬挑不计入跨数。

2. 楼层框架扁梁节点核心区代号KBH。

3. 表中非框架梁L、井字梁JZL表示端支座为铰接；当非框架梁L、井字梁JZL端支座上部纵筋为充分利用钢筋的抗拉强度时，在梁代号后加"g"。

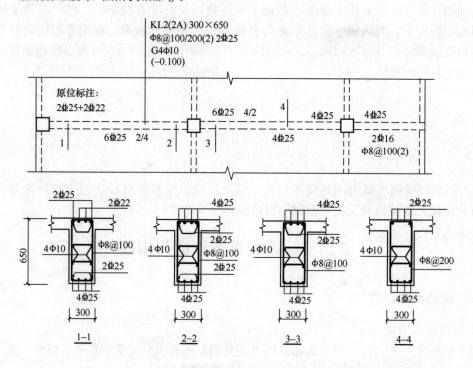

图3-31 注写方式示例

注：图中四个梁截面是采用传统表示方法绘制，用于对比按平面注写方式表达的同样内容。实际采用平面注写方式表达时，不需绘制梁截面配筋图和图中的相应截面号。

【例3-1】 KL7（5A）表示第7号框架梁，5跨，一端有悬挑；

L9（7B）表示第9号非框支梁，7跨，两端有悬挑。

【例3-2】 Lg7（5）表示第7号非框架梁，5跨，端支座上部纵筋为充分利用钢筋的抗拉强度。

（3）梁集中标注的内容，包括五项必注值和一项选注值。五项必注值包括梁编号、梁截面尺寸、梁箍筋、梁上部通长筋或架立筋配置、梁侧面纵向构造钢筋或受扭钢筋配置；一项选注值为梁顶面标高高差。

1）梁编号，见表3-7，该项为必注值。

2）梁截面尺寸，该项为必注值。

当为等截面梁时，用 $b \times h$ 表示；

当为竖向加腋梁时，用 $b \times h$ 　$\text{Y}c_1 \times c_2$ 表示，其中 c_1 为腋长，c_2 为腋高，如图 3-32 所示；

当为水平加腋梁时，一侧加腋时用 $b \times h$ 　$\text{PY}c_1 \times c_2$ 表示，其中 c_1 为腋长，c_2 为腋宽，加腋部位应在平面图中绘制，如图 3-33 所示；

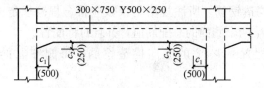

图 3-32　竖向加腋截面注写示意

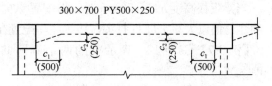

图 3-33　水平加腋截面注写示意

当有悬挑梁并且根部和端部的高度不同时，用斜线分隔根部与端部的高度值，即为 $b \times h_1/h_2$，如图 3-34 所示。

3）梁箍筋，包括钢筋级别、直径、加密区与非加密区间距及肢数，该项为必注值。箍筋加密区与非加密区的不同间距及肢数需用斜线"/"分隔；当梁箍筋为同一种间距及肢数时，则不需用斜线；当加密区与非加密区的箍筋肢数相同时，则将肢数注写一次；

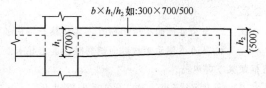

图 3-34　悬挑梁不等高截面注写示意

箍筋肢数应写在括号内。加密区范围见相应抗震等级的标准构造详图。

【例 3-3】Φ 10@100/200（4），表示箍筋为 HPB300 钢筋，直径Φ 10，加密区间距为 100，非加密区间距为 200，均为四肢箍。

Φ 8@100（4）/150（2），表示箍筋为 HPB300 钢筋，直径Φ 8，加密区间距为 100，四肢箍；非加密区间距为 150，两肢箍。

非框架梁、悬挑梁、井字梁采用不同的箍筋间距及肢数时，也用斜线"/"将其分隔开来。注写时，先注写梁支座端部的箍筋（包括箍筋的箍数、钢筋级别、直径、间距及肢数），在斜线后注写梁跨中部分的箍筋间距及肢数。

【例 3-4】13Φ 10@150/200（4），表示箍筋为 HPB300 钢筋，直径Φ 10；梁的两端各有 13 个四肢箍，间距为 150；梁跨中部分间距为 200，四肢箍。

18Φ 12@150（4）/200（2），表示箍筋为 HPB300 钢筋，直径Φ 12；梁的两端各有 18 个四肢箍，间距为 150；梁跨中部分间距为 200，双肢箍。

4）梁上部通长筋或架立筋配置（通长筋可为相同或不同直径采用搭接连接、机械连接或焊接的钢筋），该项为必注值。所注规格与根数应根据结构受力要求及箍筋肢数等构造要求确定。当同排纵筋中既有通长筋又有架立筋时，应用加号"＋"将通长筋和架立筋相连。注写时需将角部纵筋写在加号的前面，架立筋写在加号后面的括号内，以示不同直径及与通长筋的区别。当全部采用架立筋时，则将其写入括号内。

【例 3-5】2Φ 22 用于双肢箍；2Φ 22＋（4Φ 12）用于六肢箍，其中 2Φ 22 为通长筋，4Φ 12 为架立筋。

当梁的上部纵筋和下部纵筋为全跨相同，而且多数跨配筋相同时，此项可加注下部纵筋

的配筋值，用分号"；"将上部与下部纵筋的配筋值分隔开来，少数跨不同者，按上述第
（1）条的规定处理。

【例 3-6】 3 Φ 22；3 Φ 20 表示梁的上部配置 3 Φ 22 的通长筋，梁的下部配置 3 Φ 20 的通
长筋。

5）梁侧面纵向构造钢筋或受扭钢筋配置，该项为必注值。

当梁腹板高度 $h_w \geqslant$ 450mm 时，需配置纵向构造钢筋，所注规格与根数应符合规范规定。
此项注写值以大写字母 G 打头，接续注写配置在梁两个侧面的总配筋值，并且对称配置。

【例 3-7】 G4 Φ 12，表示梁的两个侧面共配置 4 Φ 12 的纵向构造钢筋，每侧各配置
2 Φ 12。

当梁侧面需配置受扭纵向钢筋时，此项注写值以大写字母 N 打头，接续注写配置在梁
两个侧面的总配筋值，并且对称配置。受扭纵向钢筋应满足梁侧面纵向构造钢筋的间距要
求，而且不再重复配置纵向构造钢筋。

【例 3-8】 N6 Φ 22，表示梁的两个侧面共配置 6 Φ 22 的受扭纵向钢筋，每侧各配置
3 Φ 22。

注：1. 当为梁侧面构造钢筋时，其搭接与锚固长度可取为 15d。

2. 当为梁侧面受扭纵向钢筋时，其搭接长度为 l_l 或 l_{lE}（抗震），锚固长度为 l_a 或 l_{aE}；其锚固方式
同框架梁下部纵筋。

6）梁顶面标高高差，该项为选注值。

梁顶面标高高差是指相对于结构层楼面标高的高差值，对位于结构夹层的梁，则指相对
于结构夹层楼面标高的高差。有高差时，需将其写入括号内，无高差时不注。

注：当某梁的顶面高于所在结构层的楼面标高时，其标高高差为正值，反之为负值。

【例 3-9】 某结构标准层的楼面标高为 44.950m 和 48.250m，当某梁的梁顶面标高高差
注写为（-0.050）时，即表明该梁顶面标高分别相对于 44.950m 和 48.250m 低 0.05m。

（4）梁原位标注的内容规定如下：

1）梁支座上部纵筋，该部位含通长筋在内的所有纵筋：

①当上部纵筋多于一排时，用斜线"/"将各排纵筋自上而下分开。

【例 3-10】 梁支座上部纵筋注写为 6 Φ 25 4/2，则表示上一排纵筋为 4 Φ 25，下一排纵筋
为 2 Φ 25。

②当同排纵筋有两种直径时，用加号"+"将两种直径的纵筋相连，注写时将角部纵筋
写在前面。

【例 3-11】 梁支座上部有四根纵筋，2 Φ 25 放在角部，2 Φ 22 放在中部，在梁支座上部
应注写为 2 Φ 25+2 Φ 22。

③当梁中间支座两边的上部纵筋
不同时，须在支座两边分别标注；当
梁中间支座两边的上部纵筋相同时，
可仅在支座的一边标注配筋值，另一
边省去不注（图 3-35）。

设计时应注意：

a. 对于支座两边不同配筋值的上

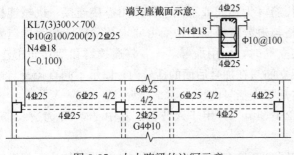

图 3-35 大小跨梁的注写示意

部纵筋，宜尽可能选用相同直径（不同根数），使其贯穿支座，避免支座两边不同直径的上部纵筋均在支座内锚固。

b. 对于以边柱、角柱为端支座的屋面框架梁，当能够满足配筋截面面积要求时，其梁的上部钢筋应尽可能只配置一层，以避免梁柱纵筋在柱顶处因层数过多、密度过大导致不方便施工和影响混凝土浇筑质量。

2）梁下部纵筋：

①当下部纵筋多于一排时，用斜线"/"将各排纵筋自上而下分开。

【例 3-12】梁下部纵筋注写为 6 $\underline{\Phi}$ 25 2/4，则表示上一排纵筋为 2 $\underline{\Phi}$ 25，下一排纵筋为 4 $\underline{\Phi}$ 25，全部伸入支座。

②当同排纵筋有两种直径时，用加号"＋"将两种直径的纵筋相连，注写时角筋写在前面。

③当梁下部纵筋不全部伸入支座时，将梁支座下部纵筋减少的数量写在括号内。

【例 3-13】梁下部纵筋注写为 6 $\underline{\Phi}$ 25 2（－2）/4，则表示上排纵筋为 2 $\underline{\Phi}$ 25，且不伸入支座；下一排纵筋为 4 $\underline{\Phi}$ 25，全部伸入支座。

梁下部纵筋注写为 2 $\underline{\Phi}$ 25＋3 $\underline{\Phi}$ 22（－3）/5 $\underline{\Phi}$ 25，表示上排纵筋为 2 $\underline{\Phi}$ 25 和 3 $\underline{\Phi}$ 22，其中 3 $\underline{\Phi}$ 22 不伸入支座；下一排纵筋为 5 $\underline{\Phi}$ 25，全部伸入支座。

④当梁的集中标注中已按上述第（3）条第 4）款的规定分别注写了梁上部和下部均为通长的纵筋值时，则不需在梁下部重复做原位标注。

⑤当梁设置竖向加腋时，加腋部位下部斜纵筋应在支座下部以 Y 打头注写在括号内，如图 3-36 所示。16G101-1 图集中框架梁竖向加腋构造适用于加腋部位参与框架梁计算，其他情况设计者应另行给出构造。当梁设置水平加腋时，水平加腋内上、下部斜纵筋应在加腋支座上部以 Y 打头注写在括号内，上下部斜纵筋之间用斜线"/"分隔，如图 3-37 所示。

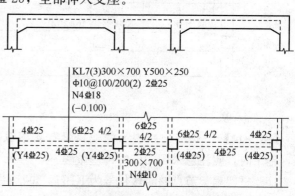

图 3-36　梁竖向加腋平面注写方式表达示例

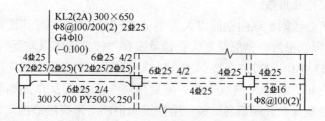

图 3-37　梁水平加腋平面注写方式表达示例

3）当在梁上集中标注的内容（即梁截面尺寸、箍筋、上部通长筋或架立筋，梁侧面纵向构造钢筋或受扭纵向钢筋，以及梁顶面标高高差中的某一项或几项数值）不适用于某跨或某悬挑部分时，则将其不同数值原位标注在该跨或该悬挑部位，施工时应按原位标注数值取用。

当在多跨梁的集中标注中已注明加腋，而该梁某跨的根部却不需要加腋时，则应在该跨原位标注等截面的 $b \times h$，以修正集中标注中的加腋信息，如图 3-36 所示。

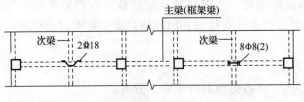

图 3-38　附加箍筋和吊筋的画法示例

4）附加箍筋或吊筋，将其直接画在平面图中的主梁上，用线引注总配筋值（附加箍筋的肢数注写在括号内），如图 3-38 所示。当多数附加箍筋或吊筋相同时，可在梁平法施工图上统一注明，少数与统一注明值不同时，再原位引注。

施工时应注意：附加箍筋或吊筋的几何尺寸应按照标准构造详图，结合其所在位置的主梁和次梁的截面尺寸而定。

（5）框架扁梁注写规则同框架梁，对于上部纵筋和下部纵筋，尚需注明未穿过柱截面的纵向受力钢筋根数，如图 3-39 所示。

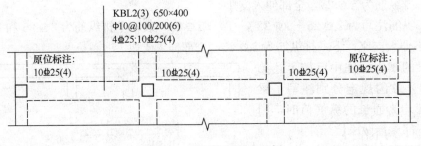

图 3-39　平面注写方式示例

【例 3-14】10 Φ 25（4）表示框架扁梁有 4 根纵向受力钢筋未穿过柱截面，柱两侧各 2 根，施工时，应注意采用相应的构造做法。

（6）框架扁梁节点核心区代号为 KBH，包括柱内核心区和柱外核心区两部分。框架扁梁节点核心区钢筋注写包括柱外核心区竖向拉筋及节点核心区附加纵向钢筋，端支座节点核心区尚需注写附加 U 形箍筋。

柱内核心区箍筋见框架柱箍筋。

柱外核心区竖向拉筋，注写其钢筋级别与直径；端支座柱外核心区尚需注写附加 U 形箍筋的钢筋级别、直径及根数。

框架扁梁节点核心区附加纵向钢筋以大写字母"F"打头，注写其设置方向（X 向或 Y 向）、层数、每层的钢筋根数、钢筋级别、直径及未穿过柱截面的纵向受力钢筋根数。

【例 3-15】KBH1 Φ 10，F X&Y 2×7 Φ 14（4），表示框架扁梁中间支座节点核心区：柱外核心区竖向拉筋 Φ 10；沿梁 X 向（Y 向）配置两层 7 Φ 14 附加纵向钢筋，每层有 4 根纵向受力钢筋未穿过柱截面，柱两侧各 2 根；附加纵向钢筋沿梁高度范围均匀布置。如图 3-40（a）所示。

【例 3-16】KBH2 Φ 10，4 Φ 10，F X 2×7 Φ 14（4），表示框架扁梁端支座节点核心区：柱外核心区竖向拉筋 Φ 10；附加 U 形箍筋共 4 道，柱两侧各 2 道；沿框架扁梁 X 向配置两层 7 Φ 14 附加纵向钢筋，有 4 根纵向受力钢筋未穿过柱截面，柱两侧各 2 根；附加纵向钢筋沿梁高度范围均匀布置。如图 3-40(b) 所示。

设计、施工时应注意：

1）柱外核心区竖向拉筋在梁纵向钢筋两向交叉位置均布置，当布置方式与图集要求不一致时，设计应另行绘制详图。

2）框架扁梁端支座节点，柱外核心区设置 U 形箍筋及竖向拉筋时，在 U 形箍筋与位于柱外的梁纵向钢筋交叉位置均布置竖向拉筋。当布置方式与图集要求不一致时，设计应另行绘制详图。

3）附加纵向钢筋应与竖向拉筋相互绑扎。

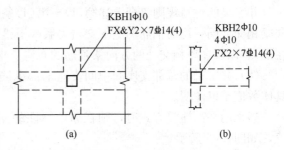

图 3-40　框架扁梁节点核心区附加钢筋注写示意

（7）井字梁一般由非框架梁构成，并且以框架梁为支座（特殊情况下以专门设置的非框架大梁为支座）。在此情况下，为明确区分井字梁与作为井字梁支座的梁，井字梁用单粗虚线表示（当井字梁顶面高出板面时可用单粗实线表示），作为井字梁支座的梁用双细虚线表示（当梁顶面高出板面时可用双细实线表示）。

井字梁是指在同一矩形平面内相互正交所组成的结构构件，井字梁所分布范围称为"矩形平面网格区域"（简称"网格区域"）。当在结构平面布置中仅有由四根框架梁框起的一片网格区域时，所有在该区域相互正交的井字梁均为单跨；当有多片网格区域相连时，贯通多片网格区域的井字梁为多跨，而且相邻两片网格区域分界处即为该井字梁的中间支座。对某根井字梁编号时，其跨数为其总支座数减 1；在该梁的任意两个支座之间，无论有几根同类梁与其相交，均不作为支座（图 3-41）。

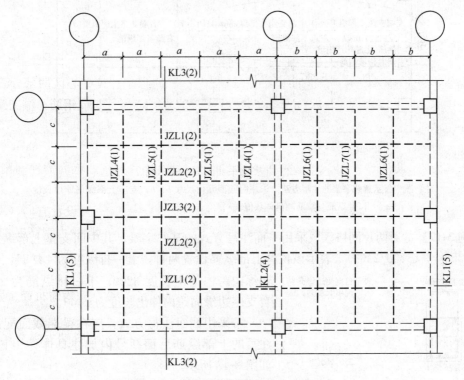

图 3-41　井字梁矩形平面网格区域示意

井字梁的注写规则符合上述第(1)～第(4)条规定。除此之外,设计者应注明纵横两个方向梁相交处同一层面钢筋的上下交错关系(指梁上部或下部的同层面交错钢筋何梁在上何梁在下),以及在该相交处两方向梁箍筋的布置要求。

(8) 井字梁的端部支座和中间支座上部纵筋的伸出长度值 a_0,应由设计者在原位加注具体数值予以注明。

当采用平面注写方式时,则在原位标注的支座上部纵筋后面括号内加注具体伸出长度值,如图 3-42 所示。

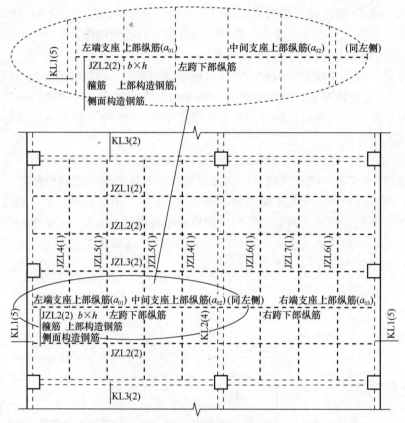

图 3-42 井字梁平面注写方式示例

注:图中仅示意井字梁的注写方法,未注明截面几何尺寸 $b×h$,支座上部纵筋伸出长度
$a_{01}～a_{03}$,以及纵筋与箍筋的具体数值。

【例 3-17】 贯通两片网格区域采用平面注写方式的某井字梁,其中间支座上部纵筋注写为 6⊕25 4/2 (3200/2400),表示该位置上部纵筋设置两排,上一排纵筋为 4⊕25,自支座边缘向跨内伸出长度 3200;下一排纵筋为 2⊕25,自支座边缘向跨内伸出长度 2400。

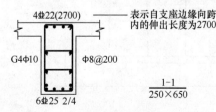

图 3-43 井字梁截面注写方式示例

若采用截面注写方式,应在梁端截面配筋图上注写的上部纵筋后面括号内加注具体伸出长度值,如图 3-43 所示。

设计时应注意:

1) 当井字梁连续设置在两片或多片网格区域时，才具有井字梁中间支座。

2) 当某根井字梁端支座与其所在网格区域之外的非框架梁相连时，该位置上部钢筋的连续布置方式需由设计者注明。

（9）在梁平法施工图中，当局部梁的布置过密时，可将过密区用虚线框出，适当放大比例后再用平面注写方式表示。

（10）采用平面注写方式表达的梁平法施工图示例，如图 3-44 所示。

2. 截面注写方式

（1）截面注写方式是在分标准层绘制的梁平面布置图上，分别在不同编号的梁中各选择一根梁用剖面号引出配筋图。并在其上注写截面尺寸和配筋具体数值的方式来表达梁平法施工图。

（2）对所有梁按表 3-7 的规定进行编号，从相同编号的梁中选择一根梁，先将"单边截面号"画在该梁上，再将截面配筋详图画在图中或其他图上。当某梁的顶面标高与结构层的楼面标高不同时，尚应继其梁编号后注写梁顶面标高高差（注写规定与平面注写方式相同）。

（3）在截面配筋详图上注写截面尺寸 $b \times h$、上部筋、下部筋、侧面构造筋或受扭筋以及箍筋的具体数值时，其表达形式与平面注写方式相同。

（4）对于框架扁梁尚需在截面详图上注写未穿过柱截面的纵向受力筋根数。对于框架扁梁节点核心区附加钢筋，需采用平、剖面图表达节点核心区附加纵向钢筋、柱外核心区全部竖向拉筋以及端支座附加 U 型箍筋，注写其具体数值。

（5）截面注写方式既可以单独使用，也可与平面注写方式结合使用。

注：在梁平法施工图的平面图中，当局部区域的梁布置过密时，除了采用截面注写方式表达外，也可采用"第 1 条平面注写方式"中第（9）条的措施来表达。当表达异形截面梁的尺寸与配筋时，用截面注写方式相对比较方便。

（6）应用截面注写方式表达的梁平法施工图示例，如图 3-45 所示。

3. 梁支座上部纵筋的长度规定

（1）为方便施工，凡框架梁的所有支座和非框架梁（不包括井字梁）的中间支座上部纵筋的伸出长度 a_0 值在标准构造详图中统一取值为：第一排非通长筋及与跨中直径不同的通长筋从柱（梁）边起伸出至 $l_n/3$ 位置；第二排非通长筋伸出至 $l_n/4$ 位置。l_n 的取值规定为：对于端支座，l_n 为本跨的净跨值；对于中间支座，l_n 为支座两边较大一跨的净跨值。

（2）悬挑梁（包括其他类型梁的悬挑部分）上部第一排纵筋伸出至梁端头并下弯，第二排伸出至 $3l/4$ 位置，l 为自柱（梁）边算起的悬挑净长。当具体工程需要将悬挑梁中的部分上部钢筋从悬挑梁根部开始斜向弯下时，应由设计者另加注明。

（3）设计者在执行上述第（1）、第（2）条关于梁支座端上部纵筋伸出长度的统一取值规定时，特别是在大小跨相邻和端跨外为长悬臂的情况下，还应注意按《混凝土结构设计规范》（GB 50010—2010）的相关规定进行校核，若不满足时应根据规范规定进行变更。

4. 不伸入支座的梁下部纵筋长度规定

（1）当梁（不包括框支梁）下部纵筋不全部伸入支座时，不伸入支座的梁下部纵筋截断点距支座边的距离，在标准构造详图中统一取为 $0.1l_{ni}$，（l_{ni} 为本跨梁的净跨值）。

（2）当按上述第（1）条规定确定不伸入支座的梁下部纵筋的数量时，应符合《混凝土结构设计规范》（GB 50010—2010）的有关规定。

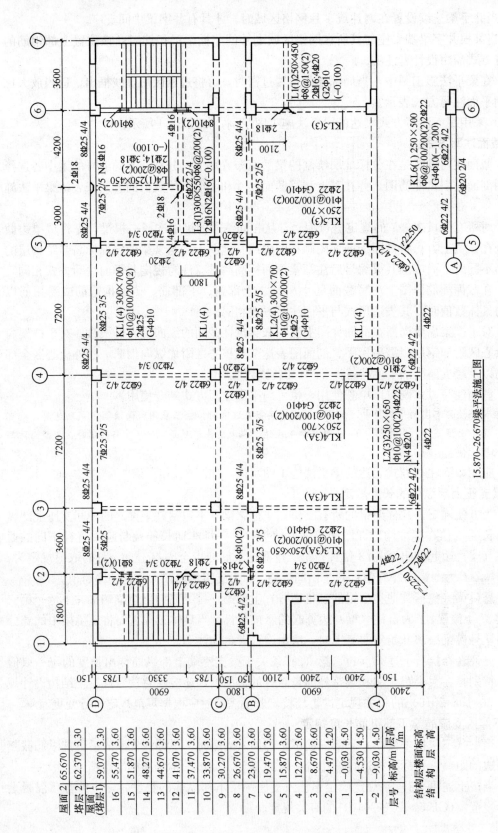

15.870~26.670梁平法施工图

图 3-44 梁平法施工图平面注写方式示例

层号	标高/m	层高/m
屋面2(塔层2)	65.670	3.30
塔层2	62.370	3.30
屋面1(塔层1)	59.070	3.60
16	55.470	3.60
15	51.870	3.60
14	48.270	3.60
13	44.670	3.60
12	41.070	3.60
11	37.470	3.60
10	33.870	3.60
9	30.270	3.60
8	26.670	3.60
7	23.070	3.60
6	19.470	3.60
5	15.870	3.60
4	12.270	4.20
3	8.670	3.60
2	4.470	4.20
1	-0.030	4.50
-1	-4.530	4.50
-2	-9.030	4.50
层号	结构层楼面标高 结构层高	

60

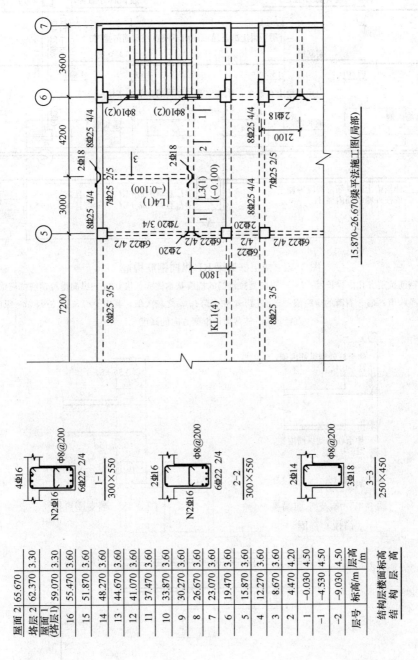

图 3-45 梁平法施工图截面注写方式示例

二、梁平法钢筋构造详图

1. 楼层框架梁 KL 纵向钢筋构造

楼层框架梁 KL 纵向钢筋构造如图 3-46 所示。其他构造示意图如图 3-47～图 3-49 所示。

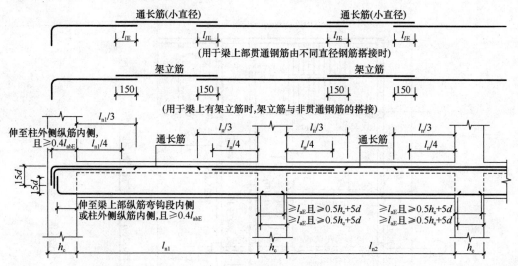

图 3-46　楼层框架梁 KL 纵向钢筋构造

l_{lE}—纵向受拉钢筋抗震绑扎搭接长度；l_{abE}—纵向受拉钢筋的抗震基本锚固长度；l_{aE}—纵向受拉钢筋抗震锚固长度；l_{n1}—左跨的净跨值；l_{n2}—右跨的净跨值；l_n—左跨 l_{ni} 和右跨 l_{ni+1} 之较大值，其中 $i=1，2，3…$；d—纵向钢筋直径；h_c—柱截面沿框架方向的高度

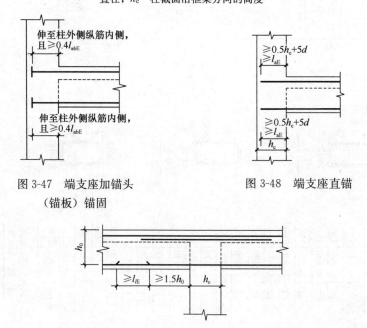

图 3-47　端支座加锚头　　　　　图 3-48　端支座直锚
（锚板）锚固

图 3-49　中间层中间节点梁下部筋在节点外搭接（梁下部钢筋不能在柱内锚固时，可在节点外搭接。
相邻跨钢筋直径不同时，搭接位置位于较小直径一跨）

h_0—梁截面高度

需要注意以下几点内容：

（1）梁上部通长钢筋与非贯通钢筋直径相同时，连接位置宜位于跨中 $l_{ni}/3$ 范围内；梁下部钢筋连接位置宜位于支座 $l_{ni}/3$ 范围内；且在同一连接区段内钢筋接头面积百分率不宜大于50%。

（2）钢筋连接要求见 16G101-1 图集第 59 页。

（3）当梁纵筋（不包括侧面 G 打头的构造筋及架立筋）采用绑扎搭接接长时，搭接区内箍筋直径及间距要求见 16G101-1 图集第 59 页。

（4）梁侧面构造钢筋要求见 16G101-1 图集第 90 页。

（5）当上柱截面尺寸小于下柱截面尺寸时，梁上部钢筋的锚固长度起算位置应为上柱内边缘，梁下纵筋的锚固长度起算位置为下柱内边缘。

2. 屋面框架梁 WKL 纵向钢筋构造

16G101-1 图集第 85 页给出了屋面框架梁 WKL 纵向钢筋构造，如图 3-50 所示。其他构造示意图如图 3-51～图 3-53 所示。

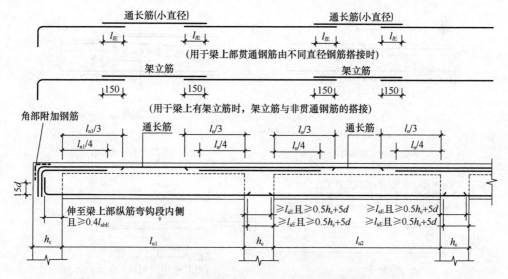

图 3-50 屋面框架梁 WKL 纵向钢筋构造

l_{lE}—纵向受拉钢筋抗震绑扎搭接长度；l_{abE}—纵向受拉钢筋的抗震基本锚固长度；l_{aE}—纵向受拉钢筋抗震锚固长度；l_{n1}—左跨的净跨值；l_{n2}—右跨的净跨值；l_n—左跨 l_{ni} 和右跨 l_{ni+1} 之较大值，其中 $i=1，2，3\cdots$；d—纵向钢筋直径；h_c—柱截面沿框架方向的高度

图 3-51 顶层端节点梁下部钢筋
端头加锚头（锚板）锚固

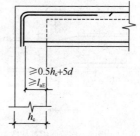

图 3-52 顶层端支座梁下部
钢筋直锚

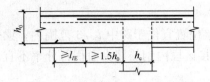

图3-53 顶层中间节点梁下部筋在
节点外搭接（梁下部钢筋不能在柱
内锚固时，可在节点外搭接。相邻
跨钢筋直径不同时，搭接位置位于
较小直径一跨）

h_0—梁截面高度

需要注意以下几点：

（1）梁上部通长钢筋与非贯通钢筋直径相同时，连接位置宜位于跨中 $l_{ni}/3$ 范围内；梁下部钢筋连接位置宜位于支座 $l_{ni}/3$ 范围内；且在同一连接区段内钢筋接头面积百分率不宜大于 50%。

（2）钢筋连接要求见16G101-1图集第59页。

（3）当梁纵筋（不包括侧面G打头的构造筋及架立筋）采用绑扎搭接接长时，搭接区内箍筋直径及间距要求见16G101-1图集第59页。

（4）梁侧面构造钢筋要求见16G101-1图集第90页。

（5）顶层端节点处梁上部钢筋与角部附加钢筋构造见16G101-1图集第67页。

3. 框架梁、屋面框架梁中间支座纵向钢筋构造

框架梁、屋面框架梁中间支座纵向钢筋构造见图3-54。

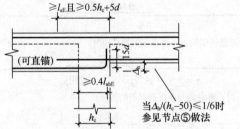

WKL中间支座纵向钢筋构造节点①

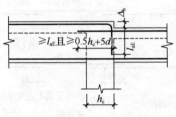

WKL中间支座纵向钢筋构造节点②

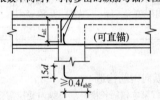

WKL中间支座纵向钢筋构造节点③

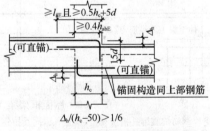

KL中间支座纵向钢筋构造节点④

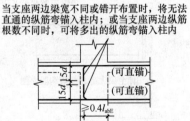

KL中间支座纵向钢筋构造节点⑤

KL中间支座纵向钢筋构造节点⑥

图3-54 框架梁、屋面框架梁中间支座纵向钢筋构造

l_{aE}—受拉钢筋抗震锚固长度；l_{abE}—受拉钢筋的抗震基本锚固长度；h_c—柱截面沿框架方向的高度；d—纵向钢筋直径；Δ_h—中间支座两端梁高差值

注：1. 图中标注可直锚的钢筋，当支座宽度满足直锚要求时可直锚。

2. 节点⑤，当 $\dfrac{\Delta_h}{(h_c-50)} \leqslant 1/6$ 时，纵筋可连续布置。

4. 框架梁和屋面框架梁箍筋构造

框架梁和屋面框架梁箍筋构造如图3-55所示。

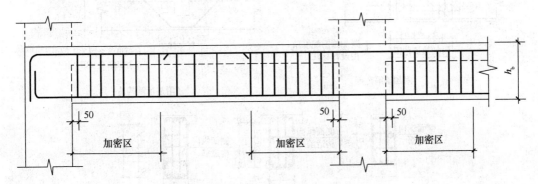

加密区：抗震等级为一级：$\geqslant 2.0h_b$且$\geqslant 500$

抗震等级为二～四级：$\geqslant 1.5h_b$且$\geqslant 500$

框架梁KL、WKL箍筋加密区范围(一)

(弧形梁沿梁中心线展开，箍筋间距

沿凸面线量度。h_b为梁截面高度)

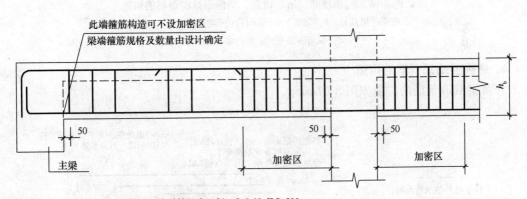

加密区：抗震等级为一级：$\geqslant 2.0h_b$且$\geqslant 500$

抗震等级为二～四级：$\geqslant 1.5h_b$且$\geqslant 500$

框架梁KL、WKL箍筋加密区范围(二)

(弧形梁沿梁中心线展开，箍筋间距

沿凸面线量度。h_b为梁截面高度)

图 3-55　框架梁和屋面框架梁箍筋构造

（1）图中框架梁箍筋加密区范围同样适用于框架梁与剪力墙平面内连接的情况。

（2）当梁纵筋（不包括侧面 G 打头的构造筋及架立筋）采用绑扎搭接接长时，搭接区内箍筋直径及间距要求见 16G101-1 图集第 59 页。

5. 附加箍筋、吊筋构造、梁侧面纵向钢筋的构造

附加箍筋、吊筋构造、梁侧面纵向钢筋的构造如图 3-56 所示。

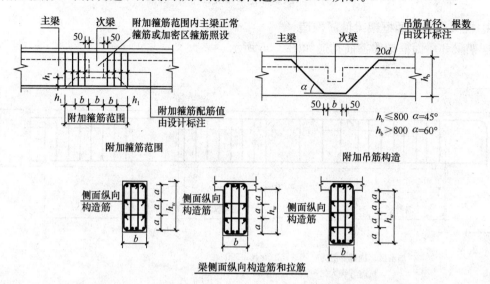

注: 1. 当 $h_w \geq 450$mm 时，在梁的两个侧面应沿高度配置纵向构造钢筋；纵向构造钢筋间距 $a \leq 200$mm。

  2. 当梁侧面配有直径不小于构造纵筋的受扭纵筋时，受扭钢筋可以代替构造钢筋。

  3. 梁侧面构造纵筋的搭接与锚固长度可取 15d。梁侧面受扭纵筋的搭接长度为 l_{lE} 或 l_l，其锚固长度为 l_{aE} 或 l_a，锚固方式同框架梁下部纵筋。

  4. 当梁宽 ≤ 350mm 时，拉筋直径为 6mm；梁宽 > 350mm 时，拉筋直径为 8mm 时，拉筋间距为非加密区箍筋间距的 2 倍。当设有多排拉筋时，上下两排拉筋竖向错开设置。

图 3-56 附加箍筋、吊筋构造、梁侧面纵向钢筋的构造

h_1—主次梁的梁高差；b—梁宽；a—纵向构造钢筋间距；h_w—梁腹板高度；

d—纵向钢筋直径；h_b—梁截面高度

6. 悬挑梁端部钢筋的构造

悬挑梁端部钢筋的构造如图 3-57 所示。

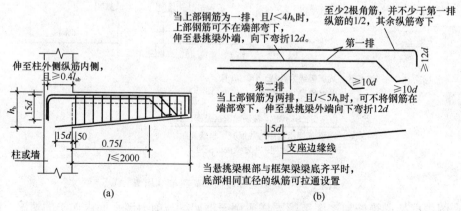

图 3-57 悬挑梁端部钢筋的构造

h_b—梁截面高度；d—纵向钢筋直径；l_{ab}—非抗震设计时受拉钢筋的基本锚固长度；

l—挑梁长度

7. 梁中箍筋和拉结筋弯钩构造

梁中箍筋和拉结筋弯钩构造如图 3-58 所示。

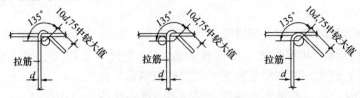

拉筋同时勾住纵筋和箍筋　　拉筋紧靠纵向钢筋并勾住箍筋　　拉筋紧靠箍筋并勾住纵筋

图 3-58　梁中箍筋和拉结筋弯钩构造

（也适用于柱、剪力墙中箍筋和拉结筋）

d—钢筋直径

第三节　板的平法识读与构造

一、板的平法识图

根据板的结构类型不同分为有梁板、无梁板；根据板的传力特点不同分为单向板、双向板。这里我们侧重介绍有梁板的相关内容。

有梁楼盖的制图规则适用于以梁为支座的楼面与屋面板平法施工图设计。

1. 有梁楼盖板平法施工图的表示方法

（1）有梁楼盖板平法施工图是指在楼面板和屋面板布置图上，采用平面注写的表达方式的施工图。板平面注写主要包括板块集中标注和板支座原位标注。

（2）为方便设计表达和施工识图，规定结构平面的坐标方向如下：

1）当两向轴网正交布置时，图面从左至右为 X 向，从下至上为 Y 向；

2）当轴网转折时，局部坐标方向顺轴网转折角度做相应转折；

3）当轴网向心布置时，切向为 X 向，径向为 Y 向。

此外，对于平面布置比较复杂的区域，例如轴网转折交界区域、向心布置的核心区域等，其平面坐标方向应由设计者另行规定并且在图上明确表示。

2. 板块集中标注

（1）板块集中标注的内容包括：板块编号、板厚、上部贯通纵筋，下部纵筋，以及当板面标高不同时的标高高差。

对于普通楼面，两向均以一跨为一板块；对于密肋楼盖，两向主梁（框架梁）均以一跨为一板块（非主梁密肋不计）。所有板块应逐一编号，相同编号的板块可择其一做集中标注，其他仅注写置于圆圈内的板编号，以及当板面标高不同时的标高高差。

板块编号应符合表 3-8 的规定。

表 3-8　板块编号

板 类 型	代 号	序 号
楼面板	LB	××
屋面板	WB	××
悬挑板	XB	××

板厚注写为 $h=\times\times\times$（h 为垂直于板面的厚度）；当悬挑板的端部改变截面厚度时，用斜线"/"分隔根部与端部的高度值，注写为 $h=\times\times\times/\times\times\times$；当设计已在图注中统一注明板厚时，此项可不注。

纵筋按板块的下部纵筋和上部贯通纵筋分别注写（当板块上部不设贯通纵筋时则不注），并以 B 代表下部纵筋，以 T 代表上部贯通纵筋，B&T 代表下部与上部；X 向纵筋以 X 打头，Y 向纵筋以 Y 打头，两向纵筋配置相同时则以 $X\&Y$ 打头。

当为单向板时，分布筋可不必注写，而在图中统一注明。

当在某些板内（例如在悬挑板 XB 的下部）配置有构造钢筋时，则 X 向以 Xc，Y 向以 Yc 打头注写。

当 Y 向采用放射配筋时（切向为 X 向，径向为 Y 向），设计者应注明配筋间距的定位尺寸。

当纵筋采用两种规格钢筋"隔一布一"方式时，表达为 Φ xx/yy@$\times\times\times$，表示直径为 xx 的钢筋和直径为 yy 的钢筋二者之间间距为$\times\times\times$，直径 xx 的钢筋的间距为$\times\times\times$的 2 倍，直径 yy 的钢筋的间距为$\times\times\times$的 2 倍。

板面标高高差是指相对于结构层楼面标高的高差，应将其注写在括号内，并且有高差则注，无高差不注。

【例 3-18】 B：$X\Phi10@150$ $Y\Phi10@180$，表示双向配筋，X 向和 Y 向均有底部贯通纵筋；单层配筋，底部贯通纵筋 X 向为 $\Phi10@150$，Y 向为 $\Phi10@180$，板上部未配置贯通纵筋。

【例 3-19】 B：$X\&Y\Phi10@150$，表示双向配筋，X 向和 Y 向均有底部贯通纵筋；单层配筋，只是底部贯通纵筋，没有板顶部贯通纵筋；底部贯通纵筋 X 向和 Y 向配筋相同，均为 $\Phi10@150$。

【例 3-20】 B：$X\&Y\Phi10@150$ T：$X\&Y\Phi10@150$，表示双向配筋，底部和顶部均为双向配筋；双层配筋，既有板底贯通纵筋，又有板顶贯通纵筋；底部贯通纵筋 X 向和 Y 向配筋相同，均为 $\Phi10@150$；顶部贯通纵筋 X 向和 Y 向配筋相同，均为 $\Phi10@150$。

【例 3-21】 B：$X\&Y\Phi10@150$ T：$X\Phi10@150$，表示双层配筋，既有板底贯通纵筋，又有板顶贯通纵筋；板底为双向配筋，底部贯通纵筋 X 向和 Y 向配筋相同，均为 $\Phi10@150$；板顶部为单向配筋，顶部贯通纵筋 X 向为 $\Phi10@150$。

【例 3-22】 有一楼面板块注写为：LB5　　$h=110$
　　　　　　　　B：$X\Phi12@120$；$Y\Phi10@110$

表示 5 号楼面板，板厚 110，板下部配置的贯通纵筋 X 向为 $\Phi12@120$，Y 向为 $\Phi10@110$；板上部未配置贯通纵筋。

【例 3-23】 有一楼面板块注写为：LB5　　$h=110$
　　　　　　　　B：$X\Phi10/12@100$；$Y\Phi10@110$

表示 5 号楼面板，板厚 110，板下部配置的贯通纵筋 X 向为 $\Phi10$、$\Phi12$ 隔一布一，$\Phi10$ 与 $\Phi12$ 之间间距为 100；Y 向为 $\Phi10@110$；板上部未配置贯通纵筋。

【例 3-24】 有一悬挑板注写为：XB2　　$h=150/100$
　　　　　　　　B：$Xc\&Yc\Phi8@200$

表示 2 号悬挑板，板根部厚 150，端部厚 100，板下部配置构造钢筋双向均为 $\Phi8@200$

（上部受力钢筋见板支座原位标注）。

（2）同一编号板块的类型、板厚和贯通纵筋均应相同，但是板面标高、跨度、平面形状以及板支座上部非贯通纵筋可以不同，如同一编号板块的平面形状可为矩形、多边形及其他形状等。施工预算时，应根据其实际平面形状，分别计算各块板的混凝土与钢材用量。

设计与施工应注意：单向或双向连续板的中间支座上部同向贯通纵筋，不应在支座位置连接或分别锚固。当相邻两跨的板上部贯通纵筋配置相同，且跨中部位有足够空间连接时，可在两跨任意一跨的跨中连接部位连接；当相邻两跨的上部贯通纵筋配置不同时，应将配置较大者越过其标注的跨数终点或起点伸至相邻跨的跨中连接区域连接。

设计应注意板中间支座两侧上部贯通纵筋的协调配置，施工及预算应按具体设计和相应标准构造要求实施。等跨与不等跨板上部纵筋的连接有特殊要求时，其连接部位及方式应由设计者注明。对于梁板式转换层楼板，板下部纵筋在支座内的锚固长度不应小于 l_a。当悬挑板需要考虑竖向地震作用时，下部纵筋伸入支座内长度不应小于 l_{aE}。

3. 板支座原位标注

（1）板支座原位标注的内容包括：板支座上部非贯通纵筋和悬挑板上部受力钢筋。

板支座原位标注的钢筋，应在配置相同跨的第一跨表达（当在梁悬挑部位单独配置时则在原位表达）。在配置相同跨的第一跨（或梁悬挑部位），垂直于板支座（梁或墙）绘制一段适宜长度的中粗实线（当该筋通长设置在悬挑板或短跨板上部时，实线段应画至对边或贯通短跨），以该线段代表支座上部非贯通纵筋，并在线段上方注写钢筋编号（例如①、②等）、配筋值、横向连续布置的跨数（注写在括号内，并且当为一跨时可不注），以及是否横向布置到梁的悬挑端。

板支座上部非贯通筋自支座中线向跨内的伸出长度，注写在线段的下方位置。

当中间支座上部非贯通纵筋向支座两侧对称伸出时，可仅在支座一侧线段下方标注伸出长度，另一侧不注，如图 3-59 所示。

当向支座两侧非对称伸出时，应分别在支座两侧线段下方注写伸出长度，如图 3-60 所示。

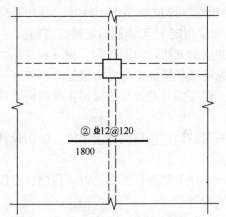

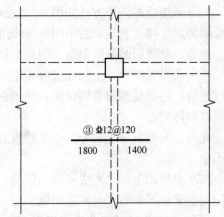

图 3-59　板支座上部非贯通筋对称伸出　　　　图 3-60　板支座上部非贯通筋非对称伸出

对线段画至对边贯通全跨或贯通全悬挑长度的上部通长纵筋，贯通全跨或伸出至全悬挑端一侧的长度值不注，只注明非贯通筋另一侧的伸出长度值，如图 3-61 所示。

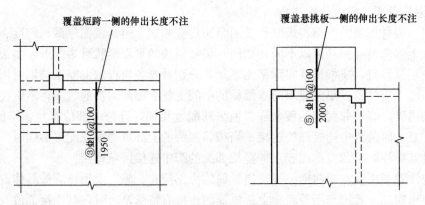

图 3-61 板支座非贯通筋贯通全跨或伸出至悬挑端

当板支座为弧形，支座上部非贯通纵筋呈放射状分布时，设计者应注明配筋间距的度量位置并加注"放射分布"四字，必要时应补绘平面配筋图，如图 3-62 所示。

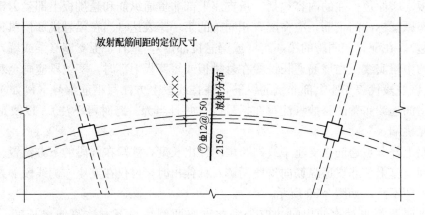

图 3-62 弧形支座处放射配筋

关于悬挑板的注写方式如图 3-63 所示。当悬挑板端部厚度不小于 150 时，设计者应指定板端部封边构造方式，当采用 U 形钢筋封边时，尚应指定 U 形钢筋的规格、直径。

此外，悬挑板的悬挑阳角、阴角上部放射钢筋的表示方法，如图 3-64、图 3-65 所示。

板平面布置图中，不同部位板支座上部非贯通纵筋及悬挑板上部受力钢筋，可仅在一个部位注写，对其他相同者则仅需在代表钢筋的线段上注写编号及按本条规则注写横向连续布置的跨数即可。

此外，与板支座上部非贯通纵筋垂直且绑扎在一起的构造钢筋或分布钢筋，应由设计者在图中注明。

（2）当板的上部已配置有贯通纵筋，但需增配板支座上部非贯通纵筋时，应结合已配置的同向贯通纵筋的直径与间距采取"隔一布一"方式配置。

"隔一布一"方式，为非贯通纵筋的标注间距与贯通纵筋相同，两者组合后的实际间距为各自标注间距的 1/2。当设定贯通纵筋为纵筋总截面面积的 50％时，两种钢筋应取相同直径；当设定贯通纵筋大于或小于总截面面积的 50％时，两种钢筋则取不同直径。

施工应注意：当支座一侧设置了上部贯通纵筋（在板集中标注中以 T 打头），而在支座

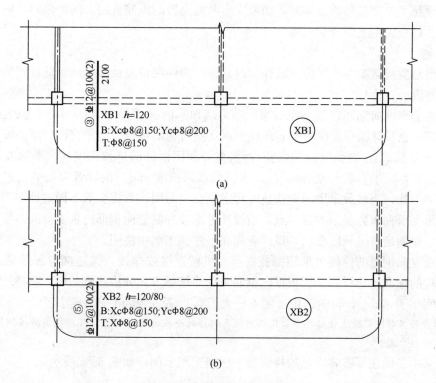

图 3-63　悬挑板支座非贯通筋

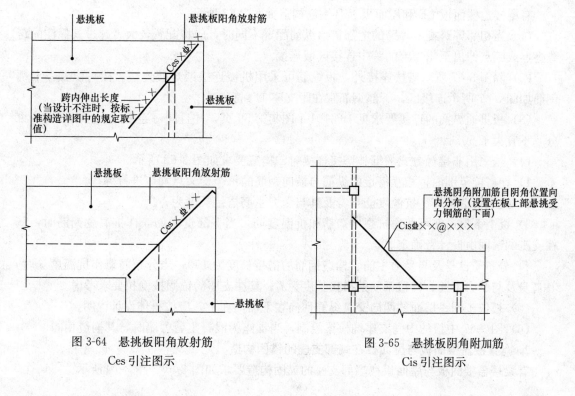

图 3-64　悬挑板阳角放射筋　　　　　　　图 3-65　悬挑板阴角附加筋
　　　　Ces 引注图示　　　　　　　　　　　　　Cis 引注图示

另一侧仅设置了上部非贯通纵筋时，如果支座两侧设置的纵筋直径、间距相同，应将二者连通，避免各自在支座上部分别锚固。

4. 其他

（1）当悬挑板需要考虑竖向地震作用时，设计应注明该悬挑板纵向钢筋抗震锚固长度按何种抗震等级。

（2）板上部纵向钢筋在端支座（梁、剪力墙顶）的锚固要求，16G101-1 图集标准构造详图中规定：当设计按铰接时，平直段伸至端支座对边后弯折，且平直段长度 $\geqslant 0.35l_{ab}$，弯折段投影长度 $15d$（d 为纵向钢筋直径）；当充分利用钢筋的抗拉强度时，平直段伸至端支座对边后弯折，且平直段长度 $\geqslant 0.6l_{ab}$，弯折段投影长度 $15d$。设计者应在平法施工图中注明采用何种构造，当多数采用同种构造时可在图注中写明，并将少数不同之处在图中注明。

（3）板支承在剪力墙顶的端节点，当设计考虑墙外侧竖向钢筋与板上部纵向受力钢筋搭接传力时，应满足搭接长度要求，设计者应在平法施工图中注明。

（4）板纵向钢筋的连接可采用绑扎搭接、机械连接或焊接，其连接位置详见 16G101-1 图集中相应的标准构造详图。当板纵向钢筋采用非接触方式的搭接连接时，其搭接部位的钢筋净距不宜小于 30mm，且钢筋中心距不应大于 $0.2l_l$ 及 150mm 中的较小者。

注：非接触搭接使混凝土能够与搭接范围内所有钢筋的全表面充分粘接，可以提高搭接钢筋之间通过混凝土传力的可靠度。

（5）采用平面注写方式表达的楼面板平法施工图示例，如图 3-66 所示。

二、板平法钢筋构造详图

1. 有梁楼盖楼面板 LB 和屋面板 WB 钢筋构造

有梁楼盖楼面板 LB 和屋面板 WB 钢筋构造如图 3-67 所示。

（1）当相邻等跨或不等跨的上部贯通纵筋配置不同时，应将配置较大者越过其标注的跨数终点或起点伸出至相邻跨的跨中连接区域连接。

（2）除图 3-67 所示搭接连接外，板纵筋可采用机械连接或焊接连接。接头位置：上部钢筋如图 3-67 所示连接区，下部钢筋宜在距支座 1/4 净跨内。

（3）板贯通纵筋的连接要求见 16G101-1 图集第 59 页，并且同一连接区段内钢筋接头百分率不宜大于 50%。

（4）当采用非接触方式的绑扎搭接连接时，构造要求如图 3-68 所示。

1）在搭接范围内，相互搭接的纵筋与横向钢筋的每个交叉点均应进行绑扎。

2）抗裂构造钢筋、抗温度筋自身及其与受力主筋搭接长度为 l_l。

3）板上下贯通筋可兼作抗裂构造筋和抗温度筋。当下部贯通筋兼作抗温度钢筋时，其在支座的锚固由设计者确定。

4）分布筋自身及与受力主筋、构造钢筋的搭接长度为 150；当分布筋兼作抗温度筋时，其自身及与受力主筋、构造钢筋的搭接长度为 l_l；其在支座的锚固按受拉要求考虑。

（5）板位于同一层面的两向交叉纵筋何向在下何向在上，应按具体设计说明。

（6）图 3-67 中板的中间支座均按梁绘制，当支座为混凝土剪力墙时，其构造相同。

2. 有梁楼盖楼面板与屋面板在端部支座的锚固构造

有梁楼盖楼面板与屋面板在端部支座的锚固构造要求如图 3-69、图 3-70 所示。

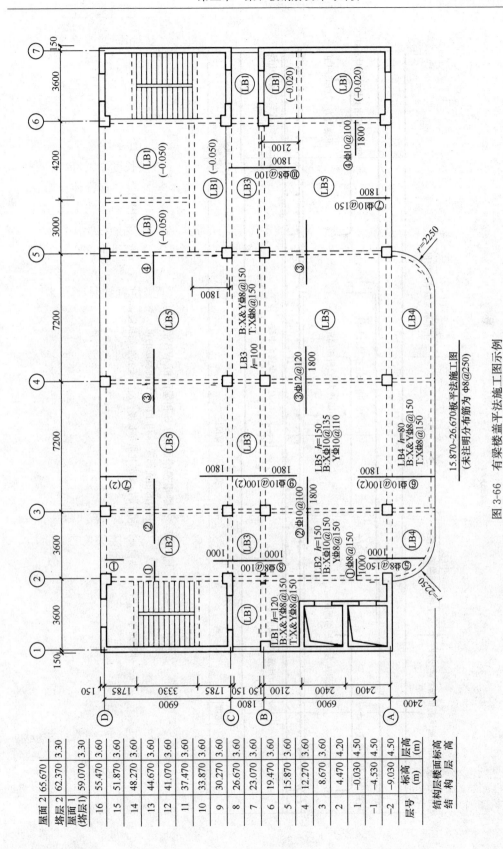

图 3-66 有梁楼盖平法施工图示例

注: 可在结构层楼面标高、结构层高表中加设混凝土强度等级等栏目。

73

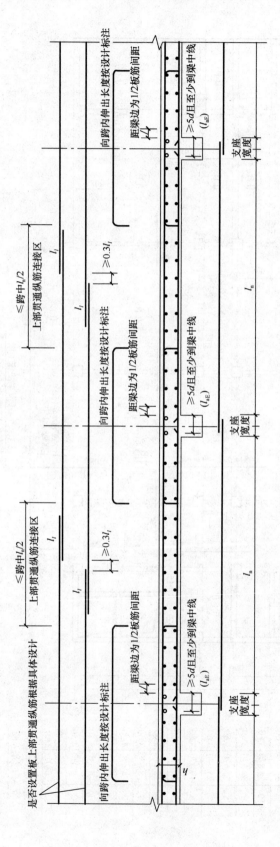

图 3-67　有梁楼盖楼面板 LB 和屋面板 WB 钢筋构造

（括号内的锚固长度 l_{aE} 用于梁式转换层的板）

l_n—水平跨净跨值；l_t—纵向受拉钢筋非抗震绑扎搭接长度；l_{aE}—受拉钢筋抗震锚固长度；d—受拉钢筋直径

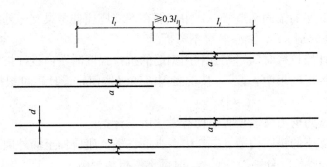

（30+d≤a<0.2l_l及150的较小值）

图 3-68　纵向钢筋非接触绑扎搭接构造

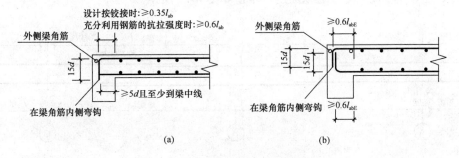

(a)　　　　　　　　　　　　　　(b)

图 3-69　板在端部支座的锚固构造（一）

（a）普通楼屋面板；（b）用于梁板式转换层的楼面板

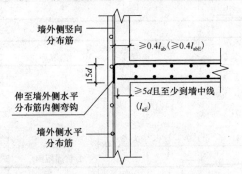

（括号内的数值用于梁板式转换层的板，当板下部纵筋直锚长度不足时，可弯锚）

(a)

伸至墙外侧水平　　　　　　　　　伸至墙外侧水平
分布筋内侧弯钩　≥0.35l_{ab}　　　分布筋内侧弯钩　≥0.6l_{ab}　　　　　　　15d

15d　　　　　　　　　　　　15d　　　　　　　　　　　　　l_l

≥5d且至少到墙中线　　　　≥5d且至少到墙中线　　　　　　　≥5d且至少到墙中线

断点位置低于板底

墙外侧水平　　　　　　　　墙外侧水平　　　　　　　墙外侧水平
分布筋　　　　　　　　　　分布筋　　　　　　　　　分布筋

板端按铰接设计时　　板端上部纵筋按充分利用钢筋的抗拉强度时　　　搭接连接

(b)

图 3-70　板在端部支座的锚固构造（二）

（a）端部支座为剪力墙中间层；（b）端部支座为剪力墙墙顶

（1）板在端部支座的锚固构造（一）中纵筋在端支座应伸至梁支座外侧纵筋内侧后弯折 $15d$，当平直段长度分别 $\geq l_a$、$\geq l_{aE}$ 时可不弯折。

（2）图中"设计按铰接时"、"充分利用钢筋的抗拉强度时"由设计指定。

（3）梁板式转换层的板中 l_{abE}、l_{aE} 按抗震等级四级取值，设计也可根据实际工程情况另行指定。

（4）板端部支座为剪力墙墙顶时，构造做法由设计指定。

（5）板在端部支座的锚固构造（二）中，纵筋在端支座应伸至墙外侧水平分布钢筋内侧后弯折 $15d$，当平直段长度分别 $\geq l_a$ 或 $\geq l_{aE}$ 时可不弯折。

3. 有梁楼盖不等跨板上部贯通纵筋连接构造

有梁楼盖不等跨板上部贯通纵筋连接构造如图 3-71 所示。

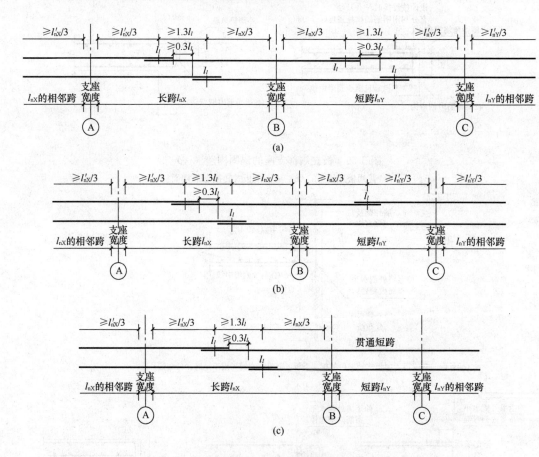

图 3-71　有梁楼盖不等跨板上部贯通纵筋连接构造

（当钢筋足够长时能通则通）

（a）不等跨板上部贯通纵筋连接构造（一）；（b）不等跨板上部贯通纵筋连接构造（二）；

（c）不等跨板上部贯通纵筋连接构造（三）

l'_{nX}—轴线 A 左右两跨中较大净跨度值；l'_{nY}—轴线 C 左右两跨中较大净跨度值

4. 单（双）向板配筋构造

16G101-1 图集第 102 页给出了单（双）向板配筋示意，如图 3-72 所示。

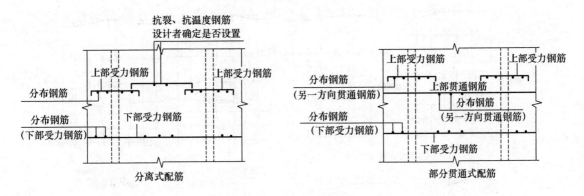

图 3-72　单（双）向板配筋示意

5. 悬挑板 XB 钢筋构造、无支承板端部封边构造、折板配筋构造

悬挑板 XB 钢筋构造、无支承板端部封边构造、折板配筋构造如图 3-73 所示。

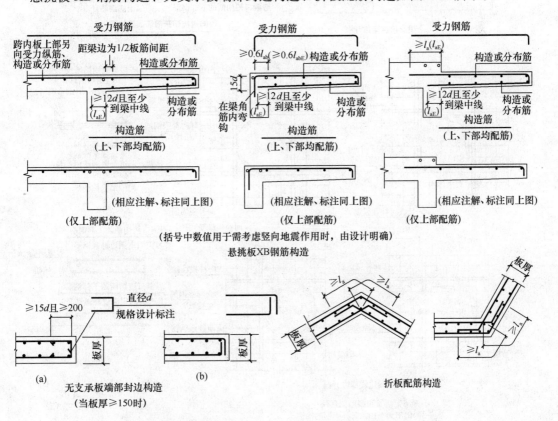

图 3-73　悬挑板 XB 钢筋构造、无支承板端部封边构造、折板配筋构造

6. 板开洞 BD 与洞边加强筋的构造

板开洞 BD 与洞边加强筋的构造如图 3-74 所示。

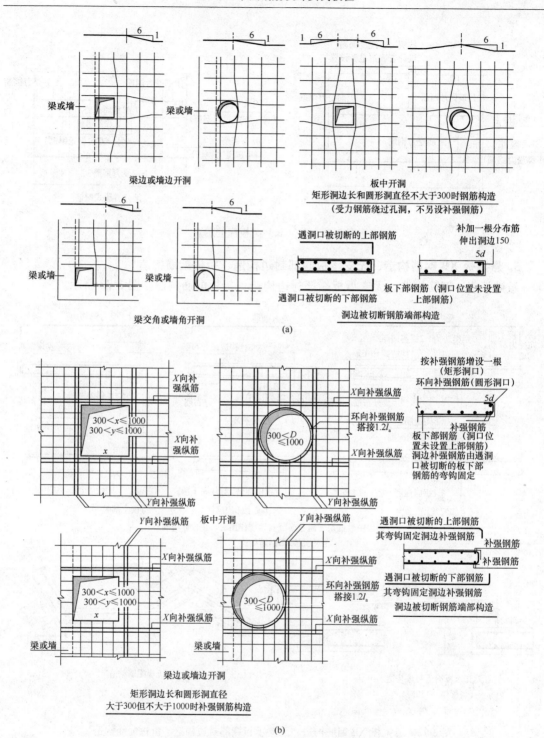

(a)

(b)

图 3-74　板开洞 BD 与洞边加强筋的构造

(a) 板开洞 BD 与洞边加强筋的构造（一）；(b) 板开洞 BD 与洞边加强筋的构造（二）

注：1. 当设计注写补强钢筋时，应按注写的规格、数量与长度值补强。当设计未注写时；X 向、Y 向分别按每边配置两根直径不小于 12 且不小于同向被切断纵向钢筋总面积的 50% 补强，补强钢筋与被切断钢筋布置在同一层面，两根补强钢筋之间的净距为 30；环向上下各配置一根直径不小于 10 的钢筋补强。

2. 补强钢筋的强度等级与被切断钢筋相同。

3. X 向、Y 向补强纵筋伸入支座的锚固方式同板中钢筋，当不伸入支座时，设计应标注。

第四节　梁、板平法钢筋计算公式与实例

一、框架梁钢筋计算公式

1. 框架梁上部纵筋计算

框架梁上部纵筋包括有上部通长筋、支座上部纵向钢筋（也称为支座负筋）以及架立筋。

（1）框架梁上部通长筋计算

上部通长钢筋长度计算公式：

$$长度 = 各跨净跨值 l_n 之和 + 各支座宽度 + 左、右锚固长度 \tag{3-24}$$

1）当为楼层框架梁时，根据楼层框架梁纵筋在端支座的锚固要求可知：

①当端支座宽度 $h_c -$ 柱保护层 $c \geqslant l_{aE}$ 时：

$$锚固长度 = 端支座宽度 h_c - 柱保护层 c \tag{3-25}$$

②当端支座宽度 $h_c -$ 柱保护层 $c < l_{aE}$ 时：

$$锚固长度 = 端支座宽度 h_c - 柱保护层 c + 15d \tag{3-26}$$

2）当为屋面框架梁时，根据屋面框架梁纵筋与框架柱纵筋的构造要求，有柱纵筋锚入梁中和梁纵筋锚入柱中两种形式，顶层屋面框架梁纵筋的锚固长度计算也有两种形式。

①当采用柱纵筋锚入梁中的锚固形式时：

$$锚固长度 = 端支座宽度 h_c - 柱保护层 c + 梁高 - 梁保护层 \tag{3-27}$$

②当采用梁纵筋锚入柱中的锚固形式时：

$$锚固长度 = 端支座宽度 h_c - 柱保护层 c + 1.7 l_{aE} \tag{3-28}$$

3）框架梁纵筋的上部、下部的各排纵筋锚入柱内均应满足构造要求，同时，保证混凝土与钢筋更好地握裹，不同位置的纵筋弯折长度 15d 之间应有不小于 25mm 的净距要求。若梁纵筋的钢筋直径按 25mm 计，各排框架梁纵筋锚入柱内的水平段长度差值可取为 50mm。

（2）框架梁支座负筋延伸长度计算

1）端支座非贯通钢筋长度计算公式：

$$长度 = 负弯矩钢筋延伸长度 + 锚固长度 \tag{3-29}$$

2）中间支座非贯通钢筋长度计算公式：

$$长度 = 2 \times 负弯矩钢筋延伸长度 + 支座宽度 \tag{3-30}$$

当支座间净跨值较小，左右两跨值较大时，常将支座上部的负弯矩钢筋在中间较小跨贯通设置，此时，负弯矩钢筋的长度计算方法为：

$$长度 = 左跨负弯矩钢筋延伸长度 + 右跨负弯矩钢筋延伸长度$$
$$+ 中间较小跨净跨值 + 2 \times 中间支座宽度 \tag{3-31}$$

对支座负筋延伸长度的分析如下所述。

1）框架梁端支座的支座负筋延伸长度：

第一排支座负筋从柱边开始延伸至 $l_{n1}/3$ 位置；第二排支座负筋从柱边开始延伸至 $l_{n1}/4$ 位置。（其中 l_{n1} 是边跨的净跨长度）

2）框架梁中间支座的支座负筋延伸长度：

第一排支座负筋从柱边开始延伸至 $l_n/3$ 位置；第二排支座负筋从柱边开始延伸至 $l_n/4$ 位置。（其中 l_n 是支座两边的净跨长度 l_{n1} 和 l_{n2} 中的最大值）

（3）框架梁架立筋计算

架立钢筋的长度是逐跨计算的，每跨梁的架立钢筋长度计算公式为：

$$架立筋长度 = 梁的净跨长度 - 两端支座负筋的延伸长度 + 150 \times 2 \tag{3-32}$$

$$架立筋的根数 = 箍筋的肢数 - 上部通长筋的根数 \tag{3-33}$$

等跨梁架立筋的计算公式为：

$$架立筋的长度 = l_n/3 + 150 \times 2 \tag{3-34}$$

16G101-1 图集第 84 页图的上方的钢筋大样图明确给出：当梁上部纵筋既有贯通钢筋又有架立钢筋时，架立钢筋与非贯通钢筋的搭接长度为 150mm。

2. 框架梁下部钢筋长度计算

梁下部钢筋形式包括：下部通长钢筋、下部非通长钢筋、下部不伸入支座的钢筋。

（1）下部通长钢筋长度

下部通长钢筋长度计算公式同上部通长钢筋长度计算公式。

（2）下部非通长钢筋长度

下部非通长钢筋长度计算公式：

$$长度 = 净跨值 + 左锚固长度 + 右锚固长度 \tag{3-35}$$

左、右支座锚固长度的取值判断：

1）当 h_c - 保护层（直锚长度）$> l_{aE}$ 时，取 max（l_{aE}，$0.5h_c + 5d$）。

2）当 h_c - 保护层（直锚长度）$\leqslant l_{aE}$ 时，必须弯锚，这时有以下几种算法：

①h_c - 保护层 + 15d。

②取 $0.4l_{aE} + 15d$。

③取 max（l_{aE}，h_c - 保护层 + 15d）。

④取 max（l_{aE}，$0.4l_{aE} + 15d$）。

当梁下部纵向钢筋弯锚时，梁下部纵向筋在框架梁中间层端节点内的锚固长度为"h_c - 保护层 + 15d"比较合理。

（3）下部不伸入支座钢筋长度

下部不伸入支座钢筋长度计算公式为：

$$长度 = 净跨值 l_n - 2 \times 0.1l_{ni} - 0.8l_{ni} \tag{3-36}$$

3. 框架梁中部钢筋长度计算

梁中部钢筋的形式：构造钢筋（G）和受扭钢筋（N）。

构造钢筋长度计算公式：

$$长度 = 净跨值 + 2 \times 15d \tag{3-37}$$

受扭钢筋长度计算公式：

$$长度 = 净跨值 + 2 \times 锚固长度 \tag{3-38}$$

构造钢筋的锚固长度值为 15d，受扭钢筋的锚固长度取值与下部纵向受力钢筋相同，通常取 max（l_{aE}，$0.5h_c + 5d$）。

当梁中部钢筋各跨不同时，应分跨计算；当全跨布置完全相同时，可整体计算。

4. 箍筋与拉筋计算

箍筋和拉筋计算包括箍筋和拉筋的长度、根数计算。箍筋和拉筋长度的计算方法与框架柱相同，下面介绍箍筋与拉筋根数的计算方法。

（1）箍筋根数计算公式

$$根数 = 2 \times \left(\frac{加密区长度 - 50}{加密区间距} + 1 \right) + \left(\frac{非加密区长度}{非加密区箍筋间距} - 1 \right) \tag{3-39}$$

梁箍筋加密区范围：一级抗震等级为 max（$2h_b$，500）；二至四级抗震等级为 max（$1.5h_b$，500），其中 h_b 为梁截面高度。

（2）拉筋根数计算公式

$$根数 = \frac{梁净跨 - 2 \times 50}{非加密区箍筋间距 \times 2} + 1 \tag{3-40}$$

1）拉筋直径

梁宽≤350 时，拉筋直径为 6mm，梁宽＞350mm 时，拉筋直径为 8mm。

2）拉筋间距的确定

拉筋间距为非加密区箍筋间距的两倍；当有多排拉筋时，上下两排拉筋竖向错开设置。

5. 框架梁侧面纵向构造钢筋计算

16G101-1 图集给出了梁侧面纵向构造钢筋的构造，如图 3-75 所示。

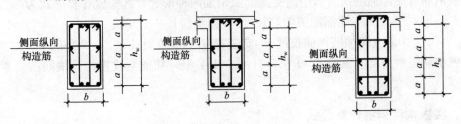

图 3-75 梁侧面纵向构造钢筋

由图 3-75 可以得出：

（1）当梁的腹板高度 h_w≥450mm 时，在梁的两个侧面应沿高度配置纵向构造钢筋，其间距不宜大于 200mm。侧面纵向构造钢筋在梁的腹板高度上均匀布置。

（2）梁侧面纵向构造钢筋的搭接和锚固长度可取 15d。

框架梁侧面纵向构造钢筋长度计算公式为：

$$侧面纵向构造钢筋长度 = 梁的净跨长度 + 2 \times 15d \tag{3-41}$$

6. 悬臂梁钢筋计算

悬臂梁钢筋形式有上部第一排钢筋、上部第一排下弯钢筋、上部第二排钢筋、下部构造钢筋。

（1）上部第一排钢筋长度计算公式

$$长度 = 悬挑梁净长 - 梁保护层 + 12d + 锚固长度\ l_a \tag{3-42}$$

（2）上部第一排下弯钢筋长度计算公式（当按图纸要求需要向下弯折时）

$$长度 = 悬挑梁净长 - 梁保护层 + 斜段长度增加值 + 锚固长度\ l_a \tag{3-43}$$

$$斜段长度增加值 = （梁高 - 2 \times 保护层）\times （\sqrt{2} - 1） \tag{3-44}$$

（3）上部第二排钢筋长度计算公式

$$长度 = 0.75 \times 悬挑梁净长 + 锚固长度\ l_a \tag{3-45}$$

（4）下部钢筋长度计算公式

$$长度 = 悬挑梁净长 - 梁保护层 + 锚固长度\ 12d(15d) \tag{3-46}$$

悬臂梁钢筋计算说明：

（1）悬挑端一般不予考虑抗震耗能，因此，其受力钢筋的锚固长度通常取值 l_n。

（2）悬挑梁上部受力钢筋的锚固要求与框架梁纵向受力钢筋在柱中的锚固要求相同。

（3）当悬挑梁长度不小于 4 倍梁高时（$l \geqslant 4h_b$），悬挑端上部钢筋中，至少有两根角筋并不少于第一排纵筋的一半的钢筋应伸至悬挑端端头，其余钢筋可弯下，梁末端水平段长度不小于 $10d$。

（4）悬挑端下部钢筋伸入支座的锚固长度为：梁下部带肋钢筋锚固长度取 $12d$，当为光圆钢筋时锚固长度取 $15d$。

7. 吊筋长度计算

吊筋长度计算公式为：

$$长度 = 次梁宽度 + 2 \times 50 + 斜段长度 \times 2 + 20d \times 2 \tag{3-47}$$

吊筋斜段长度根据加腋尺寸，由数学中的三角函数求出。

8. 加腋钢筋计算

加腋钢筋有端部加腋钢筋和中间支座加腋钢筋两种形式，其长度计算公式为：

$$端部加腋钢筋长度 = 加腋斜长 + 2 \times l_{aE} \tag{3-48}$$

$$中间支座加腋钢筋长度 = 支座宽度 + 加腋斜长 \times 2 + 2 \times l_{aE} \tag{3-49}$$

加腋钢筋根数为梁下纵筋 $n-1$ 根，且不少于 2 根，并插空放置，其箍筋的设置与梁部箍筋相同。

二、楼板构件钢筋计算公式

1. 板上部钢筋计算

（1）板上部贯通钢筋计算

板上部贯通钢筋的长度与根数计算方法为：

$$贯通钢筋长度 = 板净跨长度 + 锚固长度 \tag{3-50}$$

$$贯通钢筋根数 = \frac{布筋范围}{板筋间距} + 1 \tag{3-51}$$

（2）板端支座非贯通钢筋计算

板端支座非贯通钢筋长度与根数计算方法为：

$$端支座非贯通钢筋长度 = 板内尺寸 + 锚固长度 \tag{3-52}$$

$$端支座非贯通钢筋根数 = \frac{布筋范围}{板筋间距} + 1 \tag{3-53}$$

（3）板端支座非贯通钢筋中的分布钢筋计算

板端支座非贯通钢筋中的分布钢筋的长度和根数计算方法为：

$$长度 = 板轴线长度 - 左右负筋标注长度 + 150 \times 2 \tag{3-54}$$

$$根数 = \frac{负弯矩钢筋板内净长}{分布筋间距} + 1 \tag{3-55}$$

（4）板中间支座非贯通钢筋计算

板中间支座非贯通钢筋的长度和根数计算方法为：

$$中间支座非贯通钢筋长度 = 标注长度 A + 标注长度 B + 弯折长度 \times 2 \tag{3-56}$$

$$中间支座非贯通钢筋根数 = \frac{净跨 - 2 \times 50}{板筋间距} + 1 \tag{3-57}$$

（5）板中间支座非贯通钢筋中的分布钢筋计算

板中间支座非贯通钢筋中的分布钢筋长度和根数计算方法为：

$$长度 = 轴线长度 - 左右负筋标注长度 + 150 \times 2 \tag{3-58}$$

$$根数 = \frac{布筋范围 1}{分布筋间距} + 1 + \frac{布筋范围 2}{分布筋间距} + 1 \tag{3-59}$$

2. 板下部钢筋计算

板下部钢筋（包括 X 向和 Y 向钢筋）如图 3-76 和图 3-77 所示，长度和根数的计算方法为：

$$下部钢筋长度 = 板净跨长度 + 两端的直锚长度 \tag{3-60}$$

$$直锚长度 = 梁宽 /2 \tag{3-61}$$

$$下部钢筋根数 = \frac{（板净跨 - 2 \times 50）}{板筋间距} + 1 \tag{3-62}$$

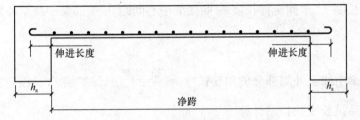

图 3-76　板下部钢筋长度计算

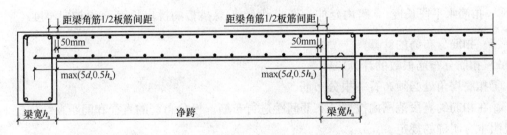

图 3-77　板下部钢筋根数计算

3. 扣筋计算

扣筋的形状为"$\sqcap$"，包括两条腿和一个水平段。扣筋腿的长度与所在楼板的厚度有关。

单侧扣筋：

$$扣筋腿的长度 = 板厚度 - 15（可把扣筋的两条腿采用同样的长度） \tag{3-63}$$

双侧扣筋（横跨两块板）：

$$扣筋腿 1 的长度 = 板 1 的厚度 - 15 \tag{3-64}$$

$$扣筋腿 2 的长度 = 板 2 的厚度 - 15 \tag{3-65}$$

扣筋的水平段长度可以根据扣筋延伸长度的标注值来计算。若只根据延伸长度标注值还不能计算的话，则还需依据平面图板的相关尺寸进行计算。

（1）横跨在两块板中的"双侧扣筋"的扣筋计算

横跨在两块板中的"双侧扣筋"的扣筋计算如下：

1）双侧扣筋（两侧都标注延伸长度）

$$扣筋水平段长度 = 左侧延伸长度 + 右侧延伸长度 \qquad (3-66)$$

2）双侧扣筋（单侧标注延伸长度）

表明该扣筋向支座两侧对称延伸，计算公式为：

$$扣筋水平段长度 = 单侧延伸长度 \times 2 \qquad (3-67)$$

（2）需要计算端支座部分宽度的扣筋计算

单侧扣筋，一端支承在梁（墙）上，另一端伸到板中，其计算公式为：

$$扣筋水平段长度 = 单侧延伸长度 + 端部梁中线至外侧部分长度 \qquad (3-68)$$

（3）横跨两道梁的扣筋计算

1）在两道梁之外都有延伸长度

$$扣筋水平段长度 = 左侧延伸长度 + 两梁的中心间距 + 右侧延伸长度 \qquad (3-69)$$

2）仅在一道梁之外有延伸长度

$$扣筋水平段长度 = 单侧延伸长度 + 两梁的中心间距 + 端部梁中线至外侧部分长度$$
$$(3-70)$$

其中：

$$端部梁中线至外侧部分的扣筋长度 = \frac{梁宽度}{2} - 保护层 - 梁纵筋直径 \qquad (3-71)$$

（4）贯通全悬挑长度的扣筋计算

贯通全悬挑长度的扣筋的水平段长度计算公式：

$$扣筋水平段长度 = 跨内延伸长度 + \frac{梁宽}{2} + 悬挑板的挑出长度 - 保护层厚度 \quad (3-72)$$

（5）扣筋分布筋的计算

1）扣筋分布筋根数的计算原则

①扣筋拐角处必须布置一根分布筋。

②在扣筋的直段范围内按照分布筋间距进行布筋。板分布筋的直径和间距在结构施工图的说明中有明确的规定。

③当扣筋横跨梁（墙）支座时，在梁（墙）宽度范围内不布置分布筋，此时应分别对扣筋的两个延伸净长度计算分布筋的根数。

2）扣筋分布筋的长度。扣筋分布筋的长度无需按全长计算。因为，在楼板角部矩形区域，横竖两个方向的扣筋相互交叉，互为分布筋，所以这个角部矩形区域不应再设置扣筋的分布筋，否则，四层钢筋交叉重叠在一块，混凝土无法覆盖住钢筋。

（6）一根完整扣筋的计算过程

1）计算扣筋的腿长。若横跨两块板的厚度不同，则扣筋的两腿长度要分别进行计算。

2）计算扣筋的水平段长度。

3）计算扣筋的根数。若扣筋的分布范围为多跨，还需"按跨计算根数"，相邻两跨之间的梁（墙）上不布置扣筋。

4）计算扣筋的分布筋。

4. 纯悬挑板钢筋计算

（1）纯悬挑板上部钢筋计算

纯悬挑板上部受力钢筋长度与根数计算方法为：

$$\text{长度} = \text{悬挑板净跨} - \text{板保护层}\,c + \text{锚固长度} + (h_1 - \text{板保护层}\,c \times 2) + 5d + \text{弯钩长度} \tag{3-73}$$

$$\text{根数} = \frac{\text{悬挑板长度} - \text{板保护层}\,c \times 2}{\text{上部受力钢筋间距}} + 1 \tag{3-74}$$

纯悬挑板上部分布钢筋长度与根数计算：

$$\text{长度} = \text{悬挑板长度} - \text{板保护层}\,c - 50 \tag{3-75}$$

$$\text{根数} = \frac{\text{悬挑板净跨} - \text{板保护层}}{\text{上部分布钢筋间距}} + 1 \tag{3-76}$$

（2）纯悬挑板下部钢筋计算

纯悬挑板下部构造钢筋长度与根数计算方法为：

$$\text{长度} = \text{悬挑板净跨} - \text{保护层} + \max(0.5\,\text{支座宽度},\,12d) + \text{弯钩长度} \tag{3-77}$$

$$\text{根数} = \frac{\text{悬挑板长度} - \text{板保护层} \times 2}{\text{下部构造钢筋间距}} + 1 \tag{3-78}$$

纯悬挑板下部分布钢筋长度与根数计算：

$$\text{长度} = \text{悬挑板长度} - \text{保护层} \times 2 \tag{3-79}$$

$$\text{根数} = \frac{\text{悬挑板净跨长度} - \text{板保护层}}{\text{分布钢筋间距}} + 1 \tag{3-80}$$

【实例十】框架梁 KL1 支座负筋设计长度的计算

KL1 在第三个支座右边有原位标注 6 ⏀ 25 4/2，支座左边没有原位标注（图 3-78）。计算支座负筋的设计长度。

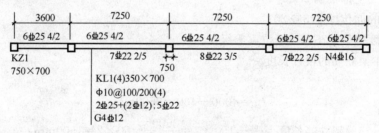

图 3-78 KL1 支座示意

【解】

由于 KL1 第三个支座的左右两跨梁的跨度（轴线-轴线）均为 7250mm，而且作为支座的框架柱都是 KZ1，并且都按"正中轴线"布置。KZ1 的截面尺寸为 750mm×700mm。支座宽度＝750mm。

$$\text{KZ1 的两跨梁的净跨长度} = 7250 - 750 = 6500\text{mm}$$

因为 l_n 是中间支座左右两跨的净跨长度的最大值，所以，$l_n = 6500$mm。

根据原位标注，支座第一排纵筋为 4 ⏀ 25，包括上部通长筋和支座负筋。KL1 集中标注的上部通长筋为 2 ⏀ 25，按贯通筋设置（在梁截面的角部）。所以，中间支座第一排（非贯通的）支座负筋为 2 Φ 25，第一排支座负筋向跨内的延伸长度$\frac{l_n}{3}=\frac{6500}{3}=2167$（mm）。所以，第一排支座负筋的长度＝2167＋750＋2167＝5084（mm）。

根据原位标注，支座第二排纵筋为 2 Φ 25，第二排支座负筋向跨内的延伸长度$\frac{l_n}{4}=\frac{6500}{4}$＝1625（mm）。

所以，第二排支座负筋的长度＝1625＋750＋1625＝4000（mm）。

【实例十一】框架梁 KL1 架立筋设计长度的计算

已知抗震框架梁 KL1 为三跨梁，轴线跨度为 3650mm，支座 KZ1 为 500mm×500mm，正中：

集中标注的箍筋 Φ 10@100/200 （4）；

集中标注的上部钢筋 2 Φ 25＋（2 Φ 14）；

每跨梁左右支座的原位标注都是 4 Φ 25；

混凝土强度等级为 C25，二级抗震等级。

试计算 KL1 架立筋的设计长度。

【解】

KL1 每跨的净跨长度 $l_n=3650-500=3150$mm

所以，每跨的架立筋长度＝$\frac{l_n}{3}+150\times2=\frac{3150}{3}+300=1350$mm。

【实例十二】非框架梁 L4 架立筋设计长度的计算

非框架梁 L4 为单跨梁，轴线跨度 4000mm，支座 KL1 为 400mm×700mm，正中：

集中标注的箍筋 Φ 8@200 （2）；

集中标注的上部钢筋 2 Φ 14；

左右支座的原位标注 3 Φ 20；

混凝土强度等级 C25，二级抗震等级。

试计算 L4 架立筋的设计长度。

【解】

$$l_{n1}=4000-400=3600\text{mm}$$

$$架立筋长度=\frac{l_{n1}}{3}+150\times2=\frac{3600}{3}+150\times2=1500\text{mm}$$

【实例十三】框架梁 KL1 第二跨下部纵筋设计长度的计算

KL1 在第二跨的下部有原位标注 7 Φ 22 2/5，混凝土强度等级为 C25，如图 3-79 所示。计算第二跨下部纵筋的设计长度。

【解】

（1）计算梁的净跨长度

因为 KL1 第 2 跨的跨度（轴线-轴线）为 7250mm，而且作为支座的框架柱都是 KZ1，并且在 KL1 方向都按"正中轴线"布置，所以，KL1 第 2 跨的净跨长度＝7250－750＝6500

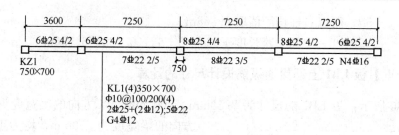

图 3-79 框架梁 KL1 示意

（mm）。

（2）明确下纵筋的位置、形状和总根数

KL1 第 2 跨下部纵筋的原位标注 7 Φ 22 2/5，这种钢筋标注表明第一排下部纵筋为 5 Φ 22，第二排钢筋为 2 Φ 22。钢筋形状均为"直形钢筋"，并且伸入左右两端支座同样的锚固长度。

（3）计算第一排下部纵筋的长度

梁的下部纵筋在中间支座的锚固长度要同时满足下列两个条件：

1）锚固长度≥l_{aE}；

2）锚固长度≥$0.5h_c+5d$。

这里，$h_c=750mm$，$d=22mm$，因此 $0.5h_c+5d=0.5\times750+5\times22=485mm$。

当混凝土强度等级为 C25、HRB400 级钢筋直径≤25mm 时，$l_{aE}=46d=46\times22=1012mm$。

所以 $l_{aE}\geq0.5h_c+5d$。

我们取定梁下部纵筋在中间支座的锚固长度为 1012mm，所以第一排下部纵筋的长度＝1012＋6500＋1012＝8524mm。

（4）计算第二排下部纵筋的长度

作为"中间跨"的下部纵筋，由于其左右两端的支座都是"中间支座"，因此，第二排下部纵筋的长度与第一排下部纵筋的长度相同，即：

$$第二排下部纵筋的长度＝8524mm$$

【实例十四】某框架连续梁中间跨下部钢筋的设计尺寸计算

某混凝土框架连续梁，中间跨下部钢筋选用 HRB335 级钢筋，直径 d 为 28mm，混凝土强度等级为 C35，三级抗震，中间净跨长度为 5m，左柱宽 550mm，右柱宽 500mm。计算中间跨下部钢筋的设计尺寸。

【解】

该混凝土框架连续梁，无论是左柱还是右柱均应取 l_{aE} 与 $0.5h_c+5d$ 中的较大值。

$$左柱锚固值 l_{aE}=31d=31\times0.028=0.868m$$

$$0.5h_c+5d=0.5\times0.55+5\times0.028=0.415m$$

$l_{aE}>0.5h_c+5d$，所以左柱锚固值取 0.868m。

$$右柱锚固值 l_{aE}=31d=31\times0.028=0.868m$$

$$0.5h_c+5d=0.5\times0.5+5\times0.028=0.39m$$

$l_{aE} > 0.5h_c + 5d$，所以右柱锚固值取 0.868m。

$$长度 = 中间净跨长度 + 62d = 5 + 62 \times 0.028 = 6.736m$$

【实例十五】板 LB1 上部贯通纵筋设计尺寸的计算

如图 3-80 所示，板 LB1 的尺寸为 7250mm×7000mm，X 方向的梁宽度为 300mm，Y 方向的梁宽度为 250mm，均为正中轴线。X 方向的 KL1 上部纵筋直径为 25mm，Y 方向的 KL2 上部纵筋直径为 22mm，梁箍筋直筋为 10mm。混凝土强度等级 C30，二级抗震等级。板 LB1 的集中标注如下：

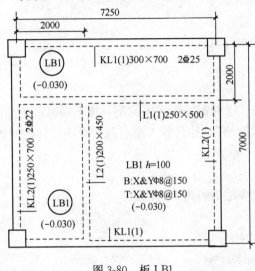

图 3-80　板 LB1

LB1　$h=100$

B：X&Y Φ 8@150

T：X&Y Φ 8@150

计算板上部贯通纵筋的设计长度和根数。

【解】

首先计算梁纵筋保护层 = 梁箍筋保护层 + 10 = 20 + 10 = 30mm

（1）X 方向的上部贯通纵筋长度

1）支座直锚长度 = 梁宽 − 纵筋保护层 − 梁角筋直径

$$= 250 - 30 - 22 = 198mm$$

2）上部贯通纵筋的直段长度 = 净跨长度 + 两端的直锚长度

$$= (7250 - 250) + 198 \times 2 = 7396mm$$

（2）X 方向的上部贯通纵筋的根数

板上部贯通纵筋的布筋范围 = 净跨长度 = 7000 − 300 − 250 = 6450mm

$$X 方向的上部贯通纵筋的根数 = \frac{6450}{150} = 43 根$$

（3）Y 方向的上部贯通纵筋长度

1）支座直锚长度 = 梁宽 − 纵筋保护层 − 梁角筋直径

$$= 300 - 30 - 25 = 245mm$$

2）$l_a = 30d = 30 \times 8 = 240mm$

在 1）计算出来的支座长度 245mm 已经大于 l_a，所以这根上部贯通纵筋在支座的直锚长度就取定为 240mm，不设弯钩。

3）上部贯通纵筋的直段长度 = 净跨长度 + 两端的直锚长度

$$= (7000 - 300) + 240 \times 2 = 7180mm$$

（4）Y 方向的上部贯通纵筋的根数

板上部贯通纵筋的布筋范围 = 净跨长度 = 7250 − 250 = 7000mm

$$Y 方向的上部贯通纵筋的根数 = \frac{7000}{150} \approx 47 根$$

【实例十六】板 LB1 下部贯通纵筋设计尺寸的计算

如图 3-80 所示板 LB1 的例子，尺寸为 7250mm×7000mm，X 方向的梁宽度为 300mm，Y 方向的梁宽度为 250mm，均为正中轴线。混凝土强度等级 C25，二级抗震等级。板 LB1 的集中标注为：

LB1　$h=100$

B：X&Y Φ8@150

T：X&Y Φ8@150

计算板 LB1 下部钢筋的设计长度及根数。

【解】

（1）X 方向的下部贯通纵筋长度

1）直锚长度 $=\dfrac{梁宽}{2}=\dfrac{250}{2}=125mm$

2）验算：$5d=5×8=40mm$，显然直锚长度 125mm＞40mm，满足要求。

3）下部贯通纵筋的直段长度＝净跨长度＋两端的直锚长度

$$=（7250-250）+125×2=7250mm$$

（2）X 方向的下部贯通纵筋的根数

板下部贯通纵筋的布筋范围＝净跨长度＝7000-300=6700mm

$$X 方向的下部贯通纵筋的根数 =\frac{6700}{150}≈46 根$$

（3）Y 方向的下部贯通纵筋长度

$$直锚长度 =\frac{梁宽}{2}=\frac{300}{2}=150mm$$

$$下部贯通纵筋的直段长度 = 净跨长度 + 两端的直锚长度$$
$$=（7000-300）+150×2=7000mm$$

（4）Y 方向的下部贯通纵筋的根数

板下部贯通纵筋的布筋范围＝净跨长度＝7250-250=7000mm

$$Y 方向的下部贯通纵筋的根数 =\frac{7000}{150}≈47 根$$

【实例十七】端部梁中线至外侧部分的单侧扣筋设计长度计算

如图 3-81 所示，边梁 KL2 上的单侧扣筋①号钢筋：在扣筋的上部标注① Φ 8@150；在扣筋的下部标注 1050。表示这个编号为①号的扣筋，规格为 Φ8、间距为 150mm，从梁中线向跨内的延伸长度为 1050mm。计算端部梁中线至外侧部分的扣筋设计长度。

【解】

根据 16G101-1 图集规定的板在端部支座的锚固构造，板上部受力纵筋伸到支座梁外侧角筋的内侧，则：

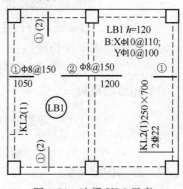

图 3-81 边梁 KL2 示意

上部受力纵筋在端支座的直锚长度＝梁宽度－梁纵筋保护层－梁纵筋直径

端部梁中线至外侧部分的扣筋长度＝$\dfrac{梁宽度}{2}$－梁纵筋保护层－梁纵筋直径

因为，边梁 KL2 的宽度为 250mm，梁箍筋保护层为 20mm，梁上部纵筋的直径为 22mm，箍筋直径 10mm，则：

$$扣筋水平段长度＝1000+\left(\frac{250}{2}-30-22\right)=1073mm$$

【实例十八】双侧扣筋的设计尺寸计算

一根横跨一道框架梁的双侧扣筋③号钢筋，扣筋的两条腿分别伸到 LB1 和 LB2 两块板中，LB1 的厚度为 120mm，LB2 的厚度为 100mm。在扣筋的上部标注③Φ10@150（2）；在扣筋下部的左侧标注 1800；在扣筋下部的右侧标注 1400。扣筋标注的所在跨及相邻跨的轴线跨度都是 3650mm，两跨之间的框架梁 KL5 宽度为 250mm，均为正中轴线。扣筋分布筋为Φ8@250（图 3-82）。试计算完整的扣筋设计。

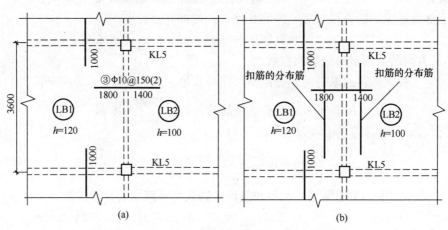

图 3-82　扣筋示意

（a）扣筋长度及根数计算；（b）扣筋的分布筋计算

【解】

（1）扣筋的腿长

扣筋腿 1 的长度＝LB1 的厚度－15＝120－15＝105（mm）

扣筋腿 2 的长度＝LB2 的厚度－15＝100－15＝85（mm）

（2）扣筋的水平段长度

扣筋水平段长度＝1800＋1400＝3200（mm）

（3）扣筋的根数

$$单跨的扣筋根数＝\frac{(3650-250)}{150}\approx23（根）$$

$$两跨的扣筋根数＝23\times2＝46（根）$$

（4）扣筋的分布筋

计算扣筋分布筋长度的基数是 3400mm，还要减去另向扣筋的延伸净长度，然后加上搭接长度 150mm。

如果另向扣筋的延伸长度是 1000mm，延伸净长度＝1000－125＝875（mm）

则扣筋分布筋长度＝3400－875×2＋150×2＝1950（mm）

下面计算扣筋分布筋的根数：

$$扣筋左侧的分布筋根数＝\frac{(1800-125)}{250}+1≈8 根$$

$$扣筋右侧的分布筋根数＝\frac{(1400-125)}{250}+1≈7 根$$

所以，扣筋分布筋的根数＝8＋7＝15 根

两跨的扣筋分布筋根数＝15×2＝30 根

思考题：

1. 受弯构件的截面形式有哪些？

2. 梁中钢筋有哪些类型？有何配置要求？

3. 现浇钢筋混凝土板的最小厚度应符合哪些要求？

4. 简述单筋矩形截面正截面受弯承载力的计算。

5. 简述有腹筋梁的斜截面受剪承载力计算。

6. 楼层框架梁 KL 纵向钢筋构造有哪些？

7. 框架梁、屋面框架梁中间支座纵向钢筋构造有哪些？

8. 梁中箍筋和拉结筋弯钩构造有哪些要求？

9. 简述板支座原位标注有哪些要求。

10. 有梁楼盖板在端部支座的锚固构造有哪些？

11. 悬挑板 XB 钢筋构造有哪些？

第四章　柱钢筋设计与计算

重点提示：

1. 了解柱配筋计算的基础知识，通过实例学习，掌握柱配筋计算的方法
2. 熟悉柱平法施工图识读的方法与钢筋构造详图
3. 了解柱平法钢筋计算公式，掌握柱平法钢筋计算方法

第一节　柱的配筋计算

一、概述

钢筋混凝土柱在混凝土结构体系的各种构件中属于典型的受压构件，受压构件在荷载作用下其截面上一般作用有轴力、弯矩和剪力。在计算受压构件时，常将作用在截面上的弯矩化为等效的、偏离截面中心的轴向力考虑。

当轴向力作用线与构件截面中心重合时，称为轴心受压构件；当弯矩和轴力共同作用于构件上或当轴向力作用线与构件截面中心轴不重合时，称为偏心受压构件。

当轴向力作用线与截面中心轴平行且沿某一主轴偏离重心时，称为单向偏心受压构件；当轴向力作用线与截面中心轴平行且偏离两个主轴时，称为双向偏心受压构件，如图 4-1 所示。

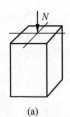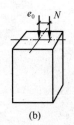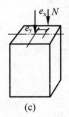

图 4-1　受压构件类型

（a）轴心受压；（b）单向偏心受压；（c）双向偏心受压

在实际结构中，由于混凝土质量不均匀、配筋不对称、制作和安装误差等原因，往往存在着或多或少的偏心，所以，在工程中理想的轴心受压构件是不存在的。因此，目前有些国家的设计规范中已取消了轴心受压的计算。我国考虑到以恒载为主的多层房屋的内柱、屋架的斜压腹杆和压杆等构件，往往因弯矩很小而略去不计，因此，仍近似简化为轴心受压构件进行计算。

钢筋混凝土受压构件通常都配有纵向受力钢筋和箍筋。纵筋的作用：除本身具有抗拉、抗压作用外，还与箍筋一起形成骨架约束核心区混凝土，从而提高核心区混凝土的抗压能

力。另外，纵筋还可以提高构件的延性，增强构件的抗震能力。箍筋的作用：除抗剪外，也有骨架和提高构件延性等作用。

二、柱的一般构造要求

1. 截面形式及尺寸

柱的截面多采用方形或矩形，有时也采用圆形或多边形。矩形柱最小截面尺寸不宜小于300mm，圆柱的截面直径不宜小于350mm，柱的长边与短边的边长之比不宜大于3。

柱截面尺寸宜符合模数，800mm 及以下的，取 50mm 的倍数，800mm 以上的，可取100mm 的倍数。

2. 柱中纵筋

（1）轴心受压柱的纵向受力钢筋应沿截面的四周均匀放置，钢筋根数不得少于 4 根。偏心受压柱的纵向受力钢筋应放置在偏心方向截面的两边。当截面高度 $h \geqslant 600mm$ 时，在侧面应设置直径为 10～16mm 的纵向构造钢筋，并相应地设置附加箍筋或拉筋。

（2）柱纵筋直径不宜小于12mm，通常在 16～32mm 范围内选用。为了减少钢筋在施工时可能产生的纵向弯曲，宜采用较粗的钢筋。纵筋的配筋率不应小于最小配筋率的要求，最小配筋率如表 4-1 所示，也不宜大于 5%。

（3）圆柱中纵向钢筋不宜多于 8 根，不应少于 6 根，且宜沿周边均匀布置。

（4）柱中纵向钢筋的净距不应小于 50mm，且不宜大于 300mm。

表 4-1　钢筋混凝土结构构件中纵向受力钢筋的最小配筋率 ρ_{min}

受力类型			最小配筋率（%）
受压构件	全部纵向钢筋	强度等级 500MPa	0.50
		强度等级 400MPa	0.55
		强度等级 300MPa、335MPa	0.60
	一侧纵向钢筋		0.20
受弯构件，偏心受拉、轴心受拉构件一侧的受拉钢筋			0.2 和 $45f_t/f_y$ 中的较大值

注：1. 表中配筋率是最小值，对于有抗震要求的框架梁和框架柱的最小配筋率，要根据抗震等级分别确定，具体见《混凝土结构设计规范》（GB 50010—2010）中有关规定。

2. 受压构件全部纵向钢筋最小配筋率，当混凝土强度等级为 C60 及以上时，应按表中规定增大 0.1。

3. 偏心受拉构件中的受压钢筋，应按受压构件一侧纵向钢筋考虑。

4. 受压构件的全部纵向钢筋和一侧纵向钢筋的配筋率以及轴心受拉构件和小偏心受拉构件一侧受拉钢筋配筋的配筋率应按构件的全截面面积计算；受弯构件、大偏心受拉构件一侧受拉钢筋的配筋率应按全截面面积扣除受压翼缘面积 $(b'_f - b)h'_f$ 后的截面面积计算。

5. 当钢筋沿构件截面周边布置时，"一侧纵向钢筋"系指沿受力方向两个对边中的一边布置的纵向钢筋。

3. 柱中箍筋

（1）箍筋直径不应小于 $\dfrac{d}{4}$（d 为纵筋最大直径），且不应小于 6mm。

（2）间距不应大于 15d 且不应大于 400mm，也不大于构件横截面的短边尺寸（d 为纵筋最小直径）。当柱中全部纵筋配筋率超过 3% 时，箍筋直径不应小于 8mm，其间距不应大于 10d（d 为纵筋最小直径），且不应大于 200mm，箍筋的末端用 135°弯钩。

（3）当截面短边不大于400mm，且纵筋不多于4根时，可不设置复合箍筋；当构件截面各边纵筋多于4根时，应设置复合箍筋。

（4）截面形状复杂的构件，不可采用具有内折角的箍筋，避免产生向外的拉力，致使折角处的混凝土破损，如图4-2所示。

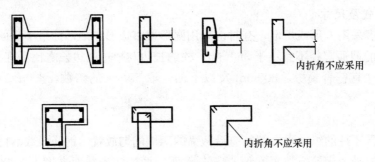

图4-2　工字形及L形截面柱的箍筋形式

三、轴心受压构件的承载力计算

钢筋混凝土轴心受压构件箍筋的配置方式有两种，即普通箍筋和螺旋箍筋（或焊接环式箍筋）。由于这两种箍筋对混凝土的约束作用不同，因而相应的轴心受压构件的承载力也不同。习惯上把配有普通箍筋的柱称为普通箍筋柱，配有螺旋箍筋（或焊接环式箍筋）的柱称为螺旋箍筋柱。

1. 普通箍筋柱的承载力计算

（1）短柱的受力特点和破坏特征

典型的钢筋混凝土轴心受压短柱荷载-应力曲线如图4-3（a）所示，破坏示意如图4-3（b）所示。在轴心荷载作用下，截面应变基本是均匀分布的。由于钢筋与混凝土之间粘结力的存在，使两者的应变基本相同，即$\varepsilon_c = \varepsilon'_s$。当荷载较小时，混凝土和钢筋均处于弹性工作阶段，柱子压缩变形的增加与荷载的增加成正比，混凝土压应力σ_c和钢筋压应力σ'_s增加与荷载增加也成正比；当荷载较大时，由于混凝土塑性变形的发展，压缩变形的增加速度快于荷载增加速度，另外，在相同荷载增量下，钢筋压应力σ_c比混凝土压应力σ_c增加得快，亦即钢筋和混凝土之间的应力出现了重分布现象；随着荷载的继续增加，柱中开始出现微细裂缝，在临近破坏荷载时，柱四周出现明显的纵向裂缝，箍筋间纵筋压屈，向外凸出，混凝土被压碎，柱子就被破坏了。

（2）细长轴心受压构件的承载力降低现象

由于材料本身的不均匀性、施工的尺寸误差等原因，轴心受压构件的初始偏心是不可避免的。初始偏心距的存在，必然会在构件中产生附加弯矩和相应的侧向挠度，而侧向挠度又加大了原来的初始偏心距。这样相互影响的结果，必然导致构件承载能力的降低。试验表明，对短粗受压构件，初始偏心距对构件承载力的影响并不明显，而对细长受压构件，这种影响是不可忽略的。细长轴心受压构件的破坏，实质上已具偏心受压构件强度破坏的典型特征。破坏时，首先在凹侧出现纵向裂缝，随后混凝土被压碎，纵筋压屈向外凸出；凸侧混凝土出现垂直纵轴方向的横向裂缝，侧向挠度迅速增大，构件破坏，如图4-4所示。对于长细比很大的细长受压构件，甚至还可能发生失稳破坏。在长期荷载作用下，由于徐变的影响，

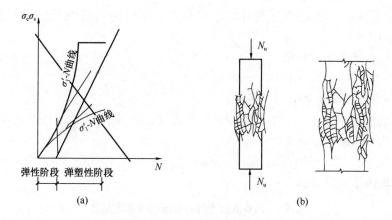

图 4-3　轴心受压短柱的破坏试验

（a）荷载-应力曲线图；（b）短柱的破坏

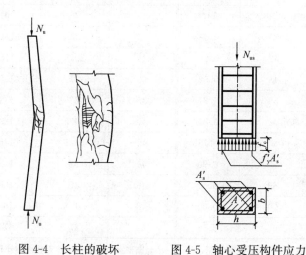

图 4-4　长柱的破坏　　　图 4-5　轴心受压构件应力

使细长受压构件的侧向挠度增加更大，因而，构件的承载力降低更多。

（3）轴心受压构件的承载力计算

轴心受压构件在承载能力极限状态时的截面应力情况如图 4-5 所示，此时，混凝土应力达到其轴心抗压强度设计值 f_c，受压钢筋应力达到抗压强度设计值 f_y。短柱的承载力设计值为：

$$N_{us} = f_c A + f'_y A'_s \tag{4-1}$$

式中　N_{us}——短柱承载力设计值；

　　　f_c——混凝土轴心抗压强度设计值；

　　　f'_y——纵向钢筋抗压强度设计值；

　　　A——构件截面面积；

　　　A'_s——全部纵向钢筋的截面面积。

对细长柱，其承载力要比短柱低，《混凝土结构设计规范》（GB 50010—2010）采用稳定系数 φ 来表示细长柱承载力降低的程度，则细长柱的承载力设计值为

$$N_{ul} = \varphi N_{us} \tag{4-2}$$

式中　φ——钢筋混凝土轴心受压构件的稳定系数，主要与构件的长细比有关，按表 4-2
　　　　采用。

　　轴心受压构件承载力设计值为

$$N_{\mathrm{u}} = 0.9\varphi(f_{\mathrm{c}}A + f'_{\mathrm{y}}A'_{\mathrm{s}}) \tag{4-3}$$

式中　0.9——可靠度调整系数。

　　当纵向钢筋配筋率大于 3% 时，式（4-1）和式（4-3）中的 A 应改用 $A—A'_{\mathrm{s}}$ 代替。将式
（4-3）设计表达式写成

$$N \leqslant N_{\mathrm{u}} = 0.9\varphi(f_{\mathrm{c}}A + f'_{\mathrm{y}}A'_{\mathrm{s}}) \tag{4-4}$$

式中　N——轴向压力设计值。

表 4-2　钢筋混凝土轴心受压构件稳定系数

$\dfrac{l_0}{b}$	$\dfrac{l_0}{d}$	$\dfrac{l_0}{i}$	φ	$\dfrac{l_0}{b}$	$\dfrac{l_0}{d}$	$\dfrac{l_0}{i}$	φ
≤8	≤7	≤28	≤1.0	30	26	104	0.52
10	8.5	35	0.98	32	28	111	0.48
12	10.5	42	0.95	34	29.5	118	0.44
14	12	48	0.92	36	31	125	0.40
16	14	55	0.87	38	33	132	0.36
18	15.5	62	0.81	40	34.5	139	0.32
20	17	69	0.75	42	36.5	146	0.29
22	19	76	0.70	44	38	153	0.26
24	21	83	0.65	46	40	160	0.23
26	22.5	90	0.60	48	41.5	167	0.21
28	24	97	0.56	50	43	174	0.29

注：表中 l_0 为构件计算长度；b 为矩形截面的短边尺寸；d 为圆形截面的直径；i 为截面最小回转半径。

　　（4）设计方法

　　轴心受压构件的设计问题可分为截面设计和截面复核两类。

　　1）截面设计。一般已知轴心压力设计值（N），材料强度设计值（f_{c}、f'_{y}），构件的计算长度 l_0，求构件截面面积（A 或 $b \times h$）及纵向受压钢筋面积（A'_{s}）。

　　2）截面复核。截面复核比较简单，只需将有关已知数据代入式（4-4），如果式（4-4）成立，则满足承载力要求。

2. 螺旋箍筋柱的承载力计算

　　配置有螺旋箍筋或焊接环形钢筋的柱用钢量大，施工复杂，造价较高，一般较少采用。当柱子需要承受较大的轴向压力，而截面尺寸又受到限制，增加钢筋和提高混凝土强度均无法满足要求的情况下，可以采用螺旋箍筋或焊接环形箍筋（统称为间接钢筋）以提高柱子的承载力。螺旋箍筋柱的构造形式如图 4-6 所示。间接钢筋的间距不应大于 80mm 及 $d_{\mathrm{cor}}/5$（d_{cor} 为按间接钢筋内表面确定的核心截面直径），且不小于 40mm；间接钢筋的直径要求与普通柱箍筋同。

　　（1）受力特点及破坏特征

螺旋箍筋柱的受力性能与普通箍筋柱有很大不同，图 4-7 所示为螺旋箍筋柱与普通箍筋柱的荷载-应变曲线的对比。如图 4-7 所示，荷载不大时，两条曲线并无明显区别，当荷载增加至应变达到混凝土的峰值应变时，混凝土保护层开始剥落，由于混凝土截面减小，荷载有所下降，且由于核心部分混凝土产生较大的横向变形，使螺旋箍筋产生环向拉力，亦即核心部分混凝土受到螺旋箍筋的径向压力，处在三向受压的状态，其抗压强度超过了 f_c，曲线逐渐回升。随着荷载的不断增大，箍筋的环向拉力随核心混凝土横向变形的不断发展而提高，对核心混凝土的约束也不断增大。当螺旋箍筋达到屈

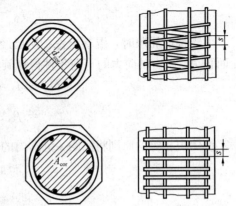

图 4-6　螺旋箍筋柱和焊接环形箍筋柱

服时，不再对核心混凝土有约束作用，混凝土抗压强度也不再提高，混凝土被压碎，构件破坏。破坏时，螺旋箍筋柱的承载力及应变都要比普通箍筋柱大（压应变达到 0.01 以上）。试验资料表明，螺旋箍筋的配箍率越大，柱的承载力越高，延性越好。

（2）承载力计算

根据混凝土圆柱体在三向受压状态下的试验结果，约束混凝土的轴心抗压强度 f_{cc} 可近似按下式计算

$$f_{cc} = f_c + 4\sigma_c \tag{4-5}$$

式中　f_{cc}——约束混凝土的轴心抗压强度；

　　　f_c——混凝土轴心抗压强度设计值；

　　　σ_c——混凝土的径向压应力。

设螺旋箍筋的截面面积为 A_{ss1}，间距为 s，螺旋箍筋的内径为 d_{cor}（即核心混凝土截面的直径）。螺旋箍筋柱达到轴心受压极限状态时，螺旋箍筋达到屈服，其对核心混凝土约束产生的径向压应力 σ_c 可如图 4-8 所示的隔离体平衡条件得到，即

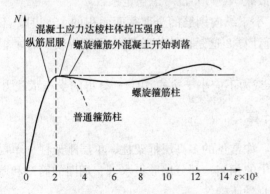

图 4-7　螺旋箍筋柱与普通箍筋柱的荷载-应变曲线

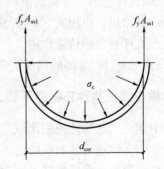

图 4-8　螺旋箍筋受力情况

$$\sigma_c = \frac{2f_y A_{ss1}}{s d_{cor}} \tag{4-6}$$

代入式（4-5）得

$$f_{cc} = f_c + \frac{8f_y A_{ss1}}{sd_{cor}} \qquad (4\text{-}7)$$

由于箍筋屈服时，混凝土保护层已经剥落，所以混凝土的截面面积应取核心混凝土的截面面积 A_{cor}。由轴向力的平衡条件得螺旋箍筋柱的承载力为

$$N_u = f_{cc} A_{cor} + f'_y A'_s$$

$$= f_c A_{cor} + f'_y A'_s + \frac{8f_y A_{ss1}}{sd_{cor}} A_{cor} \qquad (4\text{-}8)$$

按体积相等的原则将间距 s 范围内的螺旋箍筋换算成相当的纵向钢筋面积 A_{ss0}，即

$$\pi d_{cor} A_{ss1} = s A_{ss0}$$

$$A_{ss0} = \frac{\pi d_{cor} A_{ss1}}{s} \qquad (4\text{-}9)$$

式（4-8）可写成

$$N_u = f_c A_{ss0} + f'_y A'_s + 2f_y A_{ss0} \qquad (4\text{-}10)$$

试验表明，当混凝土强度等级大于 C50 时，径向压应力对构件承载力的影响有所降低，因此，式（4-10）中的第 3 项应乘以折减系数 α。另外，与普通箍筋柱类似，取可靠度调整系数为 0.9。于是，螺旋箍筋柱受压承载能力极限状态设计表达式为

$$N \leqslant N_u = 0.9(f_c A_{cor} + 2\alpha f_y A_{ss0} + f'_y A'_s) \qquad (4\text{-}11)$$

式中　N——轴向压力设计值；

　　　α——螺旋箍筋对混凝土约束的折减系数：当混凝土强度等级不大于 C50 时，取 1.0，当混凝土强度等级为 C80 时，取 0.85，其间数值按直线内插法确定。

应用式（4-11）设计时，应注意以下几个问题。

1）按式（4-11）算得的构件受压承载力不应比按式（4-4）算得的大 50%。这是为了保证混凝土保护层在标准荷载下不过早剥落，不会影响正常使用。

2）当 $l_0/d > 12$ 时，不考虑螺旋箍筋的约束作用，应用式（4-4）进行计算。这是因为长细比较大时，构件破坏时实际处于偏心受压状态，截面不是全部受压，螺旋箍筋的约束作用得不到有效发挥。由于长细比较小，故式（4-11）没考虑稳定系数 φ。

3）当螺旋箍筋的换算截面面积 A_{ss0} 小于纵向钢筋的全部截面面积的 25% 时，不考虑螺旋箍筋的约束作用，应用式（4-4）进行计算。这是因为螺旋箍筋配置得较少时，很难保证它对混凝土发挥有效的约束作用。

4）按式（4-11）算得的构件受压承载力不应小于按式（4-4）算得的受压承载力。

四、偏心受压构件正截面承载力计算

工程中偏心受压构件应用比较广泛，如常见的多高层框架柱、单层刚架柱、单层厂房排架柱；大量的实体剪力墙和联肢剪力墙中的相当一部分墙肢；水塔、烟囱的筒壁和屋架、托架的上弦杆以及某些受压腹杆等均为偏心受压构件。

偏心受压构件大部分只考虑轴向压力 N 沿截面一个主轴方向的偏心作用，即按单向偏心受压进行截面设计。离偏心压力 N 较近一侧的纵向钢筋受压，其截面面积用 A'_s 表示；而另一侧的纵向钢筋则随轴向压力 N 偏心距的大小可能受拉也可能受压，其截面面积用 A_s 表示。

1. 偏心受压构件正截面的破坏特征

偏心受压构件截面上同时作用有弯矩 M 和轴向压力 N，轴向压力对截面重心的偏心距 $e_0 = \dfrac{M}{N}$。可以把偏心受压状态视为轴心受压与受弯之间的过渡状态，故能断定，偏心受压截面中的应变和应力分布特征将随着偏心距 e_0 值的逐渐减小而从接近于受弯构件的状态过渡到接近于轴心受压状态。

钢筋混凝土偏心受压构件正截面的受力特点和破坏特征与轴向压力偏心距大小、纵向钢筋的数量、钢筋强度和混凝土强度等因素有关，一般可分为两类：第一类为受拉破坏，亦称为"大偏心受压破坏"；第二类为受压破坏，亦称为"小偏心受压破坏"。

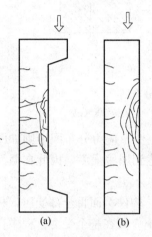

图 4-9　偏心受压
构件的破坏

(a) 大偏心受压；

(b) 小偏心受压

（1）大偏心受压破坏

当构件截面中轴向压力的偏心距较大，而且没有配置过多的受拉钢筋时，就将发生这种类型的破坏。这类构件由于 e_0 较大，即弯矩 M 的影响较为显著，它具有与适筋受弯构件类似的受力特点。在偏心距较大的轴向压力 N 作用下，远离纵向偏心力一侧截面受拉。当 N 增大到一定程度时，受拉边缘混凝土将达到极限拉应变，出现垂直于构件轴线的裂缝。这些裂缝将随着荷载的增大而不断加宽并向受压一侧发展，裂缝截面中的拉力将全部转由受拉钢筋承担。随着荷载的增大，受拉钢筋将首先屈服。随着钢筋屈服后的塑性伸长，裂缝将明显加宽并进一步向受压一侧延伸，从而使受压区面积减小，受压边缘的压应变逐步增大。最后当受压边缘混凝土达到其极限压应变 ε_{cu} 时，受压区混凝土被压碎而导致构件的最终破坏。这类构件的混凝土压碎区一般都不太长，破坏时受拉区形成一条较宽的主裂缝。试验所得的典型破坏状况如图 4-9（a）所示。只要受压区相对高度不过小，混凝土保护层不是太厚，即受压钢筋不是过分靠近中和轴，而且受压钢筋的强度也不是太高，则在混凝土开始压碎时，受压钢筋应力一般都能达到屈服强度。

大偏心受压破坏的关键特征是受拉钢筋首先屈服，然后受压钢筋也能达到屈服，最后由于受压区混凝土压碎而导致构件破坏，这种破坏形态在破坏前有明显的预兆，属于塑性破坏。破坏阶段截面中的应变及应力分布图形如图 4-10（a）所示。这类破坏也称为"受拉破坏"。

（2）小偏心受压破坏

若构件截面中轴向压力的偏心距较小或虽然偏心距较大，但配置过多的受拉钢筋时，构件就会发生这种类型的破坏。此时，截面可能处于大部分受压而少部分受拉状态。当荷载增加到一定程度时，受拉边缘混凝土将达到其极限拉应变，从而沿构件受拉边将出现一些垂直于构件轴线的裂缝。在构件破坏时，中和轴距受拉钢筋较近，钢筋中的拉应力较小，受拉钢筋达不到屈服强度，因此也不可能形成明显的主拉裂缝。构件的破坏是由受压区混凝土的压碎所引起的，而且压碎区的长度往往较大。

当柱内配置的箍筋较少时，还可能于混凝土压碎前在受压区内出现较长的纵向裂缝。在混凝土压碎时，受压一侧的纵向钢筋只要强度不是过高，其压应力一般都能达到屈服强度。

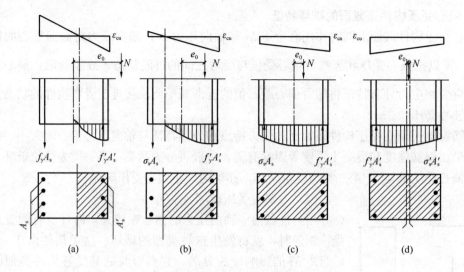

图 4-10　偏心受压构件破坏时截面中的应变及应力分布图
(a) 大偏心受压；(b) 小偏心受压（一）；(c) 小偏心受压（二）；(d) 小偏心受压（三）

试验所得的典型破坏状况如图 4-9(b) 所示。破坏阶段截面中的应变及应力分布图形则如图 4-10(b) 所示。这里需要注意的是，由于受拉钢筋中的应力没有达到屈服强度，因此在截面应力分布图形中其拉应力只能用 σ_s 来表示。

当轴向压力的偏心距很小时，也发生小偏心受压破坏。此时，构件截面将全部受压，只不过一侧压应变较大，另一侧压应变较小。这类构件的压应变较小一侧在整个受力过程中自然也就不会出现与构件轴线垂直的裂缝。构件的破坏是由压应变较大一侧的混凝土压碎所引起的。在混凝土压碎时，接近纵向偏心力一侧的纵向钢筋只要强度不是过高，其压应力一般均能达到屈服强度。这种受压情况破坏阶段截面中的应变及应力分布图形如图 4-10(c) 所示。由于受压较小一侧的钢筋压应力通常也达不到屈服强度，故在应力分布图形中它的应力也用 σ_s 表示。

此外，小偏心受压的一种特殊情况是：当轴向压力的偏心距很小，而远离纵向偏心压力一侧的钢筋配置得过少，靠近纵向偏心压力一侧的钢筋配置较多时，截面的实际重心和构件的几何形心不重合，重心轴向纵向偏心压力方向偏移，且越过纵向压力作用线。此时，破坏阶段截面中的应变和应力分布图形如图 4-10(d) 所示。可见远离纵向偏心压力一侧的混凝土的压应力反而大，出现远离纵向偏心压力一侧边缘混凝土的应变先达到极限压应变，混凝土被压碎，导致构件破坏的现象。由于压应力较小一侧钢筋的应力通常也达不到屈服强度，故在截面应力分布图形中其应力只能用 σ_s 来表示。

综上所述，小偏心受压破坏所共有的关键性破坏特征是：构件的破坏是由受压区混凝土的压碎所引起的。构件在破坏前变形不会急剧增长，但受压区垂直裂缝不断发展，破坏时没有明显预兆，属脆性破坏。具有这类特征的破坏形态统称为"受压破坏"。

2. 大小偏心受压界限

受弯构件正截面承载力计算的基本假定同样也适用于偏心受压构件正截面承载力的计算。与受弯构件相似，利用平截面假定和规定了受压区边缘极限应变的数值后，就可以求得偏心受压构件正截面在各种破坏情况下，沿截面高度的平均应变分布，如图 4-11

所示。

在图 4-11 中，ε_{cu} 表示受压区边缘混凝土极限应变值；ε_y 表示受拉纵筋在屈服点时的应变值；ε_y' 表示受压纵筋屈服时的应变值，$\varepsilon_y' = \dfrac{f_y'}{E_s}$；$x_{cb}$ 表示界限状态时截面受压区的实际高度。

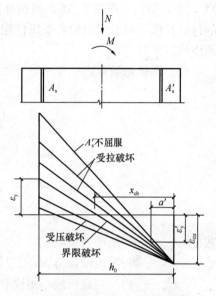

图 4-11　偏心受压构件正截面
破坏时应变分布

从图 4-11 可看出，当受压区太小，混凝土达到极限应变值时，受压纵筋的应变很小，以致达不到屈服强度。当受压区达到 x_{cb} 时，混凝土和受拉筋分别达到极限压应变值和屈服点应变值即为界限破坏形态。相应于界限破坏形态的相对受压区高度 ξ_b 与受弯构件相同。

当 $\xi \leqslant \xi_b$ 时为大偏心受压破坏形态，$\xi > \xi_b$ 时为小偏心受压破坏形态。

3. 附加偏心距和初始偏心距

因荷载的作用位置和大小的不定性、施工误差以及混凝土质量的不均匀性等原因，以致轴向力产生附加偏心距 e_a，e_a 取 20mm 和偏心方向截面尺寸的 $\dfrac{1}{30}$ 两者中的较大值。

因此，轴向力的初始偏心距 e_i 按下式计算

$$e_i = e_0 + e_a \tag{4-12}$$

4. 偏心受压构件初始弯矩的调整

钢筋混凝土受压构件承受偏心荷载，产生纵向弯曲变形，即产生侧向挠度。对长细比小的短柱，侧向挠度小，计算时一般可忽略其影响。而对长细比较大的长柱，由于侧向挠度的影响，各个截面所受的弯矩不再是 Ne_0，而变为 $N(e_0 + y)$，y 为构件任意点的水平侧向挠度，在柱高中点处，侧向挠度最大的截面中的弯矩为 $N(e_0 + \Delta)$，Δ 是随着荷载的增大而不断加大，因而弯矩的增长也就越来越快。偏心受压构件中的弯矩受轴向压力和构件侧向附加挠度影响的现象称为"细长效应"或"压弯效应"，并把截面弯矩中的 Ne_0 称为初始弯矩或一阶弯矩（不考虑细长效应时构件截面中的弯矩），将 Ny 或 $N\Delta$ 称为附加弯矩或二阶弯矩。

细长偏心受压构件中的二阶效应，是偏心受压构件中轴向压力产生的挠曲变形引起的曲率和弯矩的增量。目前，在一般情况下，对于二阶效应的计算，各国规范均采用近似法。《混凝土结构设计规范》（GB 50010—2010）规定沿用我国处理这个问题使用的传统极限曲率表达式，结合国际先进的经验提出了新方法，就是对初始弯矩进行调整，调整的过程如下。

对于除排架结构外的其他偏心受压构件：

（1）判断是否对初始弯矩进行调整

当 $\dfrac{N}{f_c A} \leqslant 0.9$、$\dfrac{M_1}{M_2} \leqslant 0.9$、构件长细比 $\dfrac{l_c}{i} \leqslant 34 - 12\left(\dfrac{M_1}{M_2}\right)$ 时，可以不考虑二阶效应对偏心距的影响，即不对初始弯矩进行调整。否则应按调整初始弯矩的公式进行计算。其中，M_2、

M_1为柱两端截面按结构弹性分析确定的对同一主轴的组合弯矩设计值，绝对值较大端为M_2，绝对值较小端弯矩M_1，当构件按单曲率弯曲时，M_1/M_2为正值，否则为负值；l_c为柱的计算长度，可近似取偏心受压柱相对于主轴方向上下支撑点之间的距离；i为偏心方向的截面回转半径。

（2）调整初始弯矩

$$M = C_m \eta_{ns} M_2 \tag{4-13}$$

$$C_m = 0.7 + 0.3 \frac{M_1}{M_2} \tag{4-14}$$

$$\eta_{ns} = 1 + \frac{1}{1300 \left(\frac{M_2}{N} + e_a \right) / h_0} \left(\frac{l_c}{h} \right)^2 \zeta_c \tag{4-15}$$

$$C_m \eta_{ns} \geqslant 1.0$$

$$\zeta_c = \frac{0.5 f_c A}{N} \tag{4-16}$$

式中　η_{ns}——弯矩增大系数；

　　N——与弯矩设计值M_2相应的轴向力设计值；

　　C_m——构件端截面偏心距调节系数，当小于0.7时取0.7；

　　ζ_c——截面曲率修正系数，当计算值大于1.0时1.0；

　　h_0——截面有效高度。

5. 矩形截面偏心受压构件正截面承载力计算公式

（1）大偏心受压

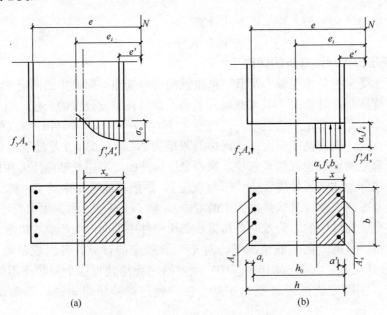

图4-12　大偏心受压应变和应力图
（a）截面应力分布情况；（b）截面计算图

　　大偏心受压破坏时，承载能力极限状态下截面的实际应力和应变图如图4-12（a）所示。与受弯构件的处理方法相同，将受压区混凝土曲线应力图用等效矩形应力分布图来代替，应力值为$a_1 f_c$，受压区高度为x，则大偏心受压破坏的截面计算图如图4-12（b）所示。

由轴向力为零和各力对受拉钢筋合力点的力矩为零两个平衡条件得

$$N_u = \alpha_1 f_c bx + f'_y A'_s - f_y A_s \tag{4-17}$$

$$N_u e = \alpha_1 f_c bx \left(h_0 + \frac{x}{2}\right) + f'_y A'_s (h_0 - a') \tag{4-18}$$

式中　N_u——偏心受压承载力设计值；

　　　α_1——系数，当混凝土强度等级不大于 C50 时，取 1.0；混凝土强度等级为 C80 时，取 0.94；其间数值按线性内插法确定；

　　　x——受压区计算高度；

　　　e——轴向力作用点到受拉钢筋 A_s 合力点之间的距离。

$$e = e_i + \frac{h}{2} - a \tag{4-19}$$

$$e' = e_i - \frac{h}{2} + a' \tag{4-20}$$

$$e_i = e_0 + e_a$$

$$e_0 = \frac{M}{N}$$

适用条件：

1) 为保证为大偏心受压破坏，亦即破坏时受拉钢筋应力先到达屈服强度，必须满足 $x \leqslant \xi_b h_0$（或 $\xi \leqslant \xi_b$）。

2) 为了保证构件破坏时，受压钢筋应力能达到抗压强度设计值 f'_y，应满足 $x \geqslant 2a'$。当 $x < 2a'$ 时，表明受压钢筋达不到抗压强度设计值 f'_y，偏于安全起见，取 $x = 2a'$ 并对受压钢筋的合力点取矩，得

$$Ne' = f_y A_s (h_0 - a') \tag{4-21}$$

（2）小偏心受压

小偏心受压破坏时，承载能力极限状态下截面的应力图形如图 4-13 所示。受压区的混凝土曲线应力图仍然用等效矩形应力图来代替。

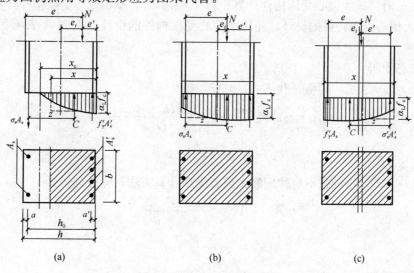

图 4-13　小偏心受压应力图

（a）A_s 受拉不屈服；（b）A_s 受压不屈服；（c）A_s 受压屈服

根据力的平衡条件及力矩平衡条件得

$$N_u = \alpha_1 f_c bx + f'_y A'_s - \sigma_s A_s \qquad (4\text{-}22)$$

$$N_u e = \alpha_1 f_c bx \left(h_0 - \frac{x}{2}\right) + f'_y A'_s (h_0 - a') \qquad (4\text{-}23)$$

$$N_u e' = \alpha_1 f_c bx \left(\frac{x}{2} - a'\right) - \sigma_s A_s (h_0 - a') \qquad (4\text{-}24)$$

式中　σ_c——钢筋 A_s 的应力值。σ_c 可根据应变符合平截面假定的条件得到

$$\sigma_c = \varepsilon_{cu} E_s \left(\frac{\beta_1}{\xi} - 1\right) \qquad (4\text{-}25)$$

也可根据截面应力的边界条件（$\xi = \xi_b$ 时，$\sigma_c = f_y$；$\xi = \beta_1$ 时，$\sigma_c = 0$），近似取为

$$\sigma_s = \frac{\xi - \beta_1}{\xi_b - \beta_1} f_y \qquad (4\text{-}26)$$

6. 对称配筋矩形截面偏心受压构件正截面承载力计算方法

根据受力情况，偏心受压构件正截面配筋可分为对称配筋和不对称配筋。所谓对称配筋是指在偏心力作用方向截面的两边配筋的面积和强度等级都相同，否则，为非对称配筋。

实际工程中，偏心受压构件截面在各种不同内力组合下，可能承受方向相反的弯矩，当两个方向的弯矩相差不大，或即使相差较大，但按对称配筋设计算得的纵向钢筋总用量比按不对称配筋设计增加不多时，均宜采用对称配筋。装配式偏心受压构件为避免吊装出错，一般也采用对称配筋。

（1）截面设计

根据已知条件，求 $A_s = A'_s$。

1）判别大小偏心类型

对称配筋时，$A_s = A'_s$，$f_y = f'_y$，代入式（4-17）得

$$x = \frac{N}{\alpha_1 f_c b} \qquad (4\text{-}27)$$

当 $x \leqslant \xi_b h_0$ 时，按大偏心受压构件计算；当 $x > \xi_b h_0$ 时，按小偏心受压构件计算。

不论是大偏心受压构件的设计，还是小偏心受压构件的设计，A_s 和 A'_s 都必须满足最小配筋率的要求。

2）大偏心受压

① 若 $2a' \leqslant x \leqslant \xi_b h_0$，则将 x 代入式（4-18）得

$$A_s = A'_s = \frac{Ne - \alpha_1 f_c bx (h_0 - 0.5x)}{f'_y (h_0 - a')} \qquad (4\text{-}28)$$

其中

$$e = \eta_i + \frac{h}{2} - a$$

② 若 $x < 2a'$，亦可按不对称配筋大偏心受压计算方法一样处理，即

$$A_s = A'_s = \frac{Ne'}{f_y (h_0 - a')} \qquad (4\text{-}29)$$

其中

$$e' = \eta_i - \frac{h}{2} + a'$$

3）小偏心受压

对于小偏心受压破坏，将 $A_s = A'_s$，$f_y = f'_y$，代入式（4-22）和式（4-23）可得

$$N = \alpha_1 f_c bx + f_y A_s - \frac{\dfrac{x}{h_0} - \beta_1}{\xi_b - \beta_1} f_y A_s \tag{4-30}$$

$$Ne = \alpha_1 f_c bx \left(h_0 - \frac{x}{2} \right) + f_y A_s (h_0 - a') \tag{4-31}$$

求 x 需求解三次方程，计算复杂。可改用《混凝土结构设计规范》（GB 50010—2010）给定的 ξ 简化计算，即

$$\xi = \frac{N - \xi_b \alpha_1 f_c b h_0}{\dfrac{Ne - 0.43 \alpha_1 f_c b h_0^2}{(\beta_1 - \xi_b)(h_0 - a')} + \alpha_1 f_c b h_0} + \xi_b \tag{4-32}$$

也可按下列近似公式计算纵向普通钢筋截面面积

$$A_s = A_s' = \frac{Ne - \alpha_1 f_c b h_0^2 \xi (1 - 0.5\xi)}{f_y'(h_0 - a')} \tag{4-33}$$

查《混凝土结构设计规范》（GB 50010—2010），配筋后验算配筋率是否满足要求，再根据构造要求（如柱纵筋的直径、净距、对称均匀等）画出包括箍筋在内的柱截面配筋图。

（2）截面复核

根据已知条件，求出构件的承载力 M_U、N_U。

五、偏心受压构件斜截面承载力计算

一般情况下偏心受压构件的剪力值相对较小，可不进行斜截面承载力的验算；但对于有较大水平力作用的框架柱，有横向力作用的桁架上弦压杆等，剪力影响较大，必须进行斜截面受剪承载力计算。

试验表明，轴向压力对构件抗剪起有利作用，主要是因为轴向压力的存在不仅能阻滞斜裂缝的出现和开展，而且能增加混凝土剪压区的高度，使剪压区的面积相对增大，从而提高了剪压区混凝土的抗剪能力。

轴向压力对构件抗剪承载力的有利作用是有限度的，图 4-14 和图 4-15 为一组构件的试验结果。

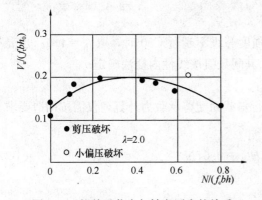

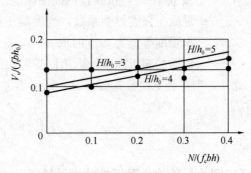

图 4-14　抗剪承载力与轴向压力的关系　　　　图 4-15　不同剪跨比的 V_u-N 关系

在轴压比 $\dfrac{N}{f_c bh}$ 较小时，构件的抗剪承载力随轴压比的增大而提高，当轴压比 $\dfrac{N}{f_c bh} = 0.3 \sim 0.5$ 时，抗剪承载力达到最大值。若再增大轴压力，则构件抗剪承载力反而会随着轴

压力的增大而降低，并转变为带有斜裂缝的小偏心受压正截面破坏。

根据图 4-14 和图 4-15 所示的试验结果，并考虑一般偏心受压框架柱两端在节点处是有约束的，故在轴向压力作用下的偏心受压构件受剪承载力，采用在无轴力受弯构件连续梁受剪承载力公式的基础上增加一项附加受剪承载力的办法，来考虑轴向压力对构件受剪承载力的有利影响。矩形、T 形和 I 形截面偏心受压构件的受剪承载力计算式为

$$V \leqslant \frac{1.75}{\lambda + 1.0} f_t b h_0 + 1.0 f_{yv} \frac{A_{sv}}{s} h_0 + 0.07N \tag{4-34}$$

式中 λ ——偏心受压构件计算截面的剪跨比；

N ——与剪力设计值 V 相应的轴向压力设计值，当 $N > 0.3 f_c A$ 时，取 $N = 0.3 f_c A$，A 为构件截面面积。

计算截面的剪跨比应按下列规定取用：

(1) 对框架柱，当其反弯点在层高范围内时，取 $\lambda = \frac{H_n}{2h_0}$；当 $\lambda < 1$ 时，取 $\lambda = 1$；当 $\lambda > 3$ 时，取 $\lambda = 3$，此处 H_n 为柱净高。

(2) 对其他偏心受压构件，当承受均布荷载时，取 $\lambda = 1.5$；当承受集中荷载时（包括作用有多种荷载，其集中荷载对支座截面或节点边缘所产生的剪力值占总剪力值的 75% 以上的情况），取 $\lambda = \frac{a}{h_0}$；当 $\lambda < 1.5$ 时，取 $\lambda = 1.5$；当 $\lambda > 3$ 时，取 $\lambda = 3$，此处 a 为集中荷载到支座或节点边缘的距离。

与受弯构件类似，为防止斜压破坏，《混凝土结构设计规范》（GB 50010—2010）规定矩形、T 形和 I 形截面框架柱的截面必须满足下列条件：

当 $\frac{h_w}{b} \leqslant 4$ 时

$$V \leqslant 0.25 \beta_c f_c b h_0 \tag{4-35}$$

当 $\frac{h_w}{b} \geqslant 6$ 时

$$V \leqslant 0.2 \beta_c f_c b h_0 \tag{4-36}$$

当 $4 < h_w$ 或 $b < 6$ 时，按线性内插法确定。

式中 β_c ——混凝土强度影响系数，当混凝土强度等级不超过 C50 时，取 $\beta_c = 1.0$；当混凝土强度等级为 C80 时取 $\beta_c = 0.8$；其间数值按线性内插法确定；

h_w ——截面的腹板高度，取值同受弯构件。

此外，当符合下面公式要求时，则可不进行斜截面受剪承载力计算，仅需按构造要求配置箍筋。

$$V \leqslant \frac{1.75}{\lambda + 1.0} f_t b h_0 + 0.07N \tag{4-37}$$

【实例一】某轴心受压柱的设计计算

某现浇钢筋混凝土柱，采用圆形截面，直径 $d = 500\text{mm}$，承受轴向压力设计值 $N = 3000\text{kN}$，柱高 $H = 8.5\text{m}$，计算长度 $l_0 = 0.7H$。采用 C30 级混凝土，纵筋采用 HRB335 级钢，箍筋采用 HPB235 级钢。采用螺旋箍筋。试设计该轴心受压柱。

【解】

(1) 基本计算参数

混凝土保护层厚度取 25mm，$d_{cor}=500-2\times25=450$mm，$A_{cor}=\frac{\pi d_{cor}^2}{4}=159000$mm^2

初选纵筋按配筋率 $\rho'=1.5\%>\rho_{min}=0.5\%$，$A'_s=\rho'A_{cor}=1.5\%\times159000=2385$mm^2，选用 8 Φ 20，$A'_s=2513$mm^2

C30 级混凝土 $f_c=14.3$N/mm^2，HRB335 级钢筋 $f'_y=300$N/mm^2，HPB235 级钢筋 $f_y=210$N/mm^2

(2) 计算螺旋箍筋

C30 级混凝土 $\alpha=1.0$。

$$A_{ss0}=\frac{N/0.9-f_cA_{cor}-f'_yA'_s}{2\alpha f_y}=\frac{3000\times10^3/0.9-14.3\times159000-300\times2513}{2\times1.0\times210}$$

$$=727.94\text{mm}^2>0.25\,A'_s=0.25\times2513=628.25\text{mm}^2，可以。$$

选螺旋箍筋直径为 8mm，$A_{ss1}=50.3$mm^2，可得：

$$s=\pi d_{cor}\frac{A_{ss1}}{A_{ss0}}=3.14\times450\times\frac{50.3}{1389.3}=51.2\text{mm}$$

取 $s=50$mm$<\dfrac{d_{cor}}{5}=450/5=90$mm，及 $S<80$mm，满足要求。

且 $s=50$mm$>s_{min}=40$mm。

(3) **按轴心受压普通钢箍筋柱计算承载力**

$\dfrac{l_0}{d}=\dfrac{0.7\times8500}{500}=11.9<12$，$\varphi=0.92$。

$$N_u=0.9\varphi(f_cA+f'_yA'_s)=0.9\times0.92\times\left(14.3\times\frac{500^2\pi}{4}+300\times2513\right)$$

$$=2947.9\text{kN}>\frac{N^{间}}{1.5}=\frac{3000}{1.5}=2000\text{kN}$$

满足要求，可考虑螺旋箍筋的间接作用。

【实例二】框架柱双向箍筋面积及间距的设计计算

已知：框架柱 $b=400$mm，$h=600$mm，剪力设计值：$V_x=290$kN，$V_y=145$kN；弯矩设计值：$M_x=300$kN·m，$M_y=80$kN·m；轴向力设计值 $N=600$kN；$a_s=a'_s=40$mm；混凝土强度等级 C30，箍筋为 HPB235 级。试设计双向箍筋的面积及间距。

【解】

(1) 斜截面受剪承载力验算

$$h_0=h-a_s=600-40=560\text{mm}$$

$$b_0=b-a_s=400-40=360\text{mm}$$

$$\theta=\arctan\left(\frac{V_y}{V_x}\right)=\arctan\left(\frac{300.1}{150}\right)=26.56°$$

$0.25\beta_c f_cbh_0\cos\theta=0.25\times1\times14.3\times400\times560\times\cos26.56°=716289\text{N}>290000\text{N}$

$0.25\beta_c f_cbh_0\sin\theta=0.25\times1\times14.3\times600\times360\times\sin26.56°=345277\text{N}>145000\text{N}$

满足要求。

（2）计算箍筋面积和间距

1）验算构件配箍条件

$$\lambda_x = \frac{M_x}{V_x h_0} = \frac{300 \times 10^6}{290000 \times 560} = 1.8$$

$1 < 1.8 < 3$，取 $\lambda_x = 1.8$。

$$\lambda_y = \frac{M_y}{V_y b_0} = \frac{8 \times 10^7}{150000 \times 360} = 0.53 < 1$$

取 $\lambda_y = 1$。

$$0.3 f_c A = 0.3 \times 14.3 \times 400 \times 600 = 1.03 \times 10^6 \text{N} > 6 \times 10^5 \text{N}$$

故按已知的设计值 N 计算。

$$V_x = \left(\frac{1.75}{\lambda_y + 1} f_t b h_0 + 0.07N \right) \cos\theta$$

$$= \left(\frac{1.75}{1.8 + 1} \times 1.43 \times 400 \times 560 + 0.07 \times 600000 \right) \times \cos 26.56°$$

$$= 216640 \text{N} < 290000 \text{N}$$

$$V_y = \left(\frac{1.75}{\lambda_x + 1} f_c b h_0 + 0.07N \right) \cos\theta$$

$$= \left(\frac{1.75}{1 + 1} \times 1.43 \times 600 \times 360 + 0.07 \times 600000 \right) \times \sin 26.56°$$

$$= 139627 \text{N} < 150000 \text{N}$$

不符合构造配箍条件。

2）近似取 $\frac{V_{ux}}{V_{uy}} = 1$

$$V_{ux} = V_x \sqrt{1 + \left(\frac{V_{ux} + \tan\theta}{V_{uy}} \right)^2}$$

$$= 290000 \times \sqrt{1 + (1 \times \tan 26.56°)^2} = 324215 \text{N}$$

$$V_{uy} = V_y \sqrt{1 + \left(\frac{V_{uy}}{V_{ux} + \tan\theta} \right)^2}$$

$$= 150000 \times \sqrt{1 + \left(\frac{1}{\tan 26.56°} \right)^2} = 335469 \text{N}$$

$$\frac{A_{svx}}{s} = \frac{\left(V_{ux} - \frac{1.75}{\lambda_x + 1} f_t b h_0 - 0.07N \right)}{f_{yv} h_0}$$

$$= \frac{\left(324215 - \frac{1.75}{1.8 + 1} \times 1.43 \times 400 \times 560 - 0.07 \times 600000 \right)}{210 \times 560}$$

$$= 0.697$$

$s=150\text{mm}$，$A_{svx}=104.5\text{mm}^2$（$2\,\Phi\,8=101\text{mm}^2$）

故 x 方向箍筋为双肢选 $\Phi\,8@100$。

$$\frac{A_{svy}}{s}=\frac{\left(V_{uy}-\dfrac{1.75}{\lambda_y+1}f_tbh_0-0.07N\right)}{f_{yv}h_0}$$

$$=\frac{\left(335469-\dfrac{1.75}{1+1}\times1.43\times600\times360-0.07\times600000\right)}{210\times360}$$

$$=0.31$$

选 $s=100\text{mm}$，$A_{svy}=31\text{mm}^2$（$2\,\Phi\,6=57\text{mm}^2$）

故 y 方向箍筋为双肢 $\Phi\,6@100$。

【实例三】某钢筋混凝土轴心受压柱截面尺寸及纵筋截面面积的设计计算

某钢筋混凝土轴心受压柱，计算长度 $l_0=4.9\text{m}$，承受轴向力设计值 $N=1580\text{kN}$，采用 C25 级混凝土和 HRB400 级钢筋，计算柱截面尺寸 $b\times h$ 及纵筋截面面积 A'_s。

【解】

（1）估算截面尺寸

假定：$\rho'=\dfrac{A'_s}{A}=1\%$，$\varphi=1.0$，代入式（4-4）得

$$A\geqslant\frac{N}{0.2\varphi(f_c+\rho'f'_s)}$$

$$=\frac{1580\times10^3}{0.9\times1.0\times(11.9+0.01\times360)}=113262\text{mm}^2$$

$$b=h=\sqrt{A}=336.54\text{mm}$$

实取：$b=h=350\text{mm}$，$A=122500\text{mm}^2$。

（2）求稳定系数

$$\frac{l_0}{b}=\frac{4900}{350}=14$$

$$\varphi=0.92$$

（3）求纵筋面积

$$A'_s\geqslant\frac{\dfrac{N}{0.9\varphi}-f_cA}{f'_y}=\frac{\dfrac{1580\times10^3}{0.9\times0.92}-11.9\times350\times350}{360}=1251\text{mm}^2$$

（4）验算配筋率

总配筋率为

$$\rho'=\frac{A'_s}{A}=\frac{1251}{350\times350}=1.02\%>\rho'_{\min}=0.5\%$$

满足要求。

实选 $4\,\Phi\,20$ 钢筋，$A'_s=1256\text{mm}^2$。

【实例四】某展示厅内钢筋混凝土柱的设计计算

某展示厅内一根钢筋混凝土柱，按建筑设计要求截面为圆形，直径不大于 500mm。该柱承受的轴心压力设计值 $N=5000\text{kN}$，柱的计算长度 $l_0=5.25\text{m}$，混凝土强度等级为 C25，纵筋用 HRB335 级钢筋，箍筋用 HPB300 级钢筋。试进行该柱的设计。

【解】

（1）按普通箍筋柱设计

查《混凝土结构设计规范》（GB 50010—2010）可知，$f_c=11.9\text{N/mm}^2$，$f_y=f'_y=300\text{N/mm}^2$。

由 $\dfrac{l_0}{d}=\dfrac{5250}{500}=10.5$，查表 4-2 得 $\varphi=0.95$，代入式（4-4）得

$$A'_s=\frac{1}{f'_y}\left(\frac{N}{0.9\varphi}-f_cA\right)=\frac{1}{300}\left(\frac{5000\times10^3}{0.9\times0.95}-11.9\times\frac{\pi\times500^2}{4}\right)=11708\text{mm}^2$$

$$\rho'=\frac{A'_s}{A}$$

$$=\frac{11708}{\dfrac{\pi\times500^2}{4}}=0.0597=5.97\%$$

由于配筋率太大，且长细比又满足 $\dfrac{l_0}{d}<12$ 的要求，故考虑按螺旋箍筋柱设计。

（2）按螺旋箍筋柱设计

假定纵筋配筋率 $\rho'=4\%$，则 $A'_s=0.04\times\dfrac{\pi\times500^2}{4}=7850\text{mm}^2$，选 16 Φ 25，$A'_s=7854.4\text{mm}^2$。

取混凝土保护层为 30m，则

$$d_{cor}=500-30\times2=440\text{mm}$$

$$A_{cor}=\frac{\pi d_{cor}^2}{4}=\frac{\pi\times440^2}{4}=152053\text{mm}^2$$

混凝土 C25＜C50，$\alpha=1.0$。

由式（4-11）得

$$A_{ss0}=\frac{\dfrac{N}{0.9}-(f_cA_{cor}+f_yA'_s)}{2f_y}$$

$$=\frac{\dfrac{5000\times10^3}{0.9}-(11.9\times152053+300\times7854.4)}{2\times300}=2316.34\text{mm}^2$$

$A_{ss0}=2316.34\text{mm}^2>0.25A'_s=1964\text{mm}^2$，满足要求。

假定螺旋箍筋直径 $d=10\text{mm}$，则 $A_{ss1}=78.5\text{mm}^2$，由式（4-9）得

$$s=\frac{\pi d_{cor}A_{ss1}}{A_{ss0}}=\frac{3.14\times440\times78.5}{2316.34}=46.82\text{mm}$$

$$s = \frac{\pi d_{cor} A_{ss1}}{A_{ss0}} = \frac{\pi \times 440 \times 78.5}{2316.34} = 42mm$$

实取螺旋箍筋为 $\Phi 10@45$。

按式（4-4）求普通箍筋柱的承载力为

$$N_u = 0.9\varphi(f_c A + f'_y A'_s)$$

$$= 0.9 \times 0.95 \times \left(11.9 \times \frac{\pi \times 500^2}{4} + 300 \times 7854.4\right) = 4011.4kN$$

$1.5 \times 4011.4 = 6017.1 > 5000kN$，满足设计要求。

【实例五】某矩形截面钢筋混凝土框架柱的设计计算

某矩形截面钢筋混凝土框架柱，截面尺寸 $b = 400mm$，$h = 600mm$，柱的计算长度 $l_c = 3.6m$，$a = a' = 40mm$，承受弯矩设计值，$M_1 = 405kN \cdot m$，$M_2 = 425kN \cdot m$，与 M_2 相对应的轴向力设计值 $N = 1030kN$，混凝土采用 C30，纵筋采用 HRB400 级钢筋，柱为单曲率弯曲。对称配筋，求钢筋截面面积 $A_s = A'_s$，并设计配筋图。

【解】

查《混凝土结构设计规范》（GB 50010—2010）可知，$f_c = 14.3N/mm^2$，$f_y = f'_y = 360N/mm^2$，$\xi_b = 0.518$，$h_0 = h - a = 600 - 40 = 560mm$。

（1）判断是否调整弯矩

$$\frac{M_1}{M_2} = \frac{405}{425} = 0.95 > 0.9$$

所以需要调整。

（2）计算 M

$$M = C_m \eta_{ns} M_2$$

由式(4-14)得　$C_m = 0.7 + 0.3 \frac{M_1}{M_2} = 0.7 + 0.3 \times 0.95 = 0.985$

由式(4-16)得　$\zeta_c = \frac{0.5 f_c A}{N} = \frac{0.5 \times 14.3 \times 240 \times 10^3}{1030 \times 10^3} = 1.67$

$$e_a = \max(20mm, h/30) = 20mm$$

$$\eta_{ns} = 1 + \frac{1}{1300\left(\frac{M_2}{N} + e_a\right)/h_0} \left(\frac{l_c}{h}\right)^2 \zeta_c$$

$$= 1 + \frac{1}{1300\left(\frac{425 \times 10^6}{1030 \times 10^3} + 20\right)/560} \times \left(\frac{36000}{600}\right)^2 \times 1.0$$

$$= 1 + 0.036 = 1.036$$

$$M = 0.985 \times 1.036 \times 425 \times 10^3 = 434kN \cdot m$$

（3）判断大小偏心

$$x = \frac{N}{\alpha_1 f_c b} = \frac{1030 \times 10^3}{1.0 \times 14.3 \times 400} = 180 < \xi_b h_0 = 0.518 \times 560 = 290.08mm$$

所以为大偏心受压。

（4）求 $A_s = A'_s$

$$e_0 = \frac{M}{N} = \frac{434 \times 10^6}{1030 \times 10^3} = 421mm$$

$$e = e_0 + e_a + \frac{h}{2} - a = 421 + 20 + 300 - 40 = 701\text{mm}$$

$$A_s = A'_s = \frac{Ne - \alpha_1 f_c bx(h_0 - 0.5x)}{f'_y(h_0 - a')}$$

$$= \frac{1030 \times 10^3 \times 701 - 1.0 \times 14.3 \times 400 \times 180 \times (560 - 0.5 \times 180)}{360 \times (560 - 40)}$$

$$= 1272\text{mm}^2$$

（5）结合构造要求配筋（直径、配筋率、净距等均满足要求）

对于 5 $\underline{\Phi}$ 18，$A_s = A'_s = 1272\text{mm}^2$，则可知

$$0.55\% \leqslant \rho = \frac{A_s + A'_s}{A} = \frac{1272 \times 2}{400 \times 600}$$

$$= 1.06\% \leqslant 5\%$$

配筋图设计如图 4-16 所示。

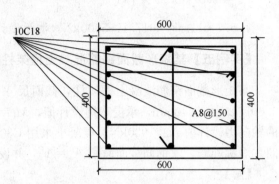

图 4-16　配筋设计图
注：A 代表Φ，C 代表$\underline{\Phi}$。

【实例六】某偏心受压柱箍筋数量的设计计算

某偏心受压柱，截面尺寸 b 为 400mm，h 为 600mm，柱净高 H_n 为 3.2m，取 $a = a' = 40$mm，混凝土强度等级 C30，箍筋用 HRB335 钢筋。在柱端作用剪力设计值 $V = 280$kN，相应的轴向压力设计值 $N = 750$kN。设计该柱所需的箍筋数量。

【解】

查《混凝土结构设计规范》（GB 50010—2010）可知，$f_c = 14.3\text{N/mm}^2$，$f_t = 1.43\text{N/mm}^2$，$f_{yv} = 300\text{N/mm}^2$。

当混凝土强度等级不超过 C50 时，$\beta_c = 1.0$。

（1）验算截面尺寸是否满足要求

$$\frac{h_w}{b} = \frac{560}{400} = 1.4 < 4$$

$0.25\beta_c f_c bh_0 = 0.25 \times 1.0 \times 14.3 \times 400 \times 560 = 800800\text{N} = 800.8\text{kN} > V = 280\text{kN}$

所以，截面尺寸满足要求。

（2）验算截面是否需按计算配置箍筋

$$\lambda = \frac{H_n}{2h_0} = \frac{3200}{2 \times 560} = 2.857$$

$$1 < \lambda < 3$$

$0.3 f_c A = 0.3 \times 14.3 \times 400 \times 600 = 1029600\text{N} = 1029.6\text{kN} > N = 750\text{kN}$

$\dfrac{1.75}{\lambda + 1} f_t bh_0 + 0.07N = \dfrac{1.75}{2.857 + 1} \times 1.43 \times 400 \times 560 + 0.07 \times 750 = 197835.75\text{N} = 197.8\text{kN} < V = 280\text{kN}$

所以，应按计算配箍筋。

（3）计算箍筋用量

由于

$$V \leqslant \frac{1.75}{\lambda + 1.0} f_t h b_0 + 1.0 f_{yv} \frac{A_{sv1}}{s} h_0 + 0.07N$$

由《混凝土结构设计规范》（GB 50010—2010）可知，A_{sv} 为配置在同一截面内箍筋各肢的全部截面面积，即 nA_{sv}，此处，n 为同一个截面内箍筋的肢数，A_{sv1} 为单肢箍筋的截面面积。

$$\frac{nA_{sv1}}{s} \geqslant \frac{V - \left(\frac{1.75}{\lambda + 1.0} f_t h b_0 + 0.07N \right)}{f_{yv} h_0}$$

$$= \frac{280000 - 197835.75}{300 \times 560} = 0.489 \text{mm}^2/\text{mm}$$

采用Φ 8@200 双肢箍筋，则

$$\frac{nA_{sv1}}{s} = \frac{2 \times \pi \times 4^2}{200} = \frac{2 \times 50.3}{200} = 0.503 > 0.489$$

满足要求。故采用Φ 8@200 双肢箍筋，全部截面面积为 100.6mm^2。

第二节　柱平法施工图识读

一、柱平法施工图的表示方法

（1）柱平法施工图是在柱平面布置图上采用列表注写方式或截面注写方式表达。

（2）柱平面布置图，可采用适当比例单独绘制，也可与剪力墙平面布置图合并绘制。

（3）在柱平法施工图中，应按以下规定注明各结构层的楼面标高、结构层高及相应的结构层号，尚应注明上部结构嵌固部位位置：

按平法设计绘制结构施工图时，应当用表格或其他方式注明包括地下和地上各层的结构层楼（地）面标高、结构层高及相应的结构层号。其结构层楼面标高和结构层高在单项工程中必须统一，以保证基础、柱与墙、梁、板、楼梯等用同一标准竖向定位。为施工方便，应将统一的结构层楼面标高和结构层高分别放在柱、墙、梁等各类构件的平法施工图中。

注意，结构层楼面标高是指将建筑图中的各层地面和楼面标高值扣除建筑面层及垫层做法厚度后的标高，结构层号应与建筑楼层号对应一致。

（4）上部结构嵌固部位的注写

1）框架柱嵌固部位在基础顶面时，无需注明。

2）框架柱嵌固部位不在基础顶面时，在层高表嵌固部位标高下使用双细线注明，并在层高表下注明上部结构嵌固部位标高。

3）框架柱嵌固部位不在地下室顶板，但仍需考虑地下室顶板对上部结构实际存在嵌固作用时，可在层高表地下室顶板标高下使用双虚线注明，此时首层柱端箍筋加密区长度范围及纵筋连接位置均按嵌固部位要求设置。

二、列表注写方式

列表注写方式是在柱平面布置图上（一般只需采用适当比例绘制一张柱平面布置图，包括框架柱、转换柱、梁上柱和剪力墙上柱），分别在同一编号的柱中选择一个（有时需要选择几个）截面标注几何参数代号；在柱表中注写柱编号、柱段起止标高、几何尺寸（含柱截面对轴线的偏心情况）与配筋的具体数值，并配以各种柱截面形状及其箍筋类型图的方式，来表达柱平法施工图，如图4-17所示。

柱平法施工图列表注写方式的几个主要组成部分为：平面图、柱截面图类型、箍筋类型图、柱表、结构层楼面标高及结构层高等内容，如图4-17所示。平面图明确定位轴线、柱的代号、形状及与轴线的关系；柱的截面形状为矩形时，与轴线的关系分为偏轴线、柱的中心线与轴线重合两种形式；箍筋类型图重点表示箍筋的形状特征。

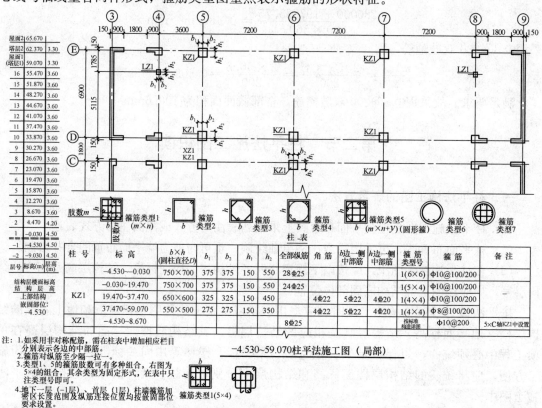

图4-17　柱平法施工图列表注写方式示例

柱表注写内容包括柱编号、柱标高、截面尺寸与轴线的关系、纵筋规格（包括角筋、中部筋）、箍筋类型、箍筋间距等。

（1）柱的编号表示

柱编号由类型代号和序号组成，应符合表4-3的规定。

表4-3　柱编号

柱类型	代号	序号
框架柱	KZ	××
转换柱	ZHZ	××
芯柱	XZ	××
梁上柱	LZ	××
剪力墙上柱	QZ	××

注：编号时，当柱的总高、分段截面尺寸和配筋均对应相同，仅截面与轴线的关系不同时，仍可将其编为同一柱号，但应在图中注明截面与轴线的关系。

114

（2）柱的标高表示方法

注写各段柱的起止标高，自柱根部往上以变截面位置或截面未变但配筋改变处为界分段注写。框架柱和转换柱的根部标高是指基础顶面标高；芯柱的根部标高是指根据结构实际需要而定的起始位置标高；梁上柱的根部标高是指梁顶面标高；剪力墙上柱的根部标高为墙顶面标高。

注：剪力墙上柱 QZ 包括"柱纵筋锚固在墙顶部"、"柱与墙重叠一层"两种构造做法，设计人员应注明选用哪种做法。当选用"柱纵筋锚固在墙顶部"做法时，剪力墙平面外方向应设梁。

（3）柱的截面尺寸表示方法

对于矩形柱，注写柱截面尺寸 $b \times h$ 及与轴线关系的几何参数代号 b_1、b_2 和 h_1、h_2 的具体数值，需对应于各段柱分别注写。其中 $b = b_1 + b_2$，$h = h_1 + h_2$。当截面的某一边收缩变化至与轴线重合或偏到轴线的另一侧时，b_1、b_2、h_1、h_2 中的某项为零或为负值。

对于圆柱，表中 $b \times h$ 一栏改用在圆柱直径数字前加 d 表示。为表达简单，圆柱截面与轴线的关系也用 b_1、b_2 和 h_1、h_2 表示，并使 $d = b_1 + b_2 = h_1 + h_2$。

对于芯柱，根据结构需要，可以在某些框架柱的一定高度范围内，在其内部的中心位置设置（分别引注其柱编号）。芯柱中心应与柱中心重合，并标注其截面尺寸，按 16G101-1 图集标准构造详图施工；当设计采用不同的做法时，应另行注明。芯柱定位随框架柱，不需要注写其与轴线的几何关系。

（4）柱的纵向筋表示方法

当柱纵筋直径相同，各边根数也相同时（包括矩形柱、圆柱和芯柱），将纵筋注写在"全部纵筋"一栏中；除此之外，柱纵筋分角筋、截面 b 边中部筋和 h 边中部筋三项分别注写（对于采用对称配筋的矩形截面柱，可仅注写一侧中部筋，对称边省略不注；对于采用非对称配筋的矩形截面柱，必须每侧均注写中部筋）。

（5）柱箍筋的表示方法

1）注写箍筋类型号及箍筋肢数，在箍筋类型栏内注写。

2）注写柱箍筋，包括钢筋级别、直径与间距。

用斜线"/"区分柱端箍筋加密区与柱身非加密区长度范围内箍筋的不同间距。施工人员需根据标准构造详图的规定，在规定的几种长度值中取其最大者作为加密区长度。当框架节点核心区内箍筋与柱端箍筋设置不同时，应在括号中注明核心区箍筋直径及间距。

【例 4-1】Φ10@100/200，表示箍筋为 HPB300 级钢筋，直径 $\phi 10$，加密区间距为 100，非加密区间距为 200。

Φ10@100/200（Φ12@100），表示柱中箍筋为 HPB300 级钢筋，直径 $\phi 10$，加密区间距为 100，非加密区间距为 200。框架节点核心区箍筋为 HPB300 级钢筋，直径 $\phi 12$，间距为 100。

当箍筋沿柱全高为一种间距时，则不使用"/"线。

【例 4-2】Φ10@100，表示沿柱全高范围内箍筋均为 HPB300 级钢筋，直径 $\phi 10$，间距为 100。

当圆柱采用螺旋箍筋时，需在箍筋前加"L"。

【例 4-3】LΦ10@100/200，表示采用螺旋箍筋，HPB300 级钢筋，直径 $\phi 10$，加密区间距为 100，非加密区间距为 200。

具体工程所设计的各种箍筋类型图以及箍筋复合的具体方式，需画在表的上部或图中的适当位置，并在其上标注与表中相对应的 b、h 和类型号。

注：确定箍筋肢数时要满足对柱纵筋"隔一拉一"以及箍筋肢距的要求。

箍筋有各种的组合方式，矩形箍筋的组合方式如图 4-18 所示。

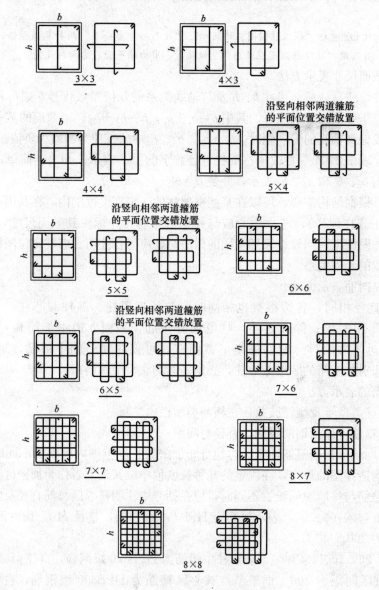

图 4-18　非焊接矩形箍筋组合方式

三、截面注写方式

截面注写方式是在柱平面布置图的柱截面上，分别在同一编号的柱中选择一个截面，以直接注写截面尺寸和配筋具体数值的方式来表达柱平法施工图，如图 4-19 所示。

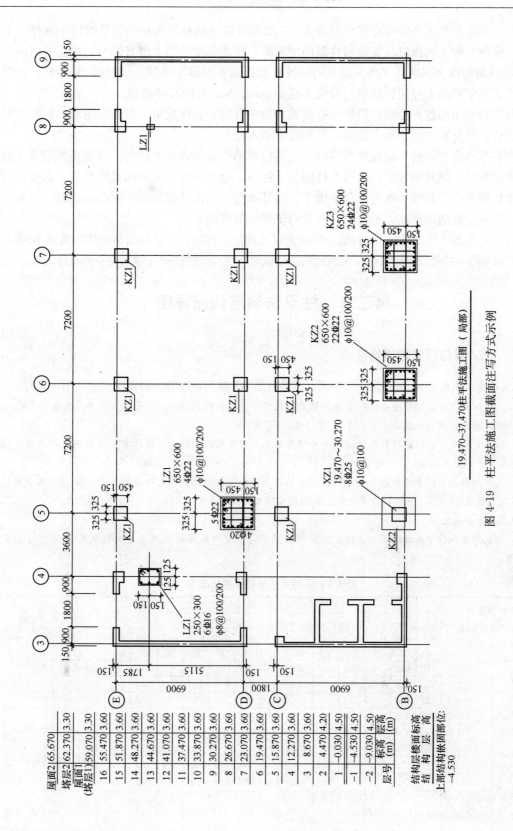

图 4-19　柱平法施工图截面注写方式示例

（1）对除芯柱之外的所有柱截面按表 4-3 的规定进行编号，从相同编号的柱中选择一个截面，按另一种比例原位放大绘制柱截面配筋图，并在各配筋图上继其编号后再注写截面尺寸 $b \times h$、角筋或全部纵筋（当纵筋采用一种直径且能够图示清楚时）、箍筋的具体数值，以及在柱截面配筋图上标注柱截面与轴线关系 b_1、b_2、h_1、h_2 的具体数值。

当纵筋采用两种直径时，需再注写截面各边中部筋的具体数值（对于采用对称配筋的矩形截面柱，可仅在一侧注写中部筋，对称边省略不注）。

当在某些框架柱的一定高度范围内，在其内部的中心位设置芯柱时，首先按照表 4-3 的规定进行编号，继其编号之后注写芯柱的起止标高、全部纵筋及箍筋的具体数值，芯柱截面尺寸按构造确定，并按标准构造详图施工，设计不注；当设计者采用不同的做法时，应另行注明。芯柱定位随框架柱，不需要注写其与轴线的几何关系。

（2）在截面注写方式中，如柱的分段截面尺寸和配筋均相同，仅截面与轴线的关系不同时，可将其编为同一柱号。但此时应在未画配筋的柱截面上注写该柱截面与轴线关系的具体尺寸。

第三节　柱平法钢筋构造详图

一、KZ 纵向钢筋连接构造

16G101-1 图集第 63 页左面的三个图，讲的就是 KZ 纵向钢筋的一般连接构造（图 4-20）。

注：1. 柱相邻纵向钢筋连接接头要相互错开。在同一连接区段内钢筋接头面积百分率不宜大于 50%。

2. 柱纵筋绑扎搭接长度要求见表 4-4、表 4-5。

3. 轴心受拉及小偏心受拉柱内的纵向受力钢筋不应采用绑扎搭接接头，设计者应在柱平法结构施工图中注明其平面位置及层数。

4. 上柱钢筋比下柱多时见图 4-21（a），上柱钢筋直径比下柱钢筋直径大时见图 4-21（b），下柱钢筋比上柱多时见图 4-21（c），下柱钢筋直径比上柱钢筋直径大时见图 4-21（d）。图 4-21 中为绑扎搭接，也可采用机械连接和焊接连接。

5. 当嵌固部位位于基础顶面以上时，嵌固部位以下地下室部分柱纵向钢筋连接构造见 16G101-1 图集第 64 页。

表 4-4　纵向受拉钢筋搭接长度 l_l

钢筋种类及同一区段内搭接钢筋面积百分率		混凝土强度等级																
		C20	C25		C30		C35		C40		C45		C50		C55		C60	
		d≤25	d≤25	d>25	d≤25	d>25	d≤25	d>25	d≤25	d>25	d≤25	d>25	d≤25	d>25	d≤25	d>25	d≤25	d>25
HPB300	≤25%	47d	41d	—	36d	—	34d	—	30d	—	29d	—	28d	—	26d	—	25d	—
	50%	55d	48d	—	42d	—	39d	—	35d	—	34d	—	32d	—	31d	—	29d	—
	100%	62d	54d	—	48d	—	45d	—	40d	—	38d	—	37d	—	35d	—	34d	—
HRB335	≤25%	46d	40d	—	35d	—	32d	—	30d	—	28d	—	26d	—	25d	—	25d	—
	50%	53d	46d	—	41d	—	38d	—	35d	—	32d	—	31d	—	29d	—	29d	—
	100%	61d	53d	—	46d	—	43d	—	40d	—	37d	—	35d	—	34d	—	34d	—
HRB400 HRBF400 RRB400	≤25%	—	48d	53d	42d	47d	38d	42d	35d	38d	34d	37d	32d	36d	31d	35d	30d	34d
	50%	—	56d	62d	49d	55d	45d	49d	41d	45d	39d	43d	38d	42d	36d	41d	35d	39d
	100%	—	64d	70d	56d	62d	51d	56d	46d	51d	45d	50d	43d	48d	42d	46d	40d	45d

续表

钢筋种类及同一区段内搭接钢筋面积百分率		C20 d≤25	C25 d≤25	C25 d>25	C30 d≤25	C30 d>25	C35 d≤25	C35 d>25	C40 d≤25	C40 d>25	C45 d≤25	C45 d>25	C50 d≤25	C50 d>25	C55 d≤25	C55 d>25	C60 d≤25	C60 d>25
HRB500 HRBF500	≤25%	—	58d	64d	52d	56d	47d	52d	43d	48d	41d	44d	38d	42d	37d	41d	36d	40d
HRB500 HRBF500	50%	—	67d	74d	60d	66d	55d	66d	50d	56d	48d	52d	45d	49d	43d	48d	42d	46d
HRB500 HRBF500	100%	—	77d	85d	69d	75d	62d	69d	58d	64d	54d	59d	51d	56d	50d	54d	48d	53d

注：1. 表中数值为纵向受拉钢筋绑扎搭接接头的搭接长度。
　　2. 两根不同直径钢筋搭接时，表中 d 取较细钢筋直径。
　　3. 当为环氧树脂涂层带肋钢筋时，表中数据尚应乘以 1.25。
　　4. 当纵向受拉钢筋在施工过程中易受扰动时，表中数据尚应乘以 1.1。
　　5. 当搭接长度范围内纵向受力钢筋周边保护层厚度为 3d、5d（d 为搭接钢筋的直径）时，表中数据尚可分别乘以 0.8、0.7；中间值时按内插值。
　　6. 当上述修正系数（注3～注5）多于一项时，可按连乘计算。
　　7. 任何情况下，搭接长度不应小于 300。
　　8. 位于同一连接区段内的钢筋搭接接头面积百分率为表中数据中间值时，搭接长度可按内插取值。
　　9. HPB300 级钢筋末端应做 180°弯钩，做法详见 16G101-1 图集第 57 页。

表 4-5　纵向受拉钢筋抗震搭接长度 l_{lE}

抗震等级	钢筋种类	百分率	C20 d≤25	C25 d≤25	C25 d>25	C30 d≤25	C30 d>25	C35 d≤25	C35 d>25	C40 d≤25	C40 d>25	C45 d≤25	C45 d>25	C50 d≤25	C50 d>25	C55 d≤25	C55 d>25	C60 d≤25	C60 d>25
一、二级抗震等级	HPB300	≤25%	54d	47d	—	42d	—	38d	—	35d	—	34d	—	31d	—	30d	—	29d	—
一、二级抗震等级	HPB300	50%	63d	55d	—	49d	—	45d	—	41d	—	39d	—	36d	—	35d	—	34d	—
一、二级抗震等级	HRB335	≤25%	53d	46d	—	40d	—	37d	—	35d	—	31d	—	30d	—	29d	—	29d	—
一、二级抗震等级	HRB335	50%	62d	53d	—	46d	—	43d	—	41d	—	36d	—	35d	—	34d	—	34d	—
一、二级抗震等级	HRB400 HRBF400	≤25%	—	55d	61d	48d	54d	44d	48d	40d	44d	38d	43d	37d	42d	36d	40d	35d	38d
一、二级抗震等级	HRB400 HRBF400	50%	—	64d	71d	56d	63d	52d	56d	46d	52d	45d	50d	43d	49d	42d	46d	41d	45d
一、二级抗震等级	HRB500 HRBF500	≤25%	—	66d	73d	59d	65d	54d	59d	49d	55d	47d	52d	44d	48d	43d	47d	42d	46d
一、二级抗震等级	HRB500 HRBF500	50%	—	77d	85d	69d	76d	63d	69d	57d	64d	55d	60d	52d	56d	50d	55d	49d	53d
三级抗震等级	HPB300	≤25%	49d	43d	—	38d	—	35d	—	31d	—	30d	—	29d	—	28d	—	26d	—
三级抗震等级	HPB300	50%	57d	50d	—	45d	—	41d	—	36d	—	35d	—	34d	—	32d	—	31d	—
三级抗震等级	HRB335	≤25%	48d	42d	—	36d	—	34d	—	31d	—	29d	—	28d	—	26d	—	26d	—
三级抗震等级	HRB335	50%	56d	49d	—	42d	—	39d	—	36d	—	34d	—	32d	—	31d	—	31d	—
三级抗震等级	HRB400 HRBF400	≤25%	—	50d	55d	44d	49d	41d	44d	36d	41d	35d	40d	34d	38d	32d	36d	31d	35d
三级抗震等级	HRB400 HRBF400	50%	—	59d	64d	52d	57d	48d	52d	42d	48d	41d	46d	39d	45d	38d	42d	36d	41d
三级抗震等级	HRB500 HRBF500	≤25%	—	60d	67d	54d	59d	49d	54d	46d	50d	43d	47d	41d	44d	40d	43d	38d	42d
三级抗震等级	HRB500 HRBF500	50%	—	70d	78d	63d	69d	57d	63d	53d	59d	50d	55d	48d	52d	46d	50d	45d	49d

注：1. 表中数值为纵向受拉钢筋绑扎搭接接头的搭接长度。
　　2. 两根不同直径钢筋搭接时，表中 d 取较细钢筋直径。
　　3. 当为环氧树脂涂层带肋钢筋时，表中数据尚应乘以 1.25。
　　4. 当纵向受拉钢筋在施工过程中易受扰动时，表中数据尚应乘以 1.1。
　　5. 当搭接长度范围内纵向受力钢筋周边保护层厚度为 3d、5d（d 为搭接钢筋的直径）时，表中数据尚可分别乘以 0.8、0.7；中间时按内插值。
　　6. 当上述修正系数（注3～注5）多于一项时，可按连乘计算。
　　7. 任何情况下，搭接长度不应小于 300。
　　8. 四级抗震等级时，$l_{lE}=l_l$。
　　9. 当位于同一连接区段内的钢筋搭接接头面积百分率为 100% 时，$l_{lE}=1.6l_{aE}$。
　　10. 当位于同一连接区段内的钢筋搭接接头面积百分率为表中数据中间值时，搭接长度可按内插取值。
　　11. HPB300 级钢筋末端应做 180°弯钩，做法详见 16G101-1 图集第 57 页。

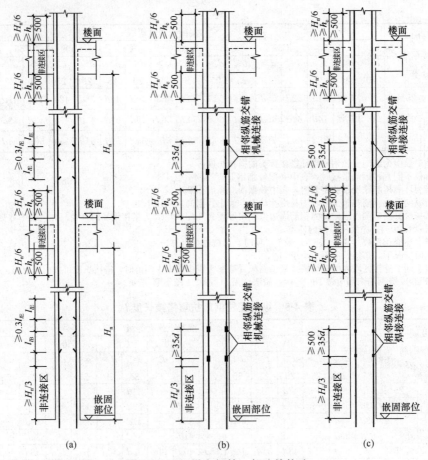

图 4-20　KZ 纵向钢筋一般连接构造

（a）绑扎搭接；（b）机械连接；（c）焊接连接

h_c—柱截面长边尺寸；H_n—所在楼层的柱净高；d—框架柱纵向钢筋直径；

l_{lE}—纵向受拉钢筋抗震绑扎搭接长度；l_{aE}—纵向受拉钢筋抗震锚固长度

注：绑扎搭接时，当某层连接区的高度小于纵筋分两批搭接所需要的高度时，应改用机械连接或焊接连接。

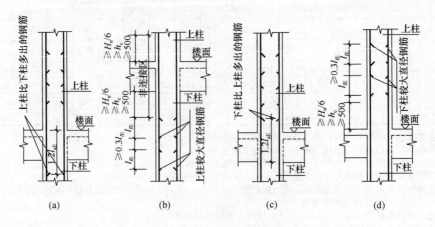

图 4-21　KZ 纵向钢筋特殊连接构造

（a）上柱钢筋比下柱多时；（b）上柱钢筋直径比下柱钢筋直径大时；

（c）下柱钢筋比上柱多时；（d）下柱钢筋直径比上柱钢筋直径大时

二、地下室 KZ 的纵向钢筋连接构造及箍筋加密区范围

16G101-1 图集第 64 页给出了"地下室 KZ 的纵向钢筋连接构造，地下室 KZ 的箍筋加密区范围"。如图 4-22 所示。

地下一层增加钢筋在嵌固部位的锚固构造如图 4-23 所示：

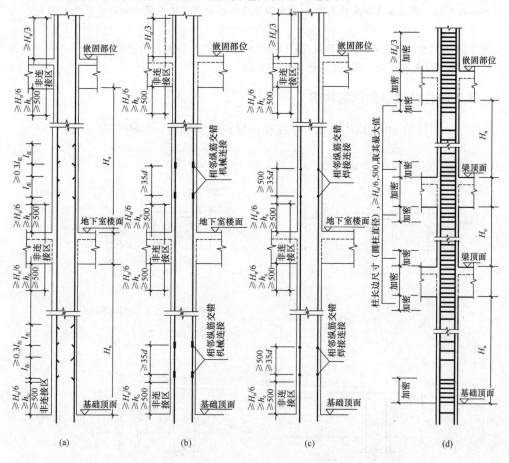

图 4-22　地下室 KZ 的纵向钢筋连接构造及箍筋加密区范围

图 4-23　地下一层增加钢筋在嵌固部位的锚固构造
(a) 弯锚；(b) 直锚

其中：h_c——柱截面长边尺寸（圆柱与截面直径）；

H_n——所在楼层的柱净高；

d——框架柱纵向钢筋直径；

l_{lE}——纵向受拉钢筋抗震绑扎搭接长度；

l_{aE}——纵向受拉钢筋抗震锚固长度；

l_{abE}——纵向受拉钢筋的抗震基本锚固长度。

注：1. 钢筋连接构造及柱箍筋加密区范围用于嵌固部位不在基础底面情况下地下室部分（基础底面至嵌固部位）的柱。

2. 绑扎搭接时，当某层连接区的高度小于纵筋分两批搭接所需要的高度时，应改用机械连接或焊接连接。

3. 图4-23仅用于按《建筑抗震设计规范》（GB 50011—2010）第6.1.14条在地下一层增加的钢筋。由设计指定，未指定时表示地下一层比上层柱多出的钢筋。

三、KZ中柱柱顶纵向钢筋构造

16G101-1图集第68页给出了KZ中柱柱顶纵向钢筋构造，如图4-24所示：

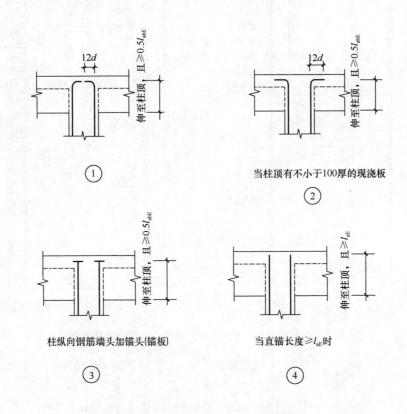

图 4-24　KZ中柱柱顶纵向钢筋构造

d—框架柱纵向钢筋直径；l_{aE}—纵向受拉钢筋的抗震锚固长度；

l_{abE}—纵向受拉钢筋的抗震基本锚固长度

节点①：当柱纵筋直锚长度 $<l_{aE}$ 时，柱纵筋伸至柱顶后向内弯折 $12d$，但必须保证柱纵筋伸入梁内的长度 $\geq 0.5l_{abE}$。

节点②：当柱纵筋直锚长度 $<l_{aE}$，且顶层为现浇混凝土板、其强度等级 $\geq$ C20、板厚 $\geq$ 100mm 时，柱纵筋伸至柱顶后向外弯折 $12d$，但必须保证柱纵筋伸入梁内的长度

$\geqslant 0.5 l_{\rm abE}$。

节点③：柱纵向钢筋端头加锚头（锚板），技术要求同前，也是：伸至柱顶，且 $\geqslant 0.5 l_{\rm abE}$。

节点④：当柱纵筋直锚长度 $\geqslant l_{\rm aE}$ 时，可以直锚伸至柱顶。

四、KZ 边柱和角柱柱顶纵向钢筋构造

16G101-1 图集第 67 页给出了 KZ 边柱和角柱柱顶纵向钢筋构造，如图 4-25 所示。

注：1. 节点①、②、③、④应配合使用，节点④不应单独使用（仅用于未伸入梁内的柱外侧纵筋锚固），伸入梁内的柱外侧纵筋不宜少于柱外侧全部纵筋面积的 65%。可选择②+④或③+④或①+⑤+④ 或①+③+④的做法。

2. 节点⑤用于梁、柱纵向钢筋搭接接头沿节点外侧直线布置的情况，可与节点①组合使用。

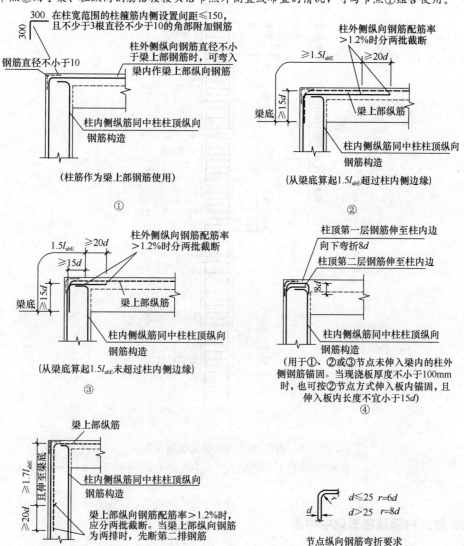

图 4-25　KZ 边柱和角柱柱顶纵向钢筋构造示意图

五、KZ、QZ、LZ 箍筋加密区范围

16G101-1 图集第 65 页给出了 KZ、QZ、LZ 箍筋加密区范围的图示（图 4-26）。

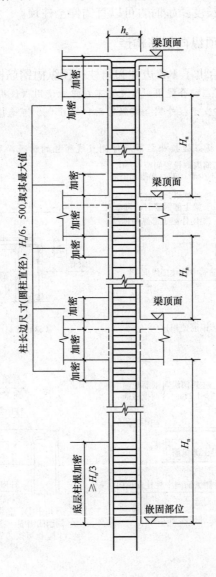

图 4-26 KZ、QZ、LZ 箍筋加密区范围

h_c—柱截面长边尺寸（圆柱为直径）；H_n—所在楼层的柱净高

六、柱纵向钢筋在基础中构造

柱纵向钢筋在基础中构造如图 4-27 所示。

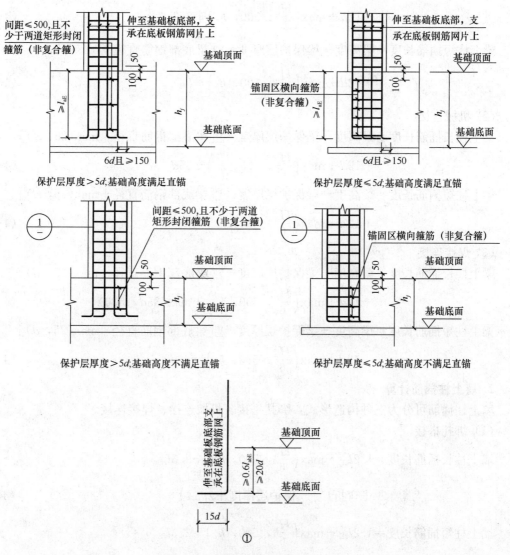

图 4-27 柱纵向钢筋在基础中构造

h_j—基础底面至基础顶面的高度，柱下为基础梁时，h_j 为梁底面至顶面的高度；当柱两侧基础梁标高不同时取较低标高；d—柱插筋直径；l_{abE}—受拉钢筋的抗震基本锚固长度；l_{aE}—受拉钢筋抗震锚固长度

第四节 柱平法钢筋计算公式与实例

一、柱插筋计算公式

1. 梁上柱插筋计算

梁上柱插筋可分为三种构造形式：绑扎搭接、机械连接、焊接连接。

（1）绑扎搭接

梁上柱长插筋长度＝梁高度－梁保护层厚度－$\sum$[梁底部钢筋直径＋$\max(25，d)$]

$$+12d+\max\left(\frac{H_{\mathrm{n}}}{6},\ 500,\ h_{\mathrm{c}}\right)+2.3l_{l\mathrm{E}} \tag{4-38}$$

梁上柱短插筋长度＝梁高度－梁保护层厚度－$\sum$[梁底部钢筋直径＋$\max(25,\ d)$]

$$+12d+\max\left(\frac{H_{\mathrm{n}}}{6},\ 500,\ h_{\mathrm{c}}\right)+l_{l\mathrm{E}} \tag{4-39}$$

（2）机械连接

梁上柱长插筋长度＝梁高度－梁保护层厚度－$\sum$[梁底部钢筋直径＋$\max(25,\ d)$]

$$+12d+\max\left(\frac{H_{\mathrm{n}}}{6},\ 500,\ h_{\mathrm{c}}\right)+35d \tag{4-40}$$

梁上柱短插筋长度＝梁高度－梁保护层厚度－$\sum$[梁底部钢筋直径＋$\max(25,\ d)$]

$$+12d+\max\left(\frac{H_{\mathrm{n}}}{6},\ 500,\ h_{\mathrm{c}}\right) \tag{4-41}$$

（3）焊接连接

梁上柱长插筋长度＝梁高度－梁保护层厚度－$\sum$[梁底部钢筋直径＋$\max(25,\ d)$]

$$+12d+\max\left(\frac{H_{\mathrm{n}}}{6},\ 500,\ h_{\mathrm{c}}\right)+\max(35d,\ 500) \tag{4-42}$$

梁上柱短插筋长度＝梁高度－梁保护层厚度－$\sum$[梁底部钢筋直径＋$\max(25,\ d)$]

$$+12d+\max\left(\frac{H_{\mathrm{n}}}{6},\ 500,\ h_{\mathrm{c}}\right) \tag{4-43}$$

2. 墙上柱插筋计算

墙上柱插筋可分为三种构造形式：绑扎搭接、机械连接、焊接连接。

（1）绑扎搭接

墙上柱长插筋长度＝$1.2l_{a\mathrm{E}}+\max\left(\frac{H_{\mathrm{n}}}{6},\ 500,\ h_{\mathrm{c}}\right)+2.3l_{l\mathrm{E}}$

$$+弯折\left(\frac{h_{\mathrm{c}}}{2}-保护层厚度+2.5d\right) \tag{4-44}$$

墙上柱短插筋长度＝$1.2l_{a\mathrm{E}}+\max\left(\frac{H_{\mathrm{n}}}{6},\ 500,\ h_{\mathrm{c}}\right)+2.3l_{l\mathrm{E}}$

$$+弯折\left(\frac{h_{\mathrm{c}}}{2}-保护层厚度+2.5d\right) \tag{4-45}$$

（2）机械连接

墙上柱长插筋长度＝$1.2l_{a\mathrm{E}}+\max\left(\frac{H_{\mathrm{n}}}{6},\ 500,\ h_{\mathrm{c}}\right)+35d$

$$+弯折\left(\frac{h_{\mathrm{c}}}{2}-保护层厚度+2.5d\right) \tag{4-46}$$

墙上柱短插筋长度＝$1.2l_{a\mathrm{E}}+\max\left(\frac{H_{\mathrm{n}}}{6},\ 500,\ h_{\mathrm{c}}\right)$

$$+弯折\left(\frac{h_{\mathrm{c}}}{2}-保护层厚度+2.5d\right) \tag{4-47}$$

（3）焊接连接

墙上柱长插筋长度＝$1.2l_{a\mathrm{E}}+\max\left(\frac{H_{\mathrm{n}}}{6},\ 500,\ h_{\mathrm{c}}\right)+\max\ (35d,\ 500)$

$$+弯折\left(\frac{h_c}{2}-保护层厚度+2.5d\right) \tag{4-48}$$

$$墙上柱短插筋长度=1.2l_{aE}+\max\left(\frac{H_n}{6},\ 500,\ h_c\right)$$

$$+弯折\left(\frac{h_c}{2}-保护层厚度+2.5d\right) \tag{4-49}$$

3. 基础插筋计算

框架柱基础插筋在基础中的插筋计算方法如图 4-28 所示，计算公式为：

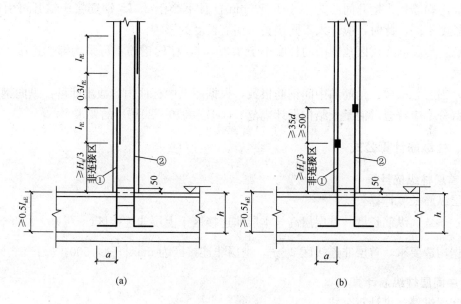

图 4-28　框架柱基础插筋计算图示

（a）绑扎连接；（b）机械连接或焊接

① 插筋长度=插筋锚固长度+基础插筋非连接区（+搭接长度 l_{lE}） (4-50)

② 插筋长度=插筋锚固长度+基础插筋非连接区+错开间距（+搭接长度 l_{lE}） (4-51)

（1）当基础底板高度≥2000mm 时，构造要求基础平板的中部设置一层水平构造钢筋网，故此时的柱插筋只能插至中部钢筋网上层。

1）当基础高度<2000mm 时：

$$竖直长度\ h_1=基础高度-基础保护层厚度 \tag{4-52}$$

2）当基础高度≥2000mm 时：

$$竖直长度\ h_1=0.5\times基础高度 \tag{4-53}$$

（2）柱插筋的锚固形式可以根据竖直长度与插筋最小锚固长度的大小关系进行分类，有弯锚和直锚两种形式。

1）当竖直长度 $h_1 \geqslant l_{aE}$ 时，柱插筋锚固为直锚形式，即柱角筋伸至基础底部配筋上表面水平弯折 90°角，水平弯折长度 a，柱中部钢筋可插至 l_{aE}（或 l_a）深度后直接截断。因此，锚固长度取值为：

$$角筋锚固长度=竖直长度\ h_1+a \tag{4-54}$$

$$中部插筋锚固长度=最小锚固长度\ l_{aE} \tag{4-55}$$

2）当竖直长度 $h_1 < l_{aE}$ 时，柱插筋锚固为弯锚形式，即柱插筋伸至基础底部配筋上表面水平弯折 90°角，水平弯折长度 a。因此，锚固长度取值为：

$$所有钢筋锚固长度＝竖直长度 h_1＋a \qquad (4\text{-}56)$$

（3）当柱纵筋采用机械连接时，纵筋长度按未加括号的公式计算，而当采用绑扎连接时，应计入纵筋的搭接长度 l_{lE}。

（4）柱插筋在采用绑扎连接时，纵向钢筋接头中心错开间距为不得小于 1.3 倍的搭接长度；柱插筋采用机械连接时，纵向钢筋接头错开间距为不小于 500mm；柱插筋采用焊接连接时，纵向钢筋接头错开间距为不小于 500mm，且不小于 35d。钢筋接头错开可引起的钢筋下料长度不同，此时，应计入不同接头对钢筋长度的影响。

注意：当层高连接区范围内的长度小于 2.3l_{lE} 时，柱的钢筋不可采用绑扎连接，应改变连接方式。

（5）钢筋总根数、角筋和中间钢筋根数，根据图纸中标注内容数出即可；纵向钢筋的接头错开百分率应符合《混凝土结构设计规范》（GB 50010—2010）的要求。

二、柱纵筋计算公式

1. 首层柱纵筋计算

首层纵筋长度计算公式：

$$纵筋长度＝首层层高－本层非连接区＋上层非连接区（＋l_{lE}） \qquad (4\text{-}57)$$

根据构造要求，首层非连接区 $\geqslant \dfrac{H_n}{3}$，上层非连接区为 $\max\left(\dfrac{H_n}{6},\ 500,\ h_c\right)$。

2. 中间层柱纵筋计算

中间层纵筋长度计算公式：

$$纵筋长度＝中间层层高－本层非连接区＋上层非连接区（＋l_{lE}） \qquad (4\text{-}58)$$

根据构造要求，中间层非连接区全部为 $\max\left(\dfrac{H_n}{6},\ 500,\ h_c\right)$。

3. 顶层柱纵筋计算

由于顶层框架柱与梁的锚固要求，顶层柱内侧纵筋与外侧纵筋的构造要求不同，其计算方法也有区别。

顶层外侧纵筋长度计算公式：

$$外侧纵筋长度＝顶层层高－本层非连接区－顶层梁高＋柱外侧纵筋锚固长度 \qquad (4\text{-}59)$$

顶层内侧纵筋长度计算公式：

$$内侧纵筋长度＝顶层层高－本层非连接区－顶层梁高＋柱内侧纵筋锚固长度 \qquad (4\text{-}60)$$

（1）非连接区

根据构造要求，顶层非连接区为 $\max\left(\dfrac{H_n}{6},\ 500,\ h_c\right)$。

（2）柱外侧纵筋锚固长度

根据顶层梁柱锚固的构造要求，柱外侧纵筋的锚固长度的计算有以下几种形式。

1）当柱外侧纵筋锚入梁中不小于 1.5l_{aE}，且纵筋伸出柱内侧边缘不小于 500mm 时：

柱外侧纵筋锚入梁中

$$锚固长度＝1.5l_{aE}(\geqslant 65\%或 100\%的柱外侧纵筋) \tag{4-61}$$

柱外侧纵筋伸至柱内侧截断（或向下弯折 $8d$）

$$锚固长度＝h_c－2×柱保护层（＋8d） \tag{4-62}$$

当柱外侧纵筋配筋率大于 1.2% 时，柱外侧的两批截断的钢筋锚固长度

$$锚固长度＝1.5l_{aE}＋20d \tag{4-63}$$

2）当柱外侧纵筋锚入梁中不小于 $1.5l_{aE}$，且纵筋伸出柱内侧边缘小于 500mm 时：

$$锚固长度＝顶层梁高－保护层＋柱沿梁截面尺寸 h_c＋500 \tag{4-64}$$

工程中常用的为柱外侧纵筋全部锚入柱中的锚固形式。

（3）柱内侧纵筋锚固长度

根据顶层梁柱锚固的构造要求，柱内侧纵筋的构造措施如下。

当梁高－保护层 $\geqslant l_{aE}$ 时，柱内侧纵筋采用直锚形式，锚固长度计算公式为：

$$锚固长度＝梁高－保护层 \tag{4-65}$$

当梁高－保护层 $< l_{aE}$ 时，柱内侧纵筋采用弯锚形式，锚固长度计算公式为：

$$锚固长度＝梁高－保护层＋12d \tag{4-66}$$

（4）错开搭接的影响

当基础插筋考虑了错开搭接时，顶层纵筋计算也应考虑错开搭接的问题时，错开长度与基础层相同。当基础插筋没有考虑错开搭接问题时，则顶层亦不用考虑错开搭接问题。

（5）柱内、外侧纵筋根数

柱内、外侧纵筋根数的确定方法如下所述。

1）角柱：外侧纵筋根数为 3 根角筋、b 边一侧中部钢筋、h 边一侧中部钢筋；内侧纵筋根数为 1 根角筋、b 边一侧中部钢筋、h 边一侧中部钢筋。

2）边柱：外侧纵筋根数为 2 根角筋、b 边（或 h 边）一侧中部钢筋；内侧纵筋根数为 2 根角筋、b 边（或 h 边）一侧中部钢筋、h 边（或 b 边）两侧中部钢筋。

3）中柱：全部纵筋均为内侧纵筋。

4. 变截面纵筋计算

根据框架柱截面的变化尺寸与梁高的相对比值的大小，变截面位置纵向钢筋的构造要求有两种常用的锚固措施：纵筋贯通锚固和非贯通锚固。

（1）纵筋贯通锚固

当 $\dfrac{c}{h_b}\leqslant\dfrac{1}{6}$ 时，纵筋在节点位置采用贯通锚固，此时忽略因变截面导致的纵向钢筋的长度变化，其纵筋长度同中间层纵筋长度计算方法。

（2）纵筋非贯通锚固

当 $\dfrac{c}{h_b}>\dfrac{1}{6}$ 时，纵筋在节点位置采用非贯通构造，即下柱纵筋向上伸至梁纵筋之下弯折，上柱纵筋采用插筋形式锚入节点，其长度计算方法为：

$$下柱纵筋长度＝层高－本层非连接区－梁保护层＋200＋截面变化值－柱保护层 \tag{4-67}$$

$$上层柱插筋长度＝1.5l_{aE}＋上层非连接区（＋l_{lE}） \tag{4-68}$$

5. 地下室柱纵筋计算

地下室纵筋长度计算公式为：

$$纵筋长度＝地下室层高－本层非连接区＋上层非连接区（＋l_{lE}） \tag{4-69}$$

地下室柱纵筋计算分析如下：

（1）非连接区取值

本层非连接区长度取值：基础顶面嵌固部位的非连接区长度 $\dfrac{H_n}{3}$，中间层地下室非连接区 $\max\left(\dfrac{H_n}{6},\ 500,\ h_c\right)$。

上层非连接区长度取值：上部结构（即一层）嵌固在地下室顶板位置时，上层非连接区长度为 $\dfrac{H_n}{3}$；上层仍为下部结构时其非连接区为 $\max\left(\dfrac{H_n}{6},\ 500,\ h_c\right)$。

（2）搭接长度

钢筋采用绑扎连接时，取括号内数值，且当上下两层钢筋直径变化时，应采用较小直径的钢筋计算其搭接长度。

（3）钢筋根数

钢筋总根数根据图纸中标注内容数出即可。

三、柱箍筋和拉筋计算公式

1. 柱箍筋长度计算

箍筋常用的复合方式为 $m \times n$ 肢箍形式，由外封闭箍筋、小封闭箍筋和单肢箍形式组成，箍筋长度计算即为复合箍筋总长度的计算，其各自的计算方法分析如下。

单肢箍（拉筋）长度计算方法为：

$$长度＝截面尺寸 b 或 h－柱保护层 c \times 2＋2 \times d_{箍筋}＋2 \times d_{拉筋}＋2 \times l_w \tag{4-70}$$

外封闭箍筋（大双肢箍）长度计算方法为：

$$长度＝(b－2 \times 柱保护层 c＋2 \times d_{箍筋}) \times 2$$
$$＋(h－2 \times 柱保护层 c＋2 \times d_{箍筋}) \times 2＋2 \times l_w \tag{4-71}$$

小封闭箍筋（小双肢箍）长度计算方法为：

$$长度＝\left(\dfrac{b－2 \times 柱保护层 c－d_{纵筋}}{纵筋根数－1} \times 间距个数＋d_{纵筋}＋2 \times d_{小箍筋}\right) \times 2$$
$$＋(h－2 \times 柱保护层 c＋2 \times d_{箍筋}) \times 2＋2 \times l_w \tag{4-72}$$

2. 柱箍筋根数计算

柱箍筋在楼层中，按加密区与非加密区分布，计算方法如下。

（1）基础插筋在基础中箍筋

$$根数＝\dfrac{插筋竖直锚固长度－基础保护层}{500}＋1 \tag{4-73}$$

1）插筋竖直长度与柱插筋长度计算公式的分析相同，要考虑基础高度、插筋最小锚固长度等因素。

① 当基础高度＜2000mm 时：

$$插筋竖直高度 h_1＝基础高度－基础保护层$$

② 当基础高度≥2000mm 时：

$$插筋竖直长度 h_1＝0.5 \times 基础高度$$

2) 基础插筋在基础内箍筋设置要求为：间距≤500mm，且不少于两道外封闭箍筋。

3) 箍筋根数按公式计算出的每部分数值应取不小于计算结果的整数，且不小于2。

（2）基础相邻层或一层箍筋

$$根数 = \frac{H_n-50}{加密间距} + \frac{\max\left(\frac{H_n}{6},500,h_c\right)}{加密间距} + \frac{节点梁高}{加密间距}$$
$$+ \frac{非加密区长度}{非加密区间距} + \left(\frac{2.3l_{lE}}{\min100,5d}\right)+1 \tag{4-74}$$

1) 箍筋加密区范围：基础相邻层或首层部位 $\frac{H_n}{3}$ 范围，楼板下 $\max\left(\frac{H_n}{6},500,h_c\right)$ 范围，梁高范围。

2) 非加密区长度＝层高－加密区总长度，即为非加密区长度。

3) 若钢筋的连接方式为绑扎连接，搭接接头面积百分率为50%时，则搭接连接范围 $2.3l_{lE}$ 内，箍筋需加密，加密间距为 $\min(5d,100)$。

4) 以下应进行框架柱全高范围内箍筋加密：按非加密区长度计算公式所得结果小于零时，该楼层内框架柱全高加密，一、二级抗震等级框架角柱的全高范围，以及其他设计要求的全高加密的柱。

另外，当柱钢筋考虑搭接接头错开间距及绑扎连接时绑扎连接范围内箍筋应按构造要求加密的因素后，若计算出的非加密区长度不大于零时，应为柱全高，应加密。

柱全高加密箍筋的根数计算方法如下所述。

机械连接：

$$根数 = \frac{层高-50}{加密间距}+1 \tag{4-75}$$

绑扎连接：

$$根数 = \frac{层高-2.3l_{lE}-50}{加密间距} + \frac{2.3l_{lE}}{\min(5d,100)}+1 \tag{4-76}$$

5) 箍筋根数按公式计算出的每部分数值应取不小于计算结果的整数，然后再求和。

6) 框架柱中的拉筋（单肢箍）通常与封闭箍筋共同组成复合箍筋形式，其根数与封闭箍筋根数相同。

7) 当框架柱底部存在刚性地面时，需计算刚性地面位置箍筋根数，计算方法为：

$$根数 = \frac{刚性地面厚度+1000}{加密间距}+1 \tag{4-77}$$

8) 刚性地面设置位置一般在首层地面位置，而首层箍筋加密区间通常是从基础梁顶面（无地下室时）或地下室板顶（有地下室时）算起，因此，刚性地面和首层箍筋加密区间的相对位置有下列三种形式：

① 刚性地面在首层非连接区以外时，两部分箍筋根数分别计算即可。

② 当刚性地面与首层非连接区全部重合时，按非连接区箍筋加密计算（通常非连接区范围大于刚性地面范围）。

③ 当刚性地面和首层非连接区部分重合时，根据两部分重合的数值，分别确定重合部分和非重合部分的箍筋根数。

（3）中间层及顶层箍筋

$$\text{根据} = \frac{\max\left(\dfrac{H_n}{6}, 500, h_c\right) - 50}{\text{加密间距}} + \frac{\max\left(\dfrac{H_n}{6}, 500, h_c\right)}{\text{加密间距}} + \frac{\text{节点梁高} - c}{\text{加密间距}}$$

$$+ \frac{\text{非加密区长度}}{\text{非加密区间距}} + \left(\frac{2.3 l_{lE}}{\min(5d, 100)}\right) + 1 \tag{4-78}$$

【实例七】KZ1 基础插筋的设计计算

KZ1 的截面尺寸为 750mm×700mm，柱纵筋为 22 Φ 25，混凝土强度等级 C30，二级抗震等级。假设该建筑物具有层高为 4.55m 的地下室，地下室下面是"正筏板"基础（即"低板位"的有梁式筏形基础，基础梁底和基础板底一平）。地下室顶板的框架梁仍然采用 KL1（300mm×700mm）。基础主梁的截面尺寸为 700mm×900mm，下部纵筋为 9 Φ 25。筏板的厚度为 500mm，筏板的纵向钢筋都是 Φ 18@200，如图 4-29 所示。试设计 KZ1 的基础插筋。

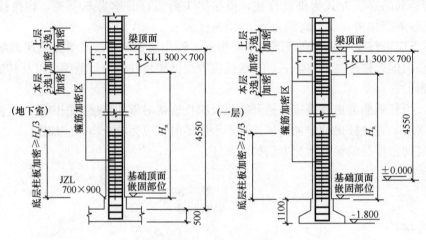

图 4-29　KZ1 的基础插筋

【解】

（1）计算框架柱基础插筋伸出基础梁顶面以上的长度

已知：地下室层高＝4550mm，地下室顶框架梁高＝700mm，基础主梁高＝900mm，筏板厚度＝500mm。35d＝35×25＝875＞500（参见基础插筋计算）

所以，地下室框架柱净高 H_n＝4550－700－（900－500）＝3450mm

$$\text{框架柱基础插筋（短筋）伸出长度} = \frac{H_n}{3} = \frac{3450}{3} = 1150\text{mm}$$

$$\text{框架柱基础插筋（长筋）伸出长度} = 1150 + 35 \times 25 = 2025\text{mm}$$

（2）计算框架柱基础插筋的直锚长度

已知：基础主梁高度＝900mm，基础主梁下部纵筋直径＝25mm，筏板下层纵筋直径＝18mm，基础保护层＝40mm。

所以，框架柱基础插筋直锚长度＝900－25－18－40＝817mm。

（3）计算框架柱基础插筋的总长度

$$\text{框架柱基础插筋的垂直段长度（短筋）} = 1150 + 817 = 1967\text{mm}$$

$$\text{框架柱基础插筋的垂直段长度（长筋）} = 2025 + 817 = 2842\text{mm}$$

因为 $l_{aE}=40d=40×25=1000mm$

而现在的直锚长度 $=817mm<l_{aE}$

所以，框架柱基础插筋的弯钩长度 $=15d=15×25=375mm$

框架柱基础插筋（短筋）的总长度 $=1967+375=2342mm$

框架柱基础插筋（长筋）的总长度 $=2842+375=3217mm$

【实例八】地下室框架柱纵筋的设计计算

地下室层高为 4.55m，地下室下面是"正筏板"基础，基础主梁的截面尺寸为 700mm×900mm，下部纵筋为 9 Φ 25。筏板的厚度为 500mm，筏板的纵向钢筋都是 Φ 18@200。地下室的抗震框架柱 KZ1 的截面尺寸为 750mm×700mm，柱纵筋为 22 Φ 25，混凝土强度等级 C30，二级抗震等级。地下室顶板的框架梁截面尺寸为 300mm×700mm。地下室上一层的层高为 4.55m，地下室上一层的框架梁截面尺寸为 300mm×700mm。试设计该地下室的框架柱纵筋。

【解】

分别计算地下室柱纵筋的两部分长度。

（1）地下室顶板以下部分的长度 H_1

地下室柱净高 $H_n=4550-700-(900-500)=3450mm$

所以，$H_1=H_n+700-\dfrac{H_n}{3}=3450+700-1150=3000mm$。

（2）地下室板顶以上部分的长度 H_2

上一层楼的柱净高 $H_n=4050-700=3350mm$

所以，$H_2=\max\left(\dfrac{H_n}{6},\ 500,\ h_c\right)=\max\left(\dfrac{3350}{6},\ 500,\ 750\right)=750mm$。

（3）地下室柱纵筋的长度

地下室柱纵筋的长度 $=H_1+H_2=3000+750=3750mm$

【实例九】顶层框架柱纵筋的设计计算

顶层的层高为 3.1m，抗震框架柱 KZ1 的截面尺寸为 550mm×500mm，柱纵筋为 22 Φ 20，混凝土强度等级 C30，二级抗震等级。顶层顶板的框架梁截面尺寸为 300mm×700mm。试设计顶层的框架柱纵筋。

【解】

（1）顶层框架柱纵筋伸到框架梁顶部弯 $12d$ 的直钩

顶层的柱纵筋净长度 $H_n=3100-700=2400mm$

根据地下室的计算 $H_2=\max\left(\dfrac{H_n}{6},\ 500,\ h_c\right)=\max\left(\dfrac{2400}{6}\right),\ 500,\ 750=750mm$

因此，与"短筋"相接的柱纵筋垂直段长度 H_a 为：

$$H_a=3100-30-750=2320mm$$

加上 $12d$ 弯钩的每根钢筋长度为：

$$H_a+12d=2320+12×20=2560mm$$

与"长筋"相接的柱纵筋垂直段长度 H_b 为：

$$H_b=3100-30-750-35\times25=1445mm$$

加上 12d 弯钩的每根钢筋长度为：

$$H_b+12d=1445+12\times20=1685mm$$

注意：在计算伸出顶层楼面的"短筋"和"长筋"长度时，所采用的是伸出地下室顶板的纵筋长度 750mm 和 $750+35\times25=1625mm$。而非采用顶层的 H_n（2400mm）和顶层柱纵筋的直径 d（20mm）进行计算。即没有采用 $\max\left(\dfrac{H_n}{6}, 500, h_c\right)=550mm$ 和 $\max\left(\dfrac{H_n}{6}, 500, h_c\right)+35\times20=1250mm$。

如果采用后面的数据继续进行计算，则：

$$H_a=3100-30-550=2520mm（比正确结果多算了200mm）$$

$$H_b=3100-30-1250=1820mm（比正确结果多算了375mm）$$

这样，在验算柱纵筋长度的计算结果时（将各层柱纵筋的长度加起来与框架柱的总高度进行比较），就会发现各楼层柱纵筋垂直段之和不等于框架柱的总高度。因此，后种算法不正确，前种算法正确。

前种算法正确的原因：在计算了地下室的柱纵筋长度之后，在计算以上各楼层的柱纵筋长度时，采用了下式。

各楼层柱纵筋长度＝本楼层的层高

这样，就将柱纵筋在地下室顶板的伸出长度（长短筋）一直"推移"到了顶层，所以在计算顶层柱纵筋时，是将顶层柱纵筋的短筋和长筋与"地下室伸出的"长筋和短筋进行对接。

但是，在此还将解决一个算法合理性的问题：为何在顶层柱纵筋计算中，不采用 $\max\left(\dfrac{H_n}{6}, h_c, 500\right)=550$ 来计算柱纵筋的"伸出长度"，而采用 750 的数值。

16G101-1 图集规定抗震框架柱纵筋的非连接区高度 $\geqslant\max\left(\dfrac{H_n}{6}, h_c, 500\right)$。

可见大于或等于 $\max\left(\dfrac{H_n}{6}, h_c, 500\right)$ 都是合理的。而现在的 750 "大于" 550，即"大于"顶层的 $\max\left(\dfrac{H_n}{6}, h_c, 500\right)$，因此上述算法合理。

（2）框架柱外侧纵筋从顶层框架梁的底面算起，锚入顶层框架梁 $1.5l_{abE}$。

首先，计算框架柱外侧纵筋伸入框架梁之后弯钩的水平段长度 A：

柱纵筋伸入框架梁的垂直长度＝$700-30=670mm$

所以 $A=1.5l_{abE}-670=1.5\times40\times20-670=530mm$

利用前面的计算结果，则有：

与"短筋"相接的柱纵筋垂直段长度 H_a 为 2320mm，加上弯钩水平段 A 的每根钢筋长度 $H_a+A=2320+530=2850mm$。

与"长筋"相接的柱纵筋垂直段长度 H_b 为 1445mm，加上弯钩水平段 A 的每根钢筋长度 $H_b+A=1445+530=1975mm$。

【实例十】条形基础一层框架柱箍筋的设计计算

条形基础的基础梁高度为 910mm，基础板厚度为 500mm，板底标高为 −1.800。条形基础以上无地下室，一层层高为 4.50m（从 ±0.000 算起），抗震框架柱 KZ1 的截面尺寸为 750mm×700mm，箍筋标注为 φ10@100/200，一层顶板的框架梁截面尺寸为 300mm×700mm。试设计一层的框架柱箍筋根数。

【解】

（1）基本数据计算

地下室的层高是筏板顶面到地下室顶板上表面的距离。

框架柱的柱根就是基础主梁的顶面。

框架柱的净高就是从基础梁顶面算至一层框架梁的梁底。

本楼层的柱净高 H_n＝4500＋1800−700−910＝4690mm。

框架柱截面长边尺寸 h_c＝750mm。

$\dfrac{H_n}{h_c}＝\dfrac{4690}{750}＝6.25＞4$，所以该框架柱不是"短柱"。

"三选一"的数值 $\max\left(\dfrac{H_n}{6},\ h_c,\ 500\right)＝\max\left(\dfrac{4690}{6},\ 750,\ 500\right)＝782$mm

（2）上部加密区箍筋根数的计算

加密区的长度＝$\max\left(\dfrac{H_n}{6},\ h_c,\ 500\right)$＋框架梁高度＝782＋700＝1482mm

除以间距：$\dfrac{1482}{100}＝14.82$，根据"有小数则进1"取定为15。

所以，上部加密区的箍筋根数为15根。

按照这个箍筋根数重新计算，"上部加密区的实际长度"＝100×15＝1500mm。

（3）下部加密区箍筋根数的计算

加密区的长度＝$\dfrac{H_n}{3}＝\dfrac{4690}{3}＝1563$mm

除以间距：$\dfrac{1563}{100}＝15.63$，根据"有小数进1"取定为16。

所以，下部加密区的箍筋根数为16根。

按照这个箍筋根数重新计算，"下部加密区的实际长度"＝100×16＝1600mm。

（4）中间非加密区箍筋根数的计算

按照上下加密区的实际长度来计算"非加密区的长度"。

非加密区的长度＝4690−1500−1600＝1590mm

除以间距：$\dfrac{1590}{200}＝7.95$，根据"有小数进1"取定为8。

所以，中间非加密区的箍筋根数为8根。

（5）本楼层 KZ1 箍筋根数的计算

本楼层 KZ1 箍筋根数＝15＋16＋8＝39根

思考题：

1. 柱中纵筋、柱中箍筋的一般构造要求有哪些？

2. 普通箍筋柱轴心受压构件的承载力如何计算？

3. 螺旋箍筋柱轴心受压构件的承载力如何计算？

4. 大偏心受压破坏和小偏心受压破坏分别有哪些特征？

5. 偏心受压构件初始弯矩如何进行调整？

6. 偏心受压构件斜截面承载力如何计算？

7. 柱的编号如何表示？

8. 柱的截面注写方式有哪些要求？

9. 框架柱 KZ 纵向钢筋连接构造要求有哪些？

10. KZ 边柱和角柱柱顶纵向钢筋构造有哪些要求？

11. 柱纵向钢筋在基础中构造有哪些？

第五章 剪力墙钢筋设计与计算

重点提示:

1. 了解剪力墙配筋计算的基本规定,通过实例学习,掌握剪力墙配筋计算的方法
2. 熟悉剪力墙平法施工图识读的方法与钢筋构造详图
3. 了解剪力墙平法钢筋计算公式,掌握剪力墙平法钢筋计算方法

第一节 剪力墙配筋计算

一、剪力墙结构的一般规定

1. 适用范围

(1)当竖向构件截面的长边(h)大于其短边厚度(b)4 倍时(即 $h>4b$),应按钢筋混凝土墙(剪力墙)的要求进行设计,否则按钢筋混凝土柱的要求进行设计,如图 5-1 所示。

(2)剪力墙结构施工简单,没有凸出墙面的梁柱,特别适用于居住建筑。

(3)现浇剪力墙结构的适用最大高度为 150m。

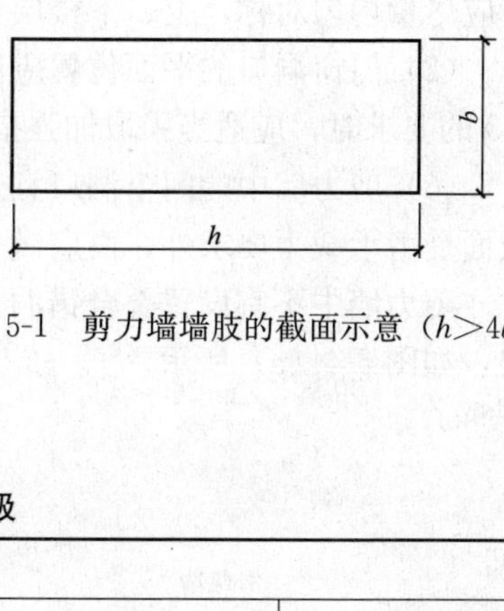

2. 混凝土强度等级

剪力墙的混凝土强度等级不应低于 C20,如表 5-1 所示。

图 5-1 剪力墙墙肢的截面示意($h>4b$)

表 5-1 剪力墙的混凝土强度等级

总层数	层次			
	1~7	8~15	16~23	24 层以上
≤10	C20~C30	C30	—	—
20	C30~C40	C30~C40	C30	—
30	C30~C40	C30~C35	C25~C30	C25
40	C40~C50	C30~C40	C25~C30	C20~C30

3. 剪力墙厚度

剪力墙厚度 b 取用下列情况的较厚者,如图 5-2 所示:

(1)支撑预制楼(屋面)板的钢筋混凝土剪力墙的厚度 $b \geqslant 140mm$。

(2)对剪力墙结构,$b \geqslant \dfrac{H}{25}$。

(3)对框架-剪力墙结构,$b \geqslant \dfrac{H}{20}$,此处,$H$ 为楼层高度。

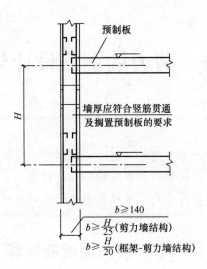

图 5-2　剪力墙的最小厚度

二、剪力墙结构的布置

（1）剪力墙结构的平面布置，应力求简单规整，不应有过多的凸凹。结构平面和刚度分布应尽量均匀对称，上、下楼层剪力墙宜拉通对直。

（2）门窗洞口的平面位置应满足图 5-3 的要求。如个别门窗洞口开设的位置不能满足图 5-3 的要求时，应适当采取加强措施。

（3）剪力墙中的门窗洞口宜上下对齐，洞口之间的连梁除应满足正截面抗弯承载力及斜截面受剪承载力要求外，尚应满足剪力墙抗水平荷载的刚度要求。

剪力墙中不宜设置叠合错洞。当不得不采用叠合错洞时，应在洞周边增设暗框架钢筋骨架，如图 5-4（a）所示。

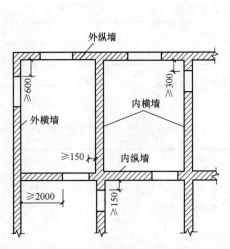

图 5-3　门窗洞口控制示意

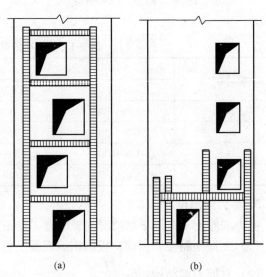

图 5-4　错洞剪力墙的加强配筋
（a）叠合错洞墙；（b）底层局部错洞墙

当剪力墙底层设有局部错洞时，应在一、二层洞口两侧形成上下连续的暗柱，并在一层洞口上部增设暗梁，如图5-4（b）所示。

（4）各层楼板及屋面板设置在同一标高，避免同一楼层的楼板或屋面板高低错层。

（5）屋顶的局部凸出部分（如电梯间机房和水箱间等）不采用混合结构。

（6）在首层地面、各层楼板及屋面板标高处，应沿全部剪力墙设置水平圈梁连成构造框架。

（7）应尽量减轻建筑物自重，非承重外墙或内隔墙尽可能采用轻质材料。

（8）结构单元的两端或拐角不宜设置楼梯间和电梯间，必须设置时，应采取有效措施，保证山墙与纵墙连接的可靠性及整体性。

（9）较长的剪力墙宜结合洞口设置弱连梁，将一道剪力墙分成较均匀的若干墙段，各墙段（包括小开洞墙及联肢墙）的高宽比不宜小于2。

（10）房屋底部有框支层时，框支层的刚度不应小于相邻上层刚度的50%，落地剪力墙数量不宜小于上部剪力墙数量的50%，其间距不宜大于四开间和24m中的较小值。

（11）剪力墙宜拉通对直，刚度沿房屋高度不宜突变。

三、剪力墙分布钢筋的加强部位

需加强配置水平和竖向分布钢筋的剪力墙结构加强部位如表5-2、图5-5、图5-6所示。

表5-2　水平和竖向分布钢筋的剪力墙结构加强部位

编号	剪力墙结构加强部位	
①	剪力墙结构的顶层	
②	剪力墙结构的底部加强区，取右列情况的较大者（图5-6）	墙肢总高度 H_w 的1/8
		底层层高 H_1
		墙肢截面长边 h
③	现浇端山墙	
④	楼梯间	
⑤	电梯间	
⑥	端开间的内纵墙	

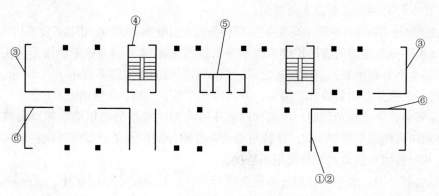

图5-5　分布钢筋加强区的剪力墙

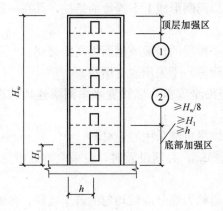

图 5-6 一般剪力墙的加强区

四、剪力墙配筋规定

1. 竖向受力钢筋及墙的翼缘计算宽度

（1）剪力墙墙肢两端应配置竖向钢筋，并与墙内的竖向分布钢筋共同用于墙的正截面受弯承载力计算。每端的竖向受力钢筋不宜少于 4 根直径为 12mm 或 2 根直径为 16mm 的钢筋，并宜沿该竖向钢筋方向配置直径不小于 6mm、间距为 250mm 的箍筋或拉筋。

（2）在承载力计算中，剪力墙的翼缘计算宽度可取剪力墙的间距、门窗洞间翼墙的宽度、剪力墙厚度加两侧各 6 倍翼墙厚度、剪力墙墙肢总高度的 1/10 四者中的最小值。

2. 配筋率

（1）墙水平及竖向分布钢筋直径不宜小于 8mm，间距不宜大于 300mm。可利用焊接钢筋网片进行墙内配筋。

墙水平分布钢筋的配筋率 $\rho_{sh}\left(\dfrac{A_{sh}}{bs_v}, s_v\text{为水平分布钢筋的间距}\right)$ 和竖向分布钢筋的配筋率 $\rho_{sv}\left(\dfrac{A_{sv}}{bs_h}, s_h\text{为竖向分布钢筋的间距}\right)$ 不宜小于 0.20%；重要部位的墙，水平和竖向分布钢筋的配筋率宜适当提高。

墙中温度应力、收缩应力较大的部位，水平分布钢筋的配筋率宜适当提高。

（2）对于房屋高度不大于 10m 且不超过 3 层的墙，其截面厚度不应小于 120mm，其水平与竖向分布钢筋的配筋率均不宜小于 0.15%。

3. 其他要求

（1）厚度大于 160mm 的墙应配置双排分布钢筋网；结构中重要部位的剪力墙，当其厚度不大于 160mm 时，也宜配置双排分布钢筋网。

双排分布钢筋网应沿墙的两个侧面布置，且应采用拉筋连接；拉筋直径不宜小于 6mm，间距不宜大于 600mm。

（2）墙中配筋构造应符合下列要求：

1）墙竖向分布钢筋可在同一高度搭接（即接头面积百分率 100%），搭接长度不应小于 $1.2l_a$。

2）墙水平分布钢筋的搭接长度不应小于 $1.2l_a$。同排水平分布钢筋的搭接接头之间以及上、下相邻水平分布钢筋的搭接接头之间，沿水平方向的净间距不宜小于 500mm。

3）墙中水平分布钢筋应伸至墙端，并向内水平弯折 10d，d 为钢筋直径。

4）端部有翼墙或转角的墙，内墙两侧和外墙内侧的水平分布钢筋应伸至翼墙或转角外边，并分别向两侧水平弯折 15d。在转角墙处，外墙外侧的水平分布钢筋应在墙端外角处弯入翼墙，并与翼墙外侧的水平分布钢筋搭接。

5）带边框的墙，水平和竖向分布钢筋宜分别贯穿柱、梁或锚固在柱、梁内。

（3）墙洞口连梁应沿全长配置箍筋，箍筋直径不应小于 6mm，间距不宜大于 150mm。在顶层洞口连梁纵向钢筋伸入墙内的锚固长度范围内,应设置间距不大于 150mm 的箍筋,箍筋直径宜与跨内箍筋直径相同。同时,门窗洞边的竖向钢筋应满足受拉钢筋锚固长度的要求。

墙洞口上、下两边的水平钢筋除应满足洞口连梁正截面受弯承载力的要求外,尚不应少于 2 根直径不小于 12mm 的钢筋。对于计算分析中可忽略的洞口,洞边钢筋截面面积分别不宜小于洞口截断的水平分布钢筋总截面面积的一半。纵向钢筋自洞口边伸入墙内的长度不应小于受拉钢筋的锚固长度。

第二节 剪力墙平法施工图识读

一、剪力墙编号规定

剪力墙平法施工图是在剪力墙平面布置图上采用列表注写方式或截面注写方式表达。
剪力墙按墙柱、墙身、墙梁三类构件分别编号。

(1)墙柱编号,由墙柱类型代号和序号组成,表达形式应符合表 5-3 的规定。

表 5-3 墙柱编号

墙柱类型	代号	序号
约束边缘构件	YBZ	××
构造边缘构件	GBZ	××
非边缘暗柱	AZ	××
扶壁柱	FBZ	××

注:约束边缘构件包括约束边缘暗柱、约束边缘端柱、约束边缘翼墙、约束边缘转角墙四种,如图 5-7 所示。构造边缘构件包括构造边缘暗柱、构造边缘端柱、构造边缘翼墙、构造边缘转角墙四种,如图 5-8 所示。

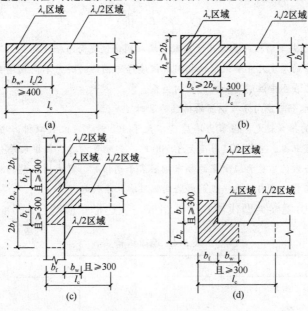

图 5-7 约束边缘构件

(a)约束边缘暗柱;(b)约束边缘端柱;(c)约束边缘翼墙;(d)约束边缘转角墙

λ_v—剪力墙约束边缘构件配箍特征值;l_c—剪力墙约束边缘构件沿墙肢的长度;b_f—剪力墙水平方向的厚度;b_c—剪力墙约束边缘端柱垂直方向的长度;b_w—剪力墙垂直方向的厚度

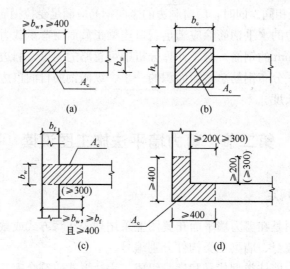

图 5-8　构造边缘构件

（a）构造边缘暗柱；（b）构造边缘端柱；（c）构造边缘翼墙；（d）构造边缘转角墙

b_f—剪力墙水平方向的厚度；b_c—剪力墙构造边缘端柱垂直方向的长度；

b_w—剪力墙垂直方向的厚度；A_c—剪力墙的构造边缘构件区

（2）墙身编号，由墙身代号、序号以及墙身所配置的水平与竖向分布钢筋的排数组成，其中，排数注写在括号内。表达形式为：

$$Q\times\times（\times排）$$

注：1. 在编号中：如若干墙柱的截面尺寸与配筋均相同，仅截面与轴线的关系不同时，可将其编为同一墙柱号；又如若干墙身的厚度尺寸和配筋均相同，仅墙厚与轴线的关系不同或墙身长度不同时，也可将其编为同一墙身号，但应在图中注明与轴线的几何关系。

2. 当墙身所设置的水平与竖向分布钢筋的排数为 2 时可不注。

3. 对于分布钢筋网的排数规定：当剪力墙厚度不大于 400 时，应配置双排；当剪力墙厚度大于 400，但不大于 700 时，宜配置三排；当剪力墙厚度大于 700 时，宜配置四排。各排水平分布钢筋和竖向分布钢筋的直径与间距宜保持一致。当剪力墙配置的分布钢筋多于两排时，剪力墙拉筋两端应同时勾住外排水平纵筋和竖向纵筋，还应与剪力墙内排水平纵筋和竖向纵筋绑扎在一起。

（3）墙梁编号，由墙梁类型代号和序号组成，表达形式应符合表 5-4 的规定。

表 5-4　墙梁编号

墙梁类型	代号	序号
连梁	LL	××
连梁（对角暗撑配筋）	LL（JC）	××
连梁（交叉斜筋配筋）	LL（JX）	××
连梁（集中对角斜筋配筋）	LL（DX）	××

墙梁类型	代号	序号
连梁（跨高比不小于5）	LLk	××
暗梁	AL	××
边框梁	BKL	××

注：1. 在具体工程中，当某些墙身需设置暗梁或边框梁时，宜在剪力墙平法施工图中绘制暗梁或边框梁的平面布置图并编号，以明确其具体位置。

　　2. 跨高比不小于5的连梁按框架梁设计时，代号为LLk。

二、列表注写方式

列表注写方式是分别在剪力墙柱表、剪力墙身表和剪力墙梁表中，对应剪力墙平面布置图上的编号，用绘制截面配筋图并注写几何尺寸与配筋具体数值的方式，来表达剪力墙平法施工图。

1. 剪力墙柱表

剪力墙柱表主要包括以下内容：

（1）注写墙柱编号（表5-3），绘制该墙柱的截面配筋图，标注墙柱几何尺寸。

1）约束边缘构件（图5-7）需注明阴影部分尺寸。

注：剪力墙平面布置图中应注明约束边缘构件沿墙肢长度 l_c（约束边缘翼墙中沿墙肢长度尺寸为 $2b_f$ 时可不注）。

2）构造边缘构件（图5-8）需注明阴影部分尺寸。

3）扶壁柱及非边缘暗柱需标注几何尺寸。

（2）注写各段墙柱的起止标高，自墙柱根部往上以变截面位置或截面未变但是配筋改变处为界分段注写。墙柱根部标高一般指基础顶面标高（部分框支剪力墙结构则为框支梁顶面标高）。

（3）注写各段墙柱的纵向钢筋和箍筋，注写值应与在表中绘制的截面配筋图对应一致。纵向钢筋注写总配筋值；墙柱箍筋的注写方式与柱箍筋相同。

设计施工时应注意：

（1）在剪力墙平面布置图中需注写约束边缘构件非阴影区内布置的拉筋或箍筋直径，与阴影区箍筋直径相同时，可不注。

（2）当约束边缘构件体积配箍率计算中计入墙身水平分布钢筋时，设计者应注明。施工时，墙身水平分布钢筋应注意采用相应的构造做法。

（3）16G101-1图集约束边缘构件非阴影区拉筋是沿剪力墙竖向分布钢筋逐根设置。施工时应注意，非阴影区外圈设置箍筋时，箍筋应包住阴影区内第二列竖向纵筋。当设计采用与构造详图不同的做法时，应另行注明。

（4）当非底部加强部位构造边缘构件不设置外圈封闭箍筋时，设计者应注明。施工时，墙身水平分布钢筋应注意采用相应的构造做法。

2. 剪力墙身表

剪力墙身表主要包括以下内容：

（1）注写墙身编号（含水平与竖向分布钢筋的排数）。

（2）注写各段墙身起止标高，自墙身根部往上以变截面位置或截面未变但配筋改变处为界分段注写。墙身根部标高一般指基础顶面标高（部分框支剪力墙结构则为框支梁的顶面标高）。

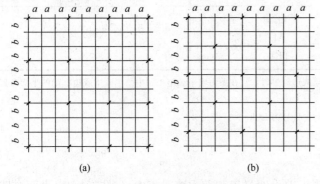

(a)　　　　　　　　　(b)

图 5-9　矩形拉筋与梅花拉筋示意

(a) 拉筋@3a3b 矩形（$a \leqslant 200$、$b \leqslant 200$）；

(b) 拉筋@4a4b 梅花矩形（$a \leqslant 150$、$b \leqslant 150$）

a—竖向分布钢筋间距；b—水平分布钢筋间距

（3）注写水平分布钢筋、竖向分布钢筋和拉筋的具体数值。注写数值为一排水平分布钢筋和竖向分布钢筋的规格与间距，具体设置几排已经在墙身编号后面表达。

拉结筋应注明"矩形"或"梅花"布置，用于剪力墙分布钢筋的拉结，如图 5-9 所示。

3. 剪力墙梁表

剪力墙梁表主要内容如下：

（1）注写墙梁编号，见表 5-4。

（2）注写墙梁所在楼层号。

（3）注写墙梁顶面标高高差是指相对于墙梁所在结构层楼面标高的高差值。高于者为正值，低于者为负值，当无高差时不注。

（4）注写墙梁截面尺寸 $b \times h$，上部纵筋、下部纵筋和箍筋的具体数值。

（5）当连梁设有对角暗撑时，注写暗撑的截面尺寸（箍筋外皮尺寸）；注写一根暗撑的全部纵筋，并标注 ×2 表明有两根暗撑相互交叉；注写暗撑箍筋的具体数值。

（6）当连梁设有交叉斜筋时，注写连梁一侧对角斜筋的配筋值，并标注 ×2 表明对称设置；注写对角斜筋在连梁端部设置的拉筋根数、规格及直径，并标注 ×4 表示四个角都设置；注写连梁一侧折线筋配筋值，并标注 ×2 表明对称设置。

（7）当连梁设有集中对角斜筋时，注写一条对角线上的对角斜筋，并标注 ×2 表明对称设置。

（8）跨高比不小于 5 的连梁，按框架梁设计时，采用平面注写方式，注写规则同框架梁，可采用适当比例单独绘制，也可与剪力墙平法施工图合并绘制。

墙梁侧面纵筋的配置，当墙身水平分布钢筋满足连梁、暗梁及边框梁的梁侧面纵向构造钢筋的要求时，该筋配置同墙身水平分布钢筋，表中不注，施工按标准构造详图的要求即可。当墙身水平分布钢筋不满足连梁、暗梁及边框梁的梁侧面纵向构造钢筋的要求时，应在表中补充注明梁侧面纵筋的具体数值；当为 LLk 时，平面注写方式以大写字母"N"打头。梁侧面纵向钢筋在支座内锚固要求同连梁中受力钢筋。

4. 施工图示例

采用列表注写方式分别表达剪力墙墙梁、墙身和墙柱的平法施工图示例，如图 5-10 所示。

三、截面注写方式

（1）截面注写方式，是在分标准层绘制的剪力墙平面布置图上，以直接在墙柱、墙身、墙梁上注写截面尺寸和配筋具体数值的方式来表达剪力墙平法施工图。

（2）选用适当比例原位放大绘制剪力墙平面布置图，其中对墙柱绘制配筋截面图；对所有墙柱、墙身、墙梁分别按本节"一、剪力墙编号规定"进行编号，并分别在相同编号的墙柱、墙身、墙梁中选择一根墙柱、一道墙身、一根墙梁进行注写，其注写方式按以下规定进行。

1）从相同编号的墙柱中选择一个截面，注明几何尺寸，标注全部纵筋及箍筋的具体数值。

注：约束边缘构件除需注明阴影部分具体尺寸外，尚需注明约束边缘构件沿墙肢长度 l_c，约束边缘翼墙中沿墙肢长度尺寸为 $2b_f$ 时可不注。

2）从相同编号的墙身中选择一道墙身，按顺序引注的内容为：墙身编号（应包括注写在括号内墙身所配置的水平与竖向分布钢筋的排数）、墙厚尺寸，水平分布钢筋、竖向分布钢筋和拉筋的具体数值。

3）从相同编号的墙梁中选择一根墙梁，按顺序引注的内容为：

① 注写墙梁编号、墙梁截面尺寸 $b \times h$、墙梁箍筋、上部纵筋、下部纵筋和墙梁顶面标高高差的具体数值。其中，墙梁顶面标高高差的注写规定同本节"二、列表注写方式"第 3 条中第（3）条。

② 当连梁设有对角暗撑时，注写规定同本节"二、列表注写方式"第 3 条中第（5）条。

③ 当连梁设有交叉斜筋时，注写规定同本节"二、列表注写方式"第 3 条中第（6）条。

④ 当连梁设有集中对角斜筋时，注写规定同本节"二、列表注写方式"第 3 条中第（7）条。

⑤ 跨高比不小于 5 的连梁，按框架梁设计时，注写规定同本节"二、列表注写方式"第 3 条中第（8）条。

当墙身水平分布钢筋不能满足连梁、暗梁及边框梁的梁侧面纵向构造钢筋的要求时，应补充注明梁侧面纵筋的具体数值；注写时，以大写字母 N 打头，接续注写直径与间距。其在支座内的锚固要求同连梁中受力钢筋。

【例 5-1】 N Φ 10@150，表示墙梁两个侧面纵筋对称配置为：HRB400 级钢筋，直径 $\phi 10$，间距为 150。

（3）采用截面注写方式表达的剪力墙平法施工图示例见图 5-10、图 5-11。

四、剪力墙洞口的表示方法

（1）无论采用列表注写方式还是截面注写方式，剪力墙上的洞口均可在剪力墙平面布置图上原位表达。

（2）洞口的具体表示方法：

1）在剪力墙平面布置图上绘制洞口示意，并标注洞口中心的平面定位尺寸。

2）在洞口中心位置引注以下内容：

① 洞口编号：矩形洞口为 JD××（××为序号），

　　　　　　圆形洞口为 YD××（××为序号）；

② 洞口几何尺寸：矩形洞口为洞宽×洞高（$b \times h$），

　　　　　　圆形洞口为洞口直径 D；

③ 洞口中心相对标高是相对于结构层楼（地）面标高的洞口中心高度。当其高于结构层楼面时为正值，低于结构层楼面时为负值。

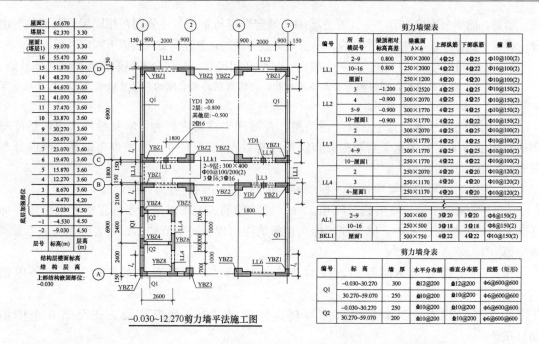

-0.030~12.270剪力墙平法施工图

剪力墙梁表

编号	所在楼层号	梁顶相对标高高差	梁截面 $b \times h$	上部纵筋	下部纵筋	箍筋
LL1	2~9	0.800	300×2000	4Φ25	4Φ25	Φ10@100(2)
	10~16	0.800	250×2000	4Φ22	4Φ22	Φ10@100(2)
	屋面1		250×1200	4Φ20	4Φ20	Φ10@100(2)
LL2	3	-1.200	300×2520	4Φ25	4Φ25	Φ10@150(2)
	4	-0.900	300×2070	4Φ25	4Φ25	Φ10@150(2)
	5~9	-0.900	300×1770	4Φ25	4Φ25	Φ10@150(2)
	10~屋面1	-0.900	250×1770	4Φ22	4Φ22	Φ10@150(2)
LL3	2		300×2070	4Φ25	4Φ25	Φ10@100(2)
	3		300×1770	4Φ25	4Φ25	Φ10@100(2)
	4~9		300×1770	4Φ25	4Φ25	Φ10@100(2)
	10~屋面1		250×1770	4Φ22	4Φ22	Φ10@100(2)
LL4	2		300×2070	4Φ20	4Φ20	Φ10@120(2)
	3		250×1170	4Φ20	4Φ20	Φ10@120(2)
	4~屋面1		250×1170	4Φ20	4Φ20	Φ10@120(2)
AL1	2~9		300×600	3Φ20	3Φ20	Φ8@150(2)
	10~16		250×500	3Φ18	3Φ18	Φ8@150(2)
BKL1	屋面1		500×750	4Φ22	4Φ22	Φ10@150(2)

剪力墙身表

编号	标高	墙厚	水平分布筋	垂直分布筋	拉筋(矩形)
Q1	-0.030~30.270	300	Φ12@200	Φ12@200	Φ6@600@600
	30.270~59.070	250	Φ10@200	Φ10@200	Φ6@600@600
Q2	-0.030~30.270	250	Φ10@200	Φ10@200	Φ6@600@600
	30.270~59.070	200	Φ10@200	Φ10@200	Φ6@600@600

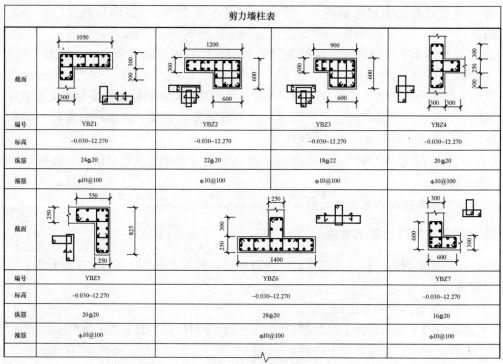

剪力墙柱表

编号	YBZ1	YBZ2	YBZ3	YBZ4
标高	-0.030~12.270	-0.030~12.270	-0.030~12.270	-0.030~12.270
纵筋	24Φ20	22Φ20	18Φ22	20Φ20
箍筋	Φ10@100	Φ10@100	Φ10@100	Φ10@100

编号	YBZ5	YBZ6	YBZ7
标高	-0.030~12.270	-0.030~12.270	-0.030~12.270
纵筋	20Φ20	28Φ20	16Φ20
箍筋	Φ10@100	Φ10@100	Φ10@100

图 5-10　剪力墙平法施工图列表注写方式示例

注：1. 可在结构层楼面标高、结构层高表中加设混凝土强度等级等栏目。

2. 图中 l_c 为约束边缘构件沿墙肢的伸出长度（实际工程中应注明具体值）。

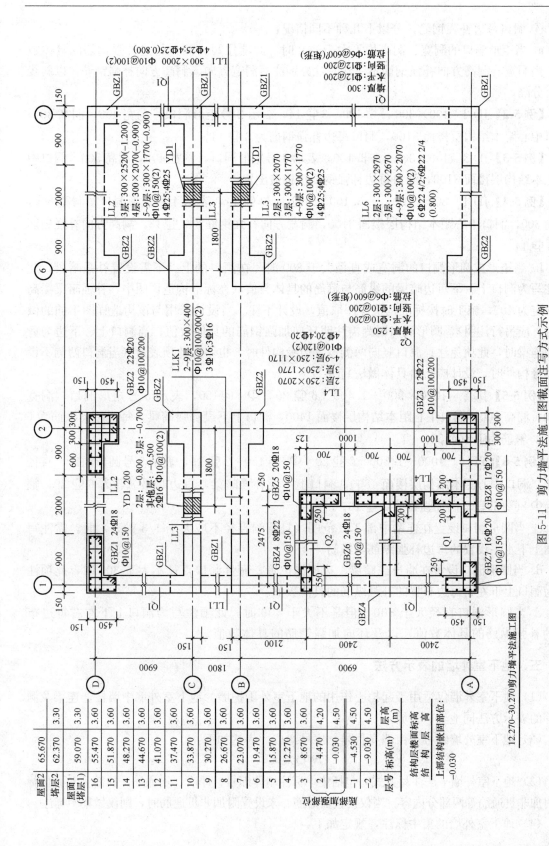

图 5-11　剪力墙平法施工图截面注写方式示例

12.270~30.270剪力墙平法施工图

④ 洞口每边补强钢筋,分以下几种不同情况:

a. 当矩形洞口的洞宽、洞高均不大于 800 时,此项注写为洞口每边补强钢筋的具体数值。当洞宽、洞高方向补强钢筋不一致时,分别注写洞宽方向、洞高方向补强钢筋,以斜线"/"分隔。

【例5-2】JD 2 400×300 +3.100 3Φ14,表示 2 号矩形洞口,洞宽 400,洞高 300,洞口中心距本结构层楼面 3100,洞口每边补强钢筋为 3Φ14。

【例5-3】JD 3 400×300 +3.100,表示 3 号矩形洞口,洞宽 400,洞高 300,洞口中心距本结构层楼面 3100,洞口每边补强钢筋按构造配置。

【例5-4】JD 4 800×300 +3.100 3Φ18/3Φ14,表示 4 号矩形洞口,洞宽 800,洞高 300,洞口中心距本结构层楼面 3100,洞宽方向补强钢筋为 3Φ18,洞高方向补强钢筋为 3Φ14。

b. 当矩形或圆形洞口的洞宽或直径大于 800 时,在洞口的上、下需设置补强暗梁,此项注写为洞口上、下每边暗梁的纵筋与箍筋的具体数值(在标准构造详图中,补强暗梁梁高一律定为 400,施工时按标准构造详图取值,设计不注。当设计采用与该构造详图不同的做法时,应另行注明),圆形洞口时尚需注明环向加强钢筋的具体数值;当洞口上、下边为剪力墙连梁时,此项免注;洞口竖向两侧设置边缘构件时,也不在此项表达(当洞口两侧不设置边缘构件时,设计应给出具体做法)。

【例5-5】JD 5 1000×900+1.400 6Φ20 Φ8@150,表示 5 号矩形洞口,洞宽 1000,洞高 900,洞口中心距本结构层楼面 1400,洞口上下设补强暗梁,每边暗梁纵筋为 6Φ20,箍筋为Φ8@150。

【例5-6】YD 5 1000+1.800 6Φ20 Φ8@150 2Φ16,表示 5 号圆形洞口,直径 1000,洞口中心距本结构层楼面 1800,洞口上下设补强暗梁,每边暗梁纵筋为 6Φ20,箍筋为Φ8@150,环向加强钢筋 2Φ16。

c. 当圆形洞口设置在连梁中部 1/3 范围(且圆洞直径不应大于 1/3 梁高)时,需注写圆洞上下水平设置的每边补强纵筋与箍筋。

d. 当圆形洞口设置在墙身或暗梁、边框梁位置,而且洞口直径不大于 300 时,此项注写为洞口上下左右每边布置的补强纵筋的具体数值。

e. 当圆形洞口直径大于 300,但是不大于 800 时,此项注写为洞口上下左右每边布置的补强纵筋的具体数值,以及环向加强钢筋的具体数值。

五、地下室外墙的表示方法

(1)地下室外墙仅适用于起挡土作用的地下室外围护墙。地下室外墙中墙柱、连梁及洞口等的表示方法同地上剪力墙。

(2)地下室外墙编号,由墙身代号、序号组成。表达如下:

DWQ××

(3)地下室外墙平法注写方式,包括集中标注墙体编号、厚度、贯通筋、拉筋等和原位标注附加非贯通筋等两部分内容。当仅设置贯通筋、未设置附加非贯通筋时,则仅做集中标注。

(4)地下室外墙的集中标注,规定如下:

1）注写地下室外墙编号，包括代号、序号、墙身长度（注为××～××轴）。

2）注写地下室外墙厚度 b_w＝×××。

3）注写地下室外墙的外侧、内侧贯通筋和拉筋。

① 以 OS 代表外墙外侧贯通筋。其中，外侧水平贯通筋以 H 打头注写，外侧竖向贯通筋以 V 打头注写。

② 以 IS 代表外墙内侧贯通筋。其中，内侧水平贯通筋以 H 打头注写，内侧竖向贯通筋以 V 打头注写。

③ 以 tb 打头注写拉筋直径、强度等级及间距，并注明"矩形"或"梅花"。

【例 5-7】DWQ2（①～⑥），b_w＝300

OS：H Φ 18@200，V Φ 20@200

IS：H Φ 16@200，V Φ 18@200

tb Φ 6@400@400 矩形

表示 2 号外墙，长度范围为①～⑥之间，墙厚为 300；外侧水平贯通筋为 Φ 18@200，竖向贯通筋为 Φ 20@200；内侧水平贯通筋为 Φ 16@200，竖向贯通筋为 Φ 18@200；拉筋为 φ6，矩形布置，水平间距为 400，竖向间距为 400。

（5）地下室外墙的原位标注，主要表示在外墙外侧配置的水平非贯通筋或竖向非贯通筋。

当配置水平非贯通筋时，在地下室墙体平面图上原位标注。在地下室外墙外侧绘制粗实线线段代表水平非贯通筋，在其上注写钢筋编号并以 H 打头注写钢筋强度等级、直径、分布间距，以及自支座中线向两边跨内的伸出长度值。当自支座中线向两侧对称伸出时，可仅在单侧标注跨内伸出长度，另一侧不注，此种情况下非贯通筋总长度为标注长度的 2 倍。边支座处非贯通钢筋的伸出长度值从支座外边缘算起。

地下室外墙外侧非贯通筋通常采用"隔一布一"方式与集中标注的贯通筋间隔布置，其标注间距应与贯通筋相同，两者组合后的实际分布间距为各自标注间距的 1/2。

当在地下室外墙外侧底部、顶部、中层楼板位置配置竖向非贯通筋时，应补充绘制地下室外墙竖向剖面图并在其上原位标注。表示方法为在地下室外墙竖向剖面图外侧绘制粗实线线段代表竖向非贯通筋，在其上注写钢筋编号并以 V 打头注写钢筋强度等级、直径、分布间距，以及向上（下）层的伸出长度值，并在外墙竖向剖面图名下注明分布范围（××～××轴）。

注：竖向非贯通筋向层内的伸出长度值注写方式：

1. 地下室外墙底部非贯通钢筋向层内的伸出长度值从基础底板顶面算起。

2. 地下室外墙顶部非贯通钢筋向层内的伸出长度值从顶板底面算起。

3. 中层楼板处非贯通钢筋向层内的伸出长度值从板中间算起，当上下两侧伸出长度值相同时可仅注写一侧。

地下室外墙外侧水平、竖向非贯通筋配置相同者，可仅选择一处注写，其他可仅注写编号。

当在地下室外墙顶部设置通长加强钢筋时应注明。

设计时应注意：

1）设计应按具体情况判定扶壁柱或内墙是否作为墙身水平方向支座，以选择合理的配筋方式。2）在"顶板作为外墙的简支支承"、"顶板作为外墙的弹性嵌固支承（墙外侧竖向钢筋与板上部纵向受力钢筋搭接连接）"两种做法中，设计应指定选用何种做法。

（6）采用平面注写方式表达的地下室剪力墙平法施工图示例如图 5-12 所示。

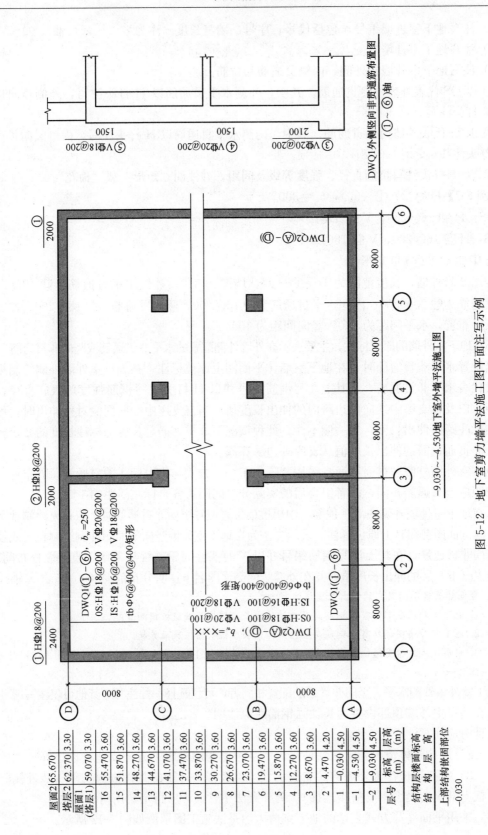

图 5-12 地下室至剪力墙平法施工图平面注写示例

第三节　剪力墙平法钢筋构造详图

一、墙身竖向分布钢筋在基础中构造

墙身竖向分布钢筋在基础中构造共有三种形式，如图 5-13 所示。

墙身竖向分布钢筋在基础中的构造要求：

（1）图中 h_j 为基础底面至基础顶面的高度。墙下有基础梁时，h_j 为梁底面至顶面的高度。

（2）锚固区横向钢筋应满足直径 $\geqslant \dfrac{d}{4}$（d 为纵筋最大直径），间距 $\leqslant 10d$（d 为纵筋最小直径）且 $\leqslant 100\text{mm}$ 的要求。

（3）当墙身竖向分布钢筋在基础中保护层厚度不一致（如分布筋部分位于梁中，部分位于板内），保护层厚度不大于 $5d$ 的部分应设置锚固区横向钢筋。

（4）当选用搭接连接时，设计人员应在图纸中注明。

（5）1-1 剖面、当施工采取有效措施保证钢筋定位时，墙身竖向分布钢筋伸入基础长度满足直锚即可。

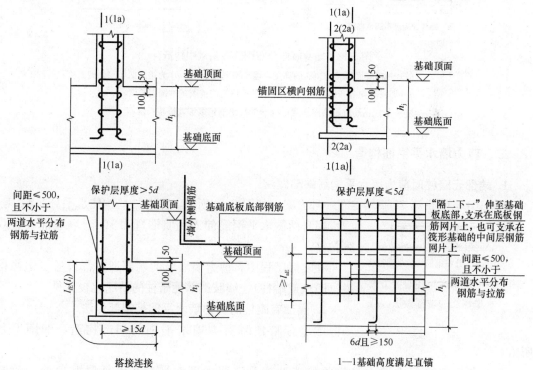

图 5-13　墙身竖向分布钢筋在基础中构造

h_j—基础底面至基础顶面的高度，墙下有基础梁时，h_j 为梁底面至顶面的高度；

d—墙身竖向分布钢筋直径；l_{abE}—受拉钢筋的抗震基本锚固长度；

l_{aE}—受拉钢筋抗震锚固长度；l_{lE}—受拉钢筋抗震绑扎搭接长度

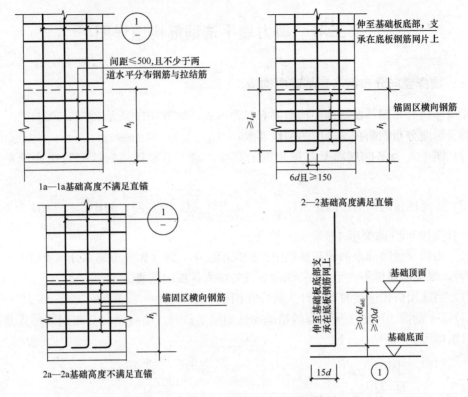

图 5-13 墙身竖向分布钢筋在基础中构造

h_j—基础底面至基础顶面的高度，墙下有基础梁时，h_j 为梁底面至顶面的高度；

d—墙身竖向分布钢筋直径；l_{abE}—受拉钢筋的抗震基本锚固长度；

l_{aE}—受拉钢筋抗震锚固长度；l_{lE}—受拉钢筋抗震绑扎搭接长度

二、剪力墙水平钢筋构造

1. 端部无暗柱时剪力墙水平钢筋端部做法

16G101-1 图集第 71 页给出了一种方案，如图 5-14 所示，注意拉筋钩住水平分布筋。

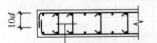

每道水平分布钢筋均设双列拉筋

图 5-14 端部无暗柱时剪力墙
水平钢筋的端部做法

墙身两侧水平钢筋伸入到墙端弯钩 10d，墙端部设置双列拉筋。

在实际工程中，剪力墙墙肢的端部通常都设置了边缘构件（暗柱或端柱），墙肢端部无暗柱的情况比较少见。

2. 端部有暗柱时剪力墙水平钢筋端部做法

端部有暗柱时剪力墙水平钢筋端部构造，如图 5-15 所示。

端部有暗柱时剪力墙水平钢筋构造要求为：剪力墙水平分布钢筋紧贴角筋内侧弯折 10d。

3. 剪力墙水平钢筋交错搭接构造

剪力墙水平钢筋交错搭接，如图 5-16 所示。

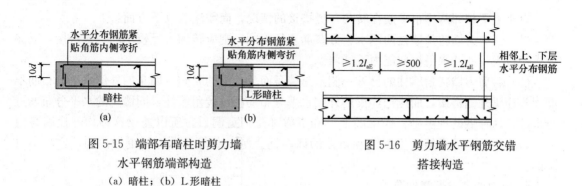

图 5-15　端部有暗柱时剪力墙
水平钢筋端部构造
（a）暗柱；（b）L 形暗柱

图 5-16　剪力墙水平钢筋交错
搭接构造

剪力墙水平钢筋的搭接构造要求为：剪力墙水平钢筋的搭接长度≥$1.2l_{aE}$，沿规定每隔一根错开搭接，相邻两个搭接取值见图 5-16 错开的净距离≥500mm。

4. 剪力墙水平钢筋在转角墙中的构造

16G101-1 图集中关于剪力墙水平钢筋在转角墙中的构造规定，如图 5-17 所示。图 5-17（a）所示为连接区域在暗柱范围之外，表示外侧水平筋连续通过转弯。剪力墙的外侧水平分布筋从暗柱纵筋的外侧通过暗柱，绕出暗柱的另一侧以后与另一侧的水平分布筋搭接，搭接长度≥$1.2l_{aE}$，上下相邻两层水平筋在转角配筋量较小一侧交错搭接，错开距离应不小于 500mm；图 5-17（b）所示也为连接区域在暗柱范围之外，表示相邻两层水平筋在转角两侧交错搭接，搭接长度≥$1.2l_{aE}$；图 5-17（c）表示外侧水平筋在转角处搭接。

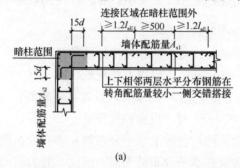

(a)

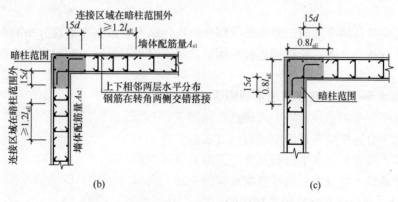

(b)　　　　　　　　　　　(c)

图 5-17　剪力墙水平钢筋在转角墙柱中的构造
（a）外侧水平筋连续通过转弯，其中 $A_{s1} \leqslant A_{s2}$；（b）$A_{s1} = A_{s2}$；
（c）外侧水平筋在转角处搭接

对于上下相邻两排水平筋在转角一侧搭接的情况，尚需注意以下方面：

（1）若剪力墙转角墙柱两侧水平分布筋直径不同，则应转到直径较小的一侧搭接，以保证直径较大一侧的水平抗剪能力不减弱。

（2）若剪力墙转角墙柱的另外一侧不是墙身而是连梁的时候，墙身的外侧水平分布筋不能拐到连梁外侧搭接，而应把连梁的外侧水平分布筋拐过转角墙柱，同墙身的水平分布筋进行搭接。这样做的理由是：连梁的上方和下方都是门窗洞口，所以连梁这种构件比墙身薄弱，若连梁的侧面纵筋发生截断和搭接的话，就会使本来薄弱的构件更加薄弱，这是不可取的。

5. 剪力墙多排配筋构造

剪力墙布置两排配筋、三排配筋和四排配筋时的构造图，如图 5-18 所示。

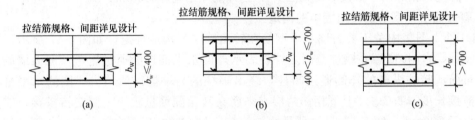

图 5-18　剪力墙多排配筋构造

（a）剪力墙双排配筋；（b）剪力墙三排配筋；（c）剪力墙四排配筋

剪力墙多排配筋构造的特点有：

（1）剪力墙布置两排配筋、三排配筋和四排配筋的条件包括：

1）当 b_w（墙厚度）≤400mm 时，设置双排配筋。

2）当 400mm<b_w（墙厚度）≤700mm 时，设置三排配筋。

3）当 b_w（墙厚度）>700mm 时，设置四排配筋。

（2）剪力墙身的各排钢筋网均设置了水平分布筋和垂直分布筋。布置钢筋时，将水平分布筋放在外侧，垂直分布筋放在水平分布筋内侧。因此，剪力墙的保护层是针对水平分布筋来说的。

（3）拉筋需拉住两个方向上的钢筋，即同时钩住水平分布筋和垂直分布筋。因剪力墙身的水平分布筋放在最外面，故拉筋连接外侧钢筋网和内侧钢筋网，即把拉筋钩在水平分布筋的外侧。

6. 剪力墙水平分布钢筋在翼墙中的构造

剪力墙水平分布钢筋在翼墙中的构造，如图 5-19 所示。

剪力墙水平分布钢筋在翼墙中的构造要求：

（1）翼墙：端墙两侧水平分布筋伸至翼墙对边后弯折 15d。

（2）斜交翼墙：墙身水平筋在斜交处锚固 15d。

7. 剪力墙水平钢筋在端柱转角墙中的构造

剪力墙水平钢筋在端柱转角墙中的构造有三种情况，如图 5-20 所示。

剪力墙内侧水平钢筋伸至端柱对边，并且保证直锚长度≥0.6l_{abE}，然后弯折 15d。

剪力墙水平钢筋伸至对边≥l_{aE}时可不设弯钩。

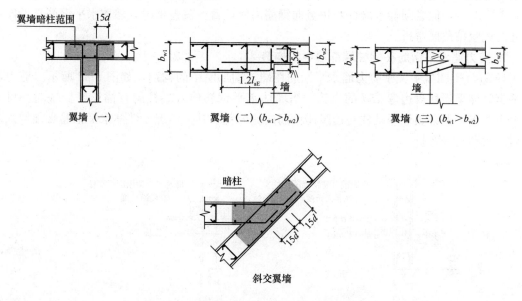

图 5-19　剪力墙水平分布钢筋在翼墙中的构造

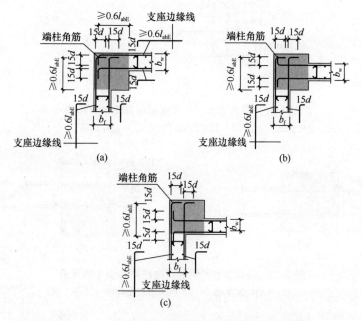

图 5-20　剪力墙水平钢筋在端柱转角墙中的构造

（a）端柱转角墙（一）；（b）端柱转角墙（二）；（c）端柱转角墙（三）

d—水平钢筋直径；l_{abE}—受拉钢筋的抗震基本锚固长度；

b_f—剪力墙水平方向的厚度；b_w—剪力墙垂直方向的厚度

8. 剪力墙水平钢筋在端柱翼墙中的构造

16G101-1 图集将剪力墙水平钢筋在端柱翼墙中的构造分为三种，如图 5-21 所示。剪力墙水平钢筋伸至端柱对边弯 $15d$ 的直钩。当墙体水平钢筋伸入端柱的直锚长度 $\geq l_{aE}$ 时，可不必上下弯折，但必须伸至端柱对边竖向钢筋内侧位置。其他情况，墙体水平钢筋必须伸入端柱对边紧贴角筋弯折。

9. 剪力墙水平钢筋在端柱端部墙中的构造

16G101-1 图集中关于剪力墙水平钢筋在端柱端部墙中的构造，如图 5-22 所示。剪力墙水平钢筋伸至端柱对边弯 $15d$ 的直钩。当墙体水平钢筋伸入端柱的直锚长度 $\geq l_{aE}$ 时，可不必上下弯折，但必须伸至端柱对边竖向钢筋内侧位置。其他情况，墙体水平钢筋必须伸入端柱对边紧贴角筋弯折。

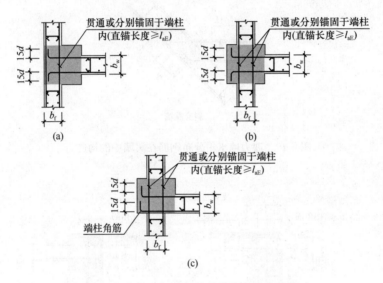

图 5-21　剪力墙水平钢筋在端柱翼墙中的构造

（a）端柱翼墙（一）；（b）端柱翼墙（二）；（c）端柱翼墙（三）

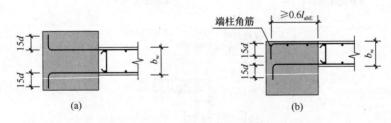

图 5-22　剪力墙水平钢筋在端柱端部墙中的构造

（a）端柱端部墙（一）；（b）端柱端部墙（二）

三、剪力墙竖向钢筋构造

1. 剪力墙竖向分布钢筋连接构造

剪力墙竖向分布钢筋连接构造可分为四种情况，如图 5-23 所示。

剪力墙竖向分布钢筋连接构造要求：

图 5-23（a）为一、二级抗震等级剪力墙底部加强部位竖向分布钢筋的搭接构造：搭接长度为 $1.2l_{aE}$，相邻搭接点错开净距离 500mm。

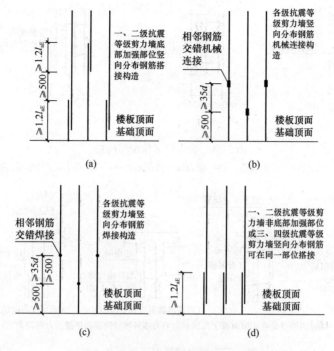

图 5-23　剪力墙竖向分布钢筋连接构造

(a) 一、二级抗震等级剪力墙底部加强部位竖向分布钢筋搭接构造；(b) 各级抗震等级剪力墙竖向分布钢筋机械连接构造；(c) 各级抗震等级剪力墙竖向分布钢筋焊接构造；(d) 一、二级抗震等级剪力墙非底部加强部位或三、四级抗震等级剪力墙竖向分布钢筋构造

图 5-23 (b) 为各级抗震等级剪力墙竖向分布钢筋的机械连接构造：第一个连接点距楼板顶面或基础顶面≥500mm，相邻钢筋交错连接，错开距离为 35d。

图 5-23 (c) 为各级抗震等级剪力墙竖向分布钢筋的焊接连接构造：第一个连接点距楼板顶面或基础顶面≥500mm，相邻钢筋交错连接，错开距离为 max (500，35d)。

图 5-23 (d) 为一、二级抗震等级剪力墙非底部加强部位或三、四级抗震等级剪力墙竖向分布钢筋的搭接构造：在同一部位搭接，搭接长度为 1.2l_{aE}。

2. 剪力墙多排配筋构造

16G101-1 图集给出了剪力墙布置两排配筋、三排配筋和四排配筋时的构造图，如图 5-24 所示。

剪力墙布置多排配筋的条件为：

(1) 当 b_w （墙厚度）≤400mm 时，设置双排配筋。

(2) 当 400mm<b_w （墙厚度）≤700mm 时，设置三排配筋。

(3) 当 b_w （墙厚度）>700mm 时，设置四排配筋。

3. 剪力墙竖向钢筋顶部构造

16G101-1 图集对剪力墙竖向钢筋顶部构造也进行了相应修改，如图 5-25 所示。

4. 剪力墙变截面处竖向分布钢筋构造

16G101-1 图集给出了剪力墙变截面处竖向分布钢筋构造，如图 5-26 所示。图 5-26 (a)、图 5-26 (d) 为边柱或边墙的竖向钢筋变截面构造；(b) 图 5-26、(c) 图 5-26 为中柱

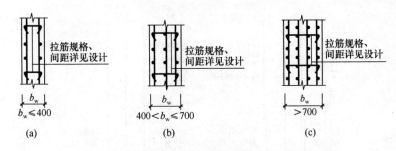

图 5-24　剪力墙多排配筋构造

（a）剪力墙两排配筋构造；（b）剪力墙三排配筋构造；（c）剪力墙四排配筋构造

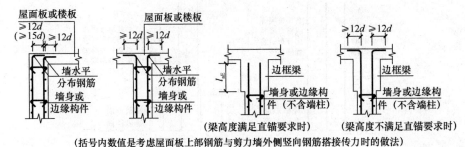

（括号内数值是考虑屋面板上部钢筋与剪力墙外侧竖向钢筋搭接传力时的做法）

图 5-25　剪力墙竖向钢筋顶部构造

或中墙的竖向钢筋变截面构造。

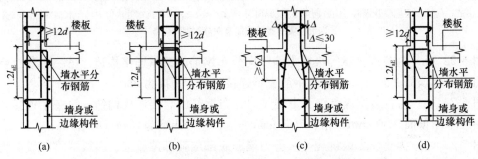

图 5-26　剪力墙变截面处竖向分布钢筋构造

（a）、（d）边柱或边墙的竖向钢筋变截面构造；（b）、（c）中柱或中墙的竖向钢筋变截面构造；

l_{aE}—受拉钢筋抗震锚固长度；d—受拉钢筋直径；Δ—上下柱同向侧面错开的宽度

（1）中柱或中墙的竖向钢筋变截面构造。图 5-26（b）、图 5-26（c）钢筋构造的做法分别为：图 5-26（b）图的构造做法为当前楼层的墙柱和墙身的竖向钢筋伸入楼板顶部以下然后弯折到对边切断，上一层墙柱和墙身竖向钢筋插入当前楼层 $1.2 l_{aE}$；图 5-26（c）图的做法是：当前楼层的墙柱和墙身的竖向钢筋不切断，而是以 1/6 钢筋斜率的方式弯曲伸到上一楼层。

竖向钢筋不切断，而是以 1/6 钢筋斜率的方式弯曲伸入到上一楼层，这种做法虽符合"能通则通"的原则，在框架柱变截面构造中也有类似的做法，但是与框架柱又有所不同。框架柱变截面构造以"变截面斜率≤1/6"来作为柱纵筋弯曲上通的控制条件，而剪力墙变截面构造只把斜率等于 1/6 作为钢筋弯曲上通的具体做法。另外一个不同点是：框架柱纵筋的"1/6 斜率"完全在框架梁柱的交叉节点内完成（即斜钢筋整个位于梁高范围内），但若要让剪力墙的斜钢筋在楼板之内完成"1/6 斜率"是不可能的，竖向钢筋在楼板下方很远的地方就已经开始弯折了。

（2）边柱或边墙的竖向钢筋变截面构造，如图 5-26（a）所示。边柱或边墙外侧的竖向钢筋垂直通到上一楼层，符合"能通则通"的原则。

边柱或边墙内侧的竖向钢筋伸入楼板顶部以下然后弯折到对边切断，上一层墙柱和墙身竖向钢筋插入当前楼层 $1.2l_{aE}$。

（3）上下楼层竖向钢筋规格发生变化时的处理。上下楼层的竖向钢筋规格发生变化常被称为"钢筋变截面"。此时的构造做法可选用图 5-26（b）的做法：当前楼层的墙柱和墙身的竖向钢筋伸入楼板顶部以下然后弯折到对边切断，上一层墙柱和墙身竖向钢筋插入当前楼层 $1.2l_{aE}$。

第四节　剪力墙平法钢筋计算公式与实例

一、剪力墙柱钢筋计算

1. 基础层插筋计算

墙柱基础插筋长度计算公式为：

$$插筋长度＝插筋锚固长度＋基础外露长度 \tag{5-1}$$

（1）锚固长度取值

当基础竖向直锚长度$\geq l_{aE}$时，墙柱基础插筋采用直锚，锚固长度取值为：

$$角筋锚固长度＝弯折长度\ a＋最小锚固长度\ l_{aE} \tag{5-2}$$

$$中间筋锚固长度＝最小锚固长度\ l_{aE} \tag{5-3}$$

当基础竖向直锚长度$< l_{aE}$时，墙柱基础插筋采用弯锚，锚固长度取值为：

$$锚固长度＝弯折长度\ a＋竖直长度\ h_1$$

（2）竖直长度

$$h_1＝基础高度－保护层 \tag{5-4}$$

（3）弯折长度

弯折长度 a 取值见表 5-5。

表 5-5　弯折长度 a 取值

竖直长度 h_1	弯折长度 a
$\geq 0.5l_{aE}(0.5l_a)$	$12d$ 且≥ 150
$\geq 0.6l_{aE}(0.6l_a)$	$10d$ 且≥ 150
$\geq 0.7l_{aE}(0.7l_a)$	$8d$ 且≥ 150
$\geq 0.8l_{aE}(0.8l_a)$	$6d$ 且≥ 150

（4）基础外露长度

搭接连接时，外露长度取 0mm，搭接长度为 $1.2l_{aE}$，接头错开间距为 500mm，故有：

$$短插筋外露长度＝插筋搭接长度\ 1.2l_{aE} \tag{5-5}$$

$$长插筋外露长度＝插筋搭接长度\ 2×1.2l_{aE}＋500 \tag{5-6}$$

机械连接时，外露长度取 500mm，接头错开间距为 $35d$，故有：

$$短插筋外露长度＝500 \tag{5-7}$$

$$长插筋外露长度＝500＋35d \tag{5-8}$$

由于接头错开间距不影响钢筋计算的总工程量，当计算钢筋总工程量时可不考虑错层搭接问题。

（5）基础插筋根数

基础插筋根数根据图纸中标注内容数出即可。

2. 中间层纵筋计算

绑扎连接时：

$$纵筋长度＝中间层层高＋1.2l_{aE} \tag{5-9}$$

机械连接时：

$$纵筋长度＝中间层层高 \tag{5-10}$$

（1）当采用机械连接时，非连接区长度为 500mm。

（2）当采用绑扎连接时，非连接区长度为 0。

（3）纵筋根数根据图纸中标注内容数出即可。

3. 顶层纵筋计算

（1）绑扎连接

$$与短筋连接的钢筋长度＝顶层层高－顶层板厚＋顶层锚固总长度 \, l_{aE} \tag{5-11}$$

与长筋连接的钢筋长度＝顶层层高－顶层板厚－（$1.2l_{aE}$＋500）

$$＋顶层锚固总长度 \, l_{aE} \tag{5-12}$$

（2）机械连接

$$与短筋连接的钢筋长度＝顶层层高－顶层板厚－500＋顶层锚固总长度 \, l_{aE} \tag{5-13}$$

与长筋连接的钢筋长度＝顶层层高－顶层板厚－500－$35d$＋顶层锚固总长度 l_{aE}

$$\tag{5-14}$$

4. 变截面纵筋计算

剪力墙柱变截面纵筋的锚固形式如图 5-27 所示，分倾斜锚固和当前锚固加插筋两种形式。

倾斜锚固钢筋长度计算公式：

$$变截面纵筋长度＝层高＋斜度延伸长度（＋1.2l_{aE}） \tag{5-15}$$

当前锚固钢筋加插筋长度计算公式：

当前锚固纵筋长度＝层高－非连接区－板保护层＋下墙柱柱宽

$$－2×墙柱保护层 \tag{5-16}$$

$$变截面上层插筋长度＝锚固长度 1.5l_{aE}＋非连接区（＋1.2l_{aE}） \tag{5-17}$$

（1）斜度延伸长度计算。斜度延伸值可根据三角函数公式计算。

（2）连接方式的影响。当暗柱纵筋采用机械连接时，删除公式中括号内容，当暗柱纵筋采用绑扎连接时，加上公式中括号内容。

（3）非连接区长度。当采用机械连接时，非连接区长度为 500mm；当采用绑扎连接时，非连接区长度为 0。

（4）纵筋根数根据图纸中标注内容数出即可。

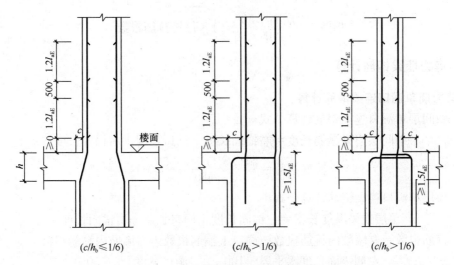

图 5-27　剪力墙柱变截面纵筋的锚固形式

5. 墙柱箍筋计算

剪力墙柱箍筋计算内容包括箍筋的长度计算和箍筋的根数计算。长度计算方法与框架柱箍筋计算相同。

以下介绍箍筋根数计算。

（1）基础插筋箍筋根数

$$根数 = \frac{基础高度 - 基础保护层}{500} + 1 \tag{5-18}$$

（2）底层、中间层、顶层箍筋根数

1）绑扎连接

$$根数 = \frac{2.4l_{aE} + 500 - 50}{加密间距} + \frac{层高 - 搭接范围}{间距} + 1 \tag{5-19}$$

2）机械连接

$$根数 = \frac{层高 - 50}{箍筋间距} + 1 \tag{5-20}$$

3）剪力墙柱在基础梁中，箍筋的间距为不小于 500mm。

4）连接方式的影响。当暗柱纵筋采用绑扎连接时，当钢筋的接头面积百分率为 50% 时，绑扎连接范围内即（$2.4l_{aE} + 500$）的范围内箍筋应进行加密，加密间距为 min（$5d$, 100）。

6. 拉筋计算

剪力墙柱拉筋计算内容包括拉筋的长度计算和拉筋的根数计算。拉筋长度计算方法与框架柱单肢箍筋计算相同。

以下介绍拉筋根数计算。

（1）基础拉筋根数

$$根数 = \left(\frac{基础高度 - 基础保护层 c}{500} + 1 \right) \times 每排拉筋根数 \tag{5-21}$$

（2）底层、中间层、顶层拉筋根数

$$根数=\left(\frac{层高-50}{间距}+1\right)\times 每排拉筋根数 \tag{5-22}$$

二、剪力墙梁钢筋计算

1. 剪力墙单洞口连梁钢筋计算

（1）中间层单洞口连梁钢筋计算公式

$$中间层连梁纵筋长度=左锚固长度+洞口长度+右锚固长度 \tag{5-23}$$

$$箍筋根数=\frac{洞口宽度-2\times 50}{间距}+1 \tag{5-24}$$

（2）顶层单洞口连梁钢筋计算公式

$$顶层连梁纵筋长度=左锚固长度+洞口长度+右锚固长度 \tag{5-25}$$

$$箍筋根数=左墙肢内箍筋根数+洞口上箍筋根数+右墙肢内箍筋根数$$

$$=\frac{左侧锚固长度水平段-100}{150}+1+\frac{洞口宽度-2\times 50}{间距}+1$$

$$+\frac{右侧锚固长度水平段-100}{150}+1 \tag{5-26}$$

2. 剪力墙双洞口连梁钢筋计算

（1）中间层双洞口连梁钢筋计算公式

$$连梁纵筋长度=左锚固长度+两洞口宽度+洞口墙宽度+右锚固长度 \tag{5-27}$$

$$箍筋根数=\frac{洞口1宽度-2\times 50}{间距}+1+\frac{洞口2宽度-2\times 50}{间距}+1 \tag{5-28}$$

（2）顶层双洞口连梁钢筋计算公式

$$连梁纵筋长度=左锚固长度+两洞口宽度+洞间墙宽度+右锚固长度 \tag{5-29}$$

$$箍筋根数=\frac{左锚固长度-100}{150}+1+\frac{两洞口宽度+洞间墙-2\times 50}{间距}+1$$

$$+\frac{右锚固长度-100}{150}+1 \tag{5-30}$$

3. 剪力墙连梁拉筋根数计算

剪力墙连梁拉筋根数计算方法为每排根数×排数，即：

$$拉筋根数=\left(\frac{连梁净宽-2\times 50}{箍筋间距\times 2}+1\right)\times\left(\frac{连梁高度-2\times 保护层}{水平筋间距\times 2}+1\right) \tag{5-31}$$

三、剪力墙身钢筋计算

1. 基础剪力墙身钢筋计算

（1）插筋计算

$$短剪力墙身插筋长度=锚固长度+搭接长度1.2l_{aE} \tag{5-32}$$

$$长剪力墙身插筋长度=锚固长度+搭接长度1.2l_{aE}+500+搭接长度1.2l_{aE} \tag{5-33}$$

$$插筋总根数=\left(\frac{剪力墙身净长-2\times 插筋间距}{插筋间距}+1\right)\times 排数 \tag{5-34}$$

（2）基础层剪力墙身水平筋计算

剪力墙身水平钢筋包括水平分布筋、拉筋形式。剪力墙水平分布筋有外侧钢筋和内侧钢筋两种形式，当剪力墙有两排以上钢筋网时，最外一层按外侧钢筋计算，其余则按内侧钢筋计算。

1）水平分布筋计算

$$外侧水平筋长度＝墙外侧长度－2×保护层＋15d×2 \tag{5-35}$$

$$内侧水平筋长度＝墙外侧长度－2×保护层＋15d×2$$

$$－外侧钢筋直径d×2－25×2 \tag{5-36}$$

$$基本层水平筋根数＝\left(\frac{基础高度－基础保护层}{500}＋1\right)×排数 \tag{5-37}$$

2）拉筋计算

$$基础层拉筋根数＝\left(\frac{墙净长－竖向插筋间距×2}{拉筋间距}＋1\right)×基础水平筋排数 \tag{5-38}$$

2. 中间层剪力墙身钢筋计算

中间层剪力墙身钢筋有竖向分布筋与水平分布筋。

（1）竖向分布筋计算

$$长度＝中间层层高＋1.2l_{aE} \tag{5-39}$$

$$根数＝\left(\frac{剪力墙身长－2×竖向分布筋间距}{竖向分布筋间距}＋1\right)×排数 \tag{5-40}$$

（2）水平分布筋计算

水平分布筋计算，无洞口时计算方法与基础层相同；有洞口时水平分布筋翻样方法为：

$$外侧水平筋长度＝外侧墙长度（减洞口长度后）$$

$$－2×保护层＋15d×2＋15d×2 \tag{5-41}$$

$$内侧水平筋长度＝内侧墙长度（减洞口长度后）$$

$$－2×保护层＋15d×2＋15d×2（ \tag{5-42}$$

$$水平筋根数＝\left(\frac{布筋范围－50}{墙身水平筋间距}＋1\right)×排数 \tag{5-43}$$

3. 顶层剪力墙身钢筋计算

顶层剪力墙身钢筋有竖向分布筋与水平分布筋。

（1）水平钢筋计算方法同中间层。

（2）顶层剪力墙身竖向钢筋计算方法：

$$长钢筋长度＝顶层层高－顶层板厚＋锚固长度l_{aE}$$

$$短钢筋长度＝顶层层高－顶层板厚－1.2l_{aE}－500＋锚固长度l_{aE}$$

$$根数＝\left(\frac{剪力墙净长－竖向分布筋间距×2}{竖向分布筋间距}＋1\right)×排数 \tag{5-44}$$

4. 剪力墙身变截面处钢筋计算方法

剪力墙身变截面处钢筋锚固包括两种形式：倾斜锚固及当前锚固与插筋组合。根据剪力墙身变截面钢筋的构造措施，可知剪力墙纵筋的计算方法。

变截面处倾斜锚入上层的纵筋翻样方法：

$$变截面倾斜纵筋长度＝层高＋斜度延伸值＋搭接长度1.2l_{aE}$$

当前锚固与插筋组合的纵筋长度计算方法：

$$当前锚固纵筋长度＝层高－板保护层＋墙厚－2×墙保护层$$

$$插筋长度＝锚固长度 1.5l_{aE}＋搭接长度 1.2l_{aE}$$

5. 剪力墙拉筋根数计算

$$根数＝\frac{剪力墙总面积－洞口面积－边框梁面积}{拉筋间距×拉筋间距} \qquad (5\text{-}45)$$

【实例一】某抗震剪力墙墙身顶层竖向分布筋的设计计算

某二级抗震剪力墙中墙身顶层竖向分布筋，钢筋直径为 $\phi32$（HRB335 级钢筋），混凝土强度等级 C35。采用机械连接，层高为 3.2m，屋面板厚 150mm。试设计墙身的顶层分布钢筋。

【解】

已知 $d=32mm$，HRB335 级钢筋。

$$顶层室内净高＝层高－屋面板厚度＝3.2－0.15＝3.05m$$

C35 时的锚固值 $l_{aE}=34d$

HRB335 级框架顶层节点 90°外皮差值为 4.648d

$$长筋＝顶层室内净高＋l_{aE}－500mm－1 个 90°外皮差值$$
$$＝3.05＋34×0.032－0.5－4.648×0.032＝3.49m$$

$$短筋＝顶层室内净高＋l_{aE}－500mm－35d－1 个 90°外皮差值$$
$$＝3.05＋34×0.032－0.5－35×0.032－4.648×0.032＝2.37m$$

【实例二】抗震剪力墙中层、底层竖向分布筋的设计计算一

某二级抗震剪力墙中的墙身中层、底层竖向分布筋的钢筋直径为 32mm（HRB335 级钢筋），混凝土强度等级为 C30，搭接连接，层高 3.5m，$l_{aE}=38d$。试设计墙身中、底层竖向分布筋。

【解】

$$长度＝层高＋1.2l_{aE}＝3500＋1.2×38d＝3500＋1.2×1216＝4959.2mm＝4.96m$$

【实例三】抗震剪力墙中层、底层竖向分布筋的设计计算二

三级抗震剪力墙中层、底层竖向分布筋的直径为 $\phi20$，采用 HRB335 级钢筋，混凝土强度等级 C30，搭接连接，层高 3.2m。试设计中、底层竖向分布筋。

【解】

已知 $d=20mm$，钢筋级别为 HRB335 级。

三级抗震 C30 的锚固值 $l_{aE}=30d$

$$钢筋长度＝层高＋1.2l_{aE}＝3.2＋1.2×30×0.02＝3.92m$$

【实例四】某抗震剪力墙竖向分布基础插筋的设计计算

某三级抗震剪力墙竖向分布基础插筋，钢筋直径为 32mm，采用 HRB335 级钢筋，混凝土强度等级 C35，机械连接，基础墙梁高 910mm。试设计竖向分布筋基础插筋的尺寸。

【解】

已知 $d=32mm$，采用机械连接，HRB335 级钢筋。

C35 时的锚固值 $l_{aE}=31d$，$31d=31×32=992mm>910mm$，不能满足 l_{aE} 的要求。

HRB335 级 90°外皮差值为 3.79d

长筋＝$50d+0.5l_{aE}+500mm-1$ 个 90°外皮差值

$\qquad =50×0.032+0.5×31×0.032+0.5-1×3.79×0.032=2.47m$

短筋＝$0.5l_{aE}+15d+500mm-1$ 个 90°外皮差值

$\qquad =0.5×31×0.032+15×0.032+0.5-1×3.79×0.032=1.36m$

【实例五】抗震剪力墙顶层、中层及底层基础插筋的设计计算

某三级抗震剪力墙约束边缘暗柱采用 HRB335 级钢筋，钢筋直径为 32mm，混凝土强度等级 C30，机械连接。层高 3.3m，屋面板厚 300mm，基础梁高 500mm，混凝土保护层厚度为 30mm。试设计钢筋顶层、中层及底层基础插筋的尺寸。

【解】

已知钢筋级别为 HRB335 级，$d=32mm$。

层高＝3.2m，顶层室内净高＝$3.3-0.3=3m$

混凝土强度等级为 C30，三级抗震时 $l_{aE}=34d$

90°时的外皮差值：顶层为 4.648d，顶层以下为 3.79d

（1）顶层外侧与内侧的竖向钢筋

外侧：长筋＝顶层室内净高＋$l_{aE}-500mm-1$ 个 90°外皮差值

$\qquad\qquad =3+34×0.032-0.5-4.648×0.032=3.44m$

短筋＝顶层室内净高＋$l_{aE}-500mm-35d-1$ 个 90°外皮差值

$\qquad\qquad =3+34×0.032-0.5-35×0.032-4.648×0.032=2.32m$

内侧：长筋＝顶层室内净高＋$l_{aE}-500mm-(d+30)-1$ 个 90°外皮差值

$\qquad\qquad =3+34×0.032-0.5-(0.032+0.03)-4.648×0.032=3.38m$

短筋＝顶层室内净高＋$l_{aE}-500mm-35d-(d+30)-1$ 个 90°外皮差值

$\qquad\qquad =3+34×0.032-0.5-35×0.032-(0.032+0.03)-4.648×0.032=2.26m$

（2）中层、底层竖向钢筋

中层、底层竖向钢筋长度＝3.2m

（3）基础插筋

长筋＝$35d+500mm+$基础构件厚＋$12d-1$ 个 90°外皮差值

$\qquad =35×0.032+0.5+0.5+12×0.032-3.79×0.032=2.32m$

短筋＝$500mm+$基础构件厚＋$12d-1$ 个保护层－1 个 90°外皮差值

$\qquad =0.5+0.5+12×0.032-3.79×0.032=1.2m$

思考题：

1. 剪力墙的混凝土强度等级有哪些？

2. 剪力墙结构的布置应满足哪些要求？

3. 对于剪力墙的配筋，有哪些规定要求？

4. 剪力墙约束边缘构件、构造边缘构件分别有哪些构造？

5. 剪力墙梁表主要有哪些内容？

6. 简述地下室外墙的表示方法。

7. 墙身竖向分布钢筋在基础中构造有哪些?

8. 剪力墙水平钢筋在转角墙中的构造有哪些?

9. 剪力墙水平钢筋在翼墙中的构造有哪些?

10. 剪力墙水平钢筋在端柱转角墙中的构造有哪些?

11. 剪力墙竖向分布钢筋的连接构造有哪些?

12. 剪力墙变截面处竖向分布钢筋构造有哪些?

第六章　钢筋混凝土楼梯设计计算

> **重点提示：**
>
> 1. 了解钢筋混凝土楼梯配筋计算的基础知识，通过实例学习，掌握钢筋混凝土楼梯配筋的计算方法
> 2. 熟悉钢筋混凝土板式楼梯平法识读的方法与板式楼梯构造详图
> 3. 了解板式楼梯的钢筋计算公式，掌握其计算方法

第一节　钢筋混凝土楼梯配筋计算

一、楼梯的设计要求

楼梯既是楼房建筑中的垂直交通枢纽，也是进行安全疏散的主要工具，为确保使用安全，楼梯的设计必须满足下列要求。

1. 功能要求

作为主要楼梯，应与主要出入口邻近，且位置明显；同时还应避免垂直交通与水平交通在交接处拥挤、堵塞。楼梯间必须有良好的自然采光。

2. 结构要求

楼梯结构形式按梯段的传力特点，有板式梯段和梁板式梯段之分。

（1）板式梯段

板式梯段是指楼梯段作为一块整板，斜搁在楼梯的平台梁上。平台梁之间的距离便是这块板的跨度，如图 6-1（a）所示。也有带平台板的板式楼梯，即把 2 个或 1 个平台板和 1 个梯段组合成 1 块折形板。这时，平台下的净空扩大了，该形式简捷，如图 6-1（b）所示。

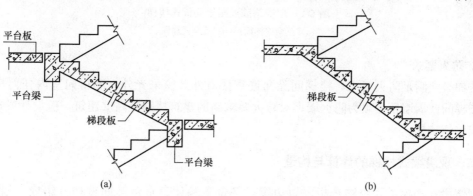

图 6-1　现浇钢筋混凝土板式楼梯

（a）不带平台板的梯段；（b）带平台板的梯段

（2）梁板式梯段

当梯段较宽或楼梯负载较大时，采用板式梯段往往不经济，需增加梯段斜梁（简称梯梁）以承受板的荷载，并将荷载传给平台梁，这种梯段称梁板式梯段。梁板式梯段在结构布置上有双梁布置和单梁布置之分。双梁式梯段系将梯段斜梁布置在梯段踏步的两端，这时踏步板的跨度便是梯段的宽度。这样板跨小，对受力有利。这种梯梁在板下部的称正梁式梯段。有时为了让梯段底表面平整或避免洗刷楼梯时污水沿踏步端头下淌，弄脏楼梯，常将梯梁反向上面称反梁式梯段，见图 6-2。

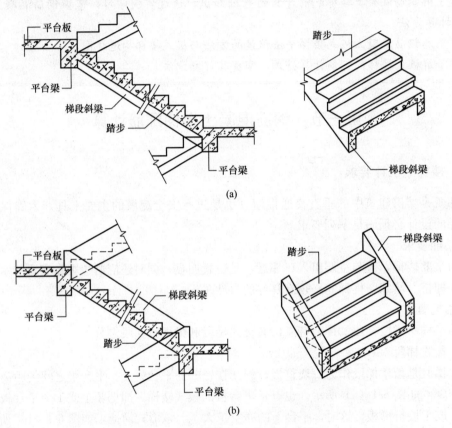

图 6-2　现浇钢筋混凝土梁板式楼梯

（a）正梁式梯段；（b）反梁式梯段

3. 防火要求

楼梯必须满足防火要求，楼梯间除允许直接对外开窗采光外，不得向室内任何房间开窗；楼梯间四周墙壁必须为防火墙；对防火要求高的建筑特别是高层建筑，应设计成封闭式楼梯或防烟楼梯。

二、现浇梁式楼梯的计算与构造

现浇梁式楼梯主要由踏步板、斜边梁、平台梁和休息平台等四种构件组成，如图 6-3 所示。

斜梁的布置有三种：第一种是在楼梯跑的一侧布置有斜梁，另一侧为砖墙，所以梯形截

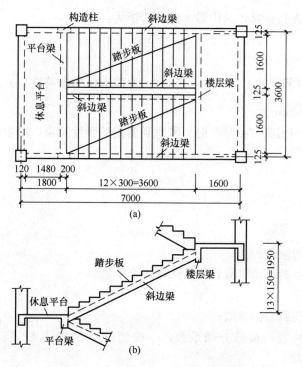

图 6-3 现浇梁式楼梯的结构组成

（a）平面图；（b）剖面图

面踏步板一端支承在斜梁上，另一端则支承在砖墙上。这种布置方法要求楼梯间的侧墙砌筑配合楼梯施工，造成施工不便。第二种是在楼梯跑的两侧都布置有斜梁，这样，踏步板的两端都支承在斜梁上，楼梯间侧墙砌筑就比较方便。第三种是单独的一根斜梁布置在楼梯跑宽度的中央，称为中梁式，适用于楼梯不很宽，荷载亦不太大场合。

梁式楼梯中，斜梁是楼梯跑的主要受力构件，因此梁式楼梯的跨度可比板式楼梯的大些，通常当楼梯跑的水平跨度大于 3.5m 时，宜采用梁式楼梯。

梁式楼梯的荷载传递途径如下：

楼梯跑上的荷载→踏步板→斜梁→平台梁→侧墙或柱

$$平台板上的荷载→平台板 \begin{cases} →平台梁 \\ →门、窗过梁 \end{cases}$$

现浇梁式楼梯的设计主要包括踏步板、斜边梁、平台梁及休息平台设计四部分。

1. 踏步板设计

（1）内力计算

现浇梁式楼梯的踏步板斜向支承在斜梁及墙上，是一块斜向支承的单向板。计算时取一个踏步作为计算单元。踏步板的截面应是图 6-4 中所示的 $ABCDE$ 面积，其中有斜线的三角形是踏步板的受压区。

当踏步板一端与斜梁"整结"，另一端搁置

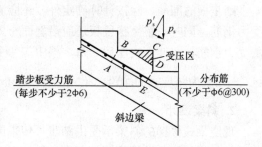

图 6-4 梁式楼梯的踏步板计算

在砖墙上时，可按简支板计算，跨中最大设计弯矩为：

$$M = \frac{1}{8} p'_s l_s^2 \tag{6-1}$$

其中，l_s 为踏步板的计算跨度，$l_s = l_{n,s} + \dfrac{a}{2}$，$l_{n,s}$ 为踏步板的净跨度，a 为踏步板在砖墙上的支承长度，一般取 120mm。

当踏步板两端都与斜梁"整结"时，考虑到斜梁的弹性约束，踏步板跨中最大设计弯矩可取为：

$$M = \frac{1}{10} p'_s l_{n,s}^2 \tag{6-2}$$

以上两式中

$$p'_s = p_s \cos\alpha \tag{6-3}$$

式中　α——楼梯跑的倾角；

　　　p_s——踏步板上的均布线荷载，其计算式为

$$p_s = \gamma_Q q_k b_s + \gamma_G g_k \tag{6-4}$$

　　　q_k——楼梯活荷载的标准值；

　　　γ_Q——楼梯活荷载的荷载分项系数，一般情况下 $\gamma_Q = 1.4$，当 $q_k > 4kN/m^2$ 时，取 $\gamma_Q = 1.3$；

　　　b_s——一个踏步的宽度；

　　　g_k——一个踏步范围内（图 6-4 中 $ABCDE$）包括面层和底部粉刷在内 1m 长的踏步自重；

　　　γ_G——踏步自重的荷载分项系数，$\gamma_G = 1.2$。

（2）截面设计

踏步板是在垂直于斜梁的方向弯曲的，所以其受压区为三角形。为计算方便，通常近似地按截面宽为斜宽 b，截面有效高度 $h_0 = \dfrac{h_1}{2}$ 的矩形截面计算，这是偏于安全的。式中 h_1 为三角形顶至底面的垂直距离，即 $h_1 = h_s \cdot \cos\alpha + h$，如图 6-5（a）所示。

有时为了方便，踏步板的内力计算和截面设计亦可近似地按下法进行：竖向切出一个踏步，按竖向简支板计算，其跨中最大弯矩设计值仍按式（6-1）或式（6-2）计算，但必须把式中的 p'_s 改为 p_s，截面设计时，可近似地按矩形截面进行，其截面高度可近似地取梯形截面的平均高度，即 $h' = \dfrac{h_s}{2} + \dfrac{h}{\cos\alpha}$，截面宽度为 b_s，如图 6-5（b）所示。

踏步板的配筋，除按计算确定外，还应满足构造要求，即每一踏步下不少于 2 根 $\phi6$ 的受力钢筋。同时，整个梯段板还应沿斜面布置间距不大于 300mm 的 $\phi6$ 分布钢筋。踏步板内的受力钢筋，在伸入支座后，每 2 根中应弯上 1 根，作为抵抗负弯矩的钢筋，并伸入负弯矩区 $\dfrac{l_{n,s}}{4}$。$l_{n,s}$ 为踏步板的净跨。梁式楼梯踏步板的配筋见图 6-6。

2. 斜梁设计

现浇梁式楼梯的斜梁承受由踏步板传来的荷载、栏杆质量及斜梁自重。内力计算与板式楼梯的斜板相似，计算简图如图 6-7 所示。

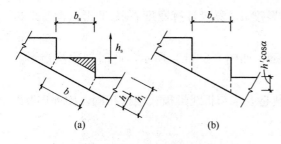

图 6-5　梁式楼梯踏步板的截面设计

（a）计算方法一；（b）计算方法二

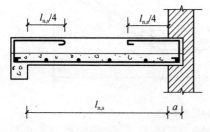

图 6-6　梁式楼梯踏步板的配筋

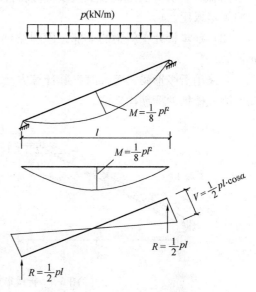

图 6-7　斜梁计算简图

承受均布荷载的斜梁的跨中最大弯矩，可按简支水平梁计算，即跨中弯矩为：

$$M = \frac{1}{8} pl^2$$

斜梁所受的剪力为按水平梁计算所得的剪力乘以 $\cos\alpha$，即：

$$V = \frac{1}{2} pl \cdot \cos\alpha$$

式中　p——按水平投影长度度量的竖向均布线荷载，kN/m；

　　　l——计算跨度。按平台梁与楼层梁之间的水平净距采用，当底层下端支承在地垄墙上时，应算至地垄墙中心。

这里必须注意：斜梁的剪力是与斜梁轴线相垂直的，并不是斜梁的竖向支座反力 R，斜梁的竖向支座反力 $R = \frac{1}{2} pl$，就是传给平台梁的集中力 F。

截面设计时，斜梁的截面形状，视其与踏步板的相对位置而定，一般有两种情况：

（1）踏步板在斜梁的上部，如图 6-8（a）所示。此时，当仅有一根斜边梁时，斜梁按矩形截面计算，截面计算高度取锯齿形斜梁的最小高度；当有两根斜边或为中梁式时，可按

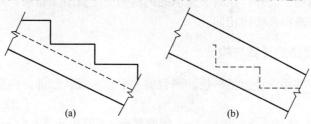

图 6-8　斜梁截面的两种情况

（a）踏步板在斜梁的上部；（b）踏步板在斜梁的下部

倒 L 形截面计算，翼缘高度 h'_f 取踏步板斜板的厚度 h，翼缘计算宽度 b'_f 按 T 形截面受弯构件的规定取用。

（2）踏步板处在斜梁的下部，即斜梁向上翻，如图 6-8（b）所示，此时斜梁按矩形截面计算。

当采用折线形梁式楼梯时，其计算方法及构造要求与折线形板式楼梯相同。图 6-9 为折线形梁式楼梯的配筋构造图。

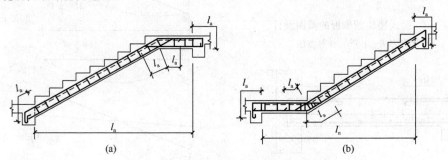

图 6-9　折线形梁式楼梯的配筋构造
（a）构造一；（b）构造二
l_a—受拉钢筋锚固长度；l_n—梯板跨度

3. 平台梁及平台板设计

梁式楼梯的平台梁与板式楼梯的平台梁计算方法相同，所不同的是板式楼梯传给平台梁的荷载是均布荷载，而梁式楼梯传给平台梁的荷载是斜梁传来的集中力 F_1 和 F_2。当上、下楼梯跑长度相等时，$F_1 = F_2 = F$，计算简图如图 6-10 所示，此时，跨中弯矩为：

$$M = \frac{1}{8} p l_3^2 + F \cdot \frac{(l_3 - K)}{2}$$

梁端剪力为：

$$V = \frac{1}{2} p l_{3n} + F$$

式中　F——集中力；

$\quad\quad l_{3n}$——平台梁的净跨；

$\quad\quad p$——平台梁的均布线荷载，其中包括平台梁的自重及休息平台传来的荷载。

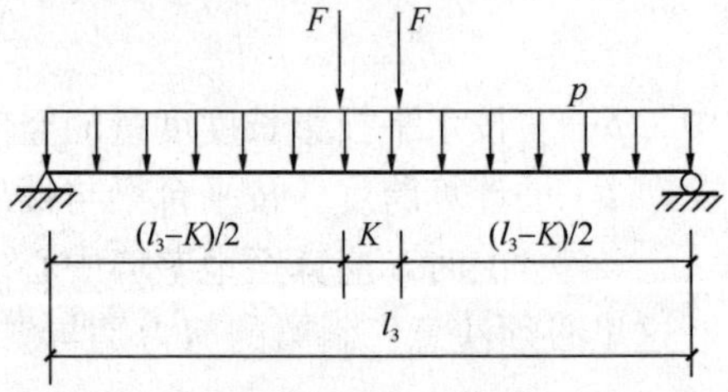

考虑到平台梁可能产生扭矩，在配筋时，应酌量增加抗扭纵筋和箍筋。此外，在斜梁支承处的两侧应配置附加箍筋，必要时可设置吊筋。

平台板设计与现浇板式楼梯相同。

图 6-10　梁式楼梯中平台梁的计算简图
F—集中力；p—均布线荷载；l_3—计算跨度；
K—上、下楼梯跑间距

三、现浇板式楼梯的计算与构造

现浇板式楼梯的结构设计包括斜板、平台梁和平台板设计三部分内容。

1. 斜板设计

计算斜板时，一般取其计算宽度 $b = 1m$，因此斜板的计算单元是宽为 $1m$ 斜向搁置的简支板。

（1）荷载计算

楼梯的荷载有恒荷载和活荷载两种，它们都是竖向作用的重力荷载。楼梯跑的荷载项目如图 6-11 所示。

1) 楼梯的活荷载计算

楼梯的活荷载是按水平投影面 $1m^2$ 上的荷载来计量的。按《建筑结构荷载规范》（GB 50009—2012）取用。

工业建筑生产车间的楼梯活荷载按实际情况采用，但不宜小于 $3.5kN/m^2$。

活荷载的分项系数 γ_Q，一般情况下取 1.4，当活荷载标准值不小于 $4kN/m^2$ 时，取 1.3。

2) 楼梯的恒荷载计算

为了与活荷载的计算相协调，楼梯的恒荷载亦采用按水平投影面 $1m^2$ 来计算。

平台板恒荷载的计算方法与一般钢筋混凝土平板相同。

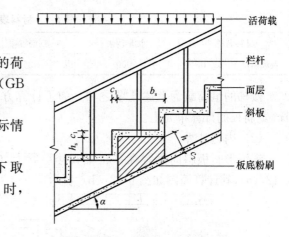

图 6-11　楼梯跑的荷载项目

b_s—踏步宽度；h_s—踏步高度；h—斜板厚度；

c_1—踏步面层厚度；c_2—板底粉刷厚度；

α—斜板倾角

楼梯跑的恒荷载主要包括楼梯栏杆、踏步面层、锯齿形斜板以及板底粉刷等自重，当铺设地毯时，还应考虑地毯等的自重。

楼梯栏杆自重，按水平投影长度 1m 计算。轻型金属栏杆自重可取 $0.2kN/m$，实腹栏杆按实际计算。

在水平投影 $1m^2$ 内踏步面层，锯齿形斜板的自重，可以用 1 个踏步范围内的材料自重来计算，然后折算为 $1m^2$ 的自重。

楼梯踏步面层自重，应包括踏步的顶面和侧面两部分，按下式计算：

$$1 \times \frac{(b_s + h_s)c_1\gamma_1}{b_s} = \frac{(b_s + h_s)c_1\gamma_1}{b_s} \quad (kN/m^2) \tag{6-5}$$

锯齿形斜板一个踏步的断面为梯形截面（图 6-11 中斜线部分），其水平投影 $1m^2$ 的自重按下式计算：

$$1 \times \frac{\dfrac{h}{\cos\alpha} + \left(h_s + \dfrac{h}{\cos\alpha}\right)}{2} \frac{b_s\gamma_2}{p_s} = \left(\frac{h}{\cos\alpha} - \frac{h_s}{2}\right)\gamma_2 \quad (kN/m^2) \tag{6-6}$$

板底粉刷自重按下式计算：

$$1 \times 1 \times c_2 \frac{1}{\cos\alpha}\gamma_3 = \frac{c_2}{\cos\alpha}\gamma_3 \quad (kN/m^2) \tag{6-7}$$

式中　b_s、h_s——分别为三角形踏步的宽和高；

　　　　c_1——楼梯踏步面层厚度，通常取：

　　　　水泥砂浆面层　$c_1 = 15 \sim 25mm$

　　　　水磨石面层　$c_1 = 28 \sim 35mm$；

　　　　α——楼梯斜板的倾角；

　　　　h——斜板的厚度；

　　　　c_2——板底粉刷的厚度；

　γ_1、γ_2、γ_3——材料表观密度（即容重），见表 6-1。

表 6-1　材料表观密度

材料名称	水泥砂浆	钢筋混凝土	水磨石混凝土	纸筋石灰泥
表观密度 γ（kg/m³）	2000	2500	2500	1600

楼梯的恒荷载为上述几项之和，为了计算方便，楼梯栏杆自重可近似地认为都作用在 1m 宽斜板的计算单元上。

（2）内力计算

锯齿形斜板斜向搁置在平台梁和楼层梁上（底层斜板的下端搁置在地垄墙上），见图 6-12（a），其计算简图如图 6-12（b）所示。

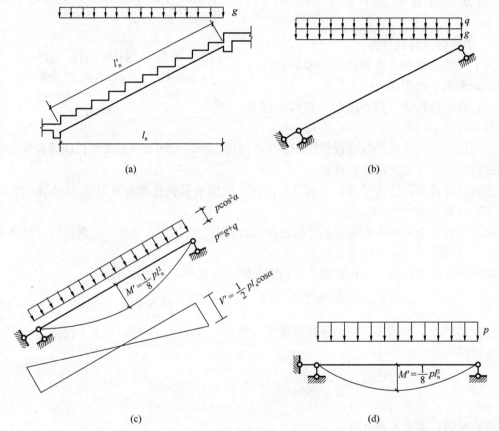

图 6-12　板式楼梯内力计算图

（a）锯齿形斜板；（b）计算简图；（c）斜板弯曲；（d）竖向均布荷载 p

作用在斜板计算单元上的荷载为均布线荷载 p，它等于均布活荷载 q 和均布恒荷载 g 两部分之和。

把 p 分解为两个分力：$p\cos\alpha$ 和 $p\sin\alpha$。$p\sin\alpha$ 与斜板计算轴线平行，在斜板中产生轴向力，由于 α 角通常不大，所以可不计轴向力的影响，斜板按受弯构件计算。$p\cos\alpha$ 垂直于斜板，使斜板弯曲，如图 6-12（c）所示。注意，$p\cos\alpha$ 是按水平投影长度计算的，而水平投影长度 1m 的斜长为 $\dfrac{1}{\cos\alpha}$，故当把它改为沿斜长的均布荷载时，应是 $p\cos\alpha/(1/\cos\alpha)=p\cos^2\alpha$，所以图 6-12（c）中的均布线荷载为 $p\cos^2\alpha$，图中也示出了在 $p\cos^2\alpha$ 作用下的弯矩图和剪力图。

这里，跨中最大弯矩为

$$M' = \frac{1}{8} p \cos^2\alpha \left(\frac{l_n}{\cos\alpha}\right)^2 = \frac{1}{8} p l_n^2 \tag{6-8}$$

式中　M'——表示它是按斜向考虑的，它所作用的正截面高度为 h。

由式（6-8）可知，斜板跨中正截面最大弯矩 M' 就相当于这样一根假想的水平简支板的跨中弯矩，此板的计算跨度等于斜板的水平投影净跨长 l_n，承受竖向均布荷载 p 的作用，如图 6-12（d）所示。产生这种等效的原因是，板是斜的，而荷载是竖向的，并且是按水平投影面来计量的。

考虑到斜板的两端实际上是与平台梁和楼层梁"整结"的，支座有部分嵌固作用，故斜板跨中正截面的设计弯矩通常可近似地取 $M' = \frac{1}{10} p l_n^2$，也有按 $\frac{1}{2} p l_n^2$ 计算的。当底层楼梯跑的下端支承在砖砌的地垄墙上时，应按 $M' = \frac{1}{10} p l_n^2$ 计算，这时 l_n 在下端应算至地垄墙的中心线处。

与一般的钢筋混凝土板一样，楼梯斜板也不必进行斜截面受剪承载力的计算，所以斜板的剪力设计值是可以不算的。

（3）截面设计及构造要求

斜板的正截面承载力是按最小的正截面高度 h 来计算的，三角形踏步在正截面承载力计算中是不予考虑的。

根据跨中正截面受弯承载力的要求，算出斜板内底部纵向受力钢筋的截面面积，并选配纵向受力钢筋。纵向受力钢筋通常采用 $\phi10\sim\phi14$，@$100\sim200$mm，沿斜向布置，为了增加截面的有效高度，纵向受力钢筋应放在水平分布钢筋的外侧。斜板的水平分布钢筋通常在每一个踏步下放一根 $\phi6$ 钢筋，或者采用 $\Phi6$@300（沿斜长）。

考虑到平台梁及楼层梁对斜板的嵌固影响，将在斜板的支座上产生负弯矩，因此必须在斜板端部的上部配置与跨中纵向受力钢筋相同数量的承受负弯矩的钢筋，其伸出支座的斜向长度为 $l_n'/4$，如图 6-13（a）所示。

斜板的配筋形式有连续式和分离式两种。连续式配筋是先按跨中弯矩确定斜板底部的纵向受力钢筋的直径和间距，然后在离支座边缘两端斜长 $l_n'/6$ 处各弯起 1/2 作为斜板端部承受负弯矩的钢筋，不足部分再另加直钢筋，如图 6-13（b）所示，直筋应伸入斜板内离支座边缘 $l_n/4$ 处。连续式配筋锚固好，可节省用钢量，但施工麻烦。

现在施工常用的是分离式配筋，如图 6-13（c）所示。上部负钢筋也应伸入斜板内离支座边缘 $l_n/4$ 处。这种配筋方式钢筋锚固差，耗钢量多，但施工方便。

不论是连续式配筋或者分离式配筋，端部的上部负钢筋必须锚入支座，其伸入支座长度应不小于 l_a，l_a 为受拉钢筋的最小锚固长度。

2. 平台板设计

平台板通常是四边支承板。一般近似地按短跨方向的简支单向板来设计。在短跨方向，平台板内端与平台梁"整结"，外端或者简支在砖墙上，或者与门、窗过梁"整结"。当平台板简支在砖墙时，平台板的跨中设计弯矩取 $M = \frac{1}{8} p l_2^2$，l_2 为平台板的计算跨度，$l_2 = l_{2n} +$

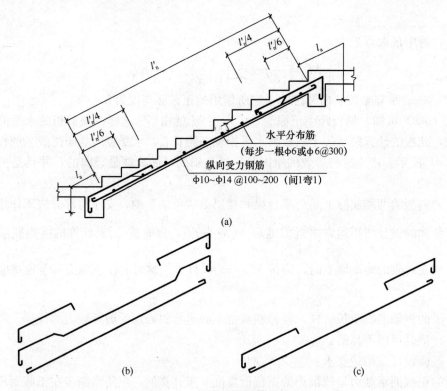

图 6-13　板式楼梯钢筋的构造

（a）斜板钢筋配置；（b）连续式配筋；（c）分离式配筋

$\dfrac{h_2}{2}$，l_{2n} 为平台板的净跨度，h_2 为板厚；当平台板外端与门、窗过梁"整结"时，考虑支座的部分嵌固作用，可取跨中设计弯矩 $M=\dfrac{1}{10}pl_{2n}^2$。这里均布荷载 p 包括楼梯的活荷载 q 和平台板的自重 g。

为了承受在平台板支座附近可能出现的负弯矩，在平台板端部附近的上部应配置承受负弯矩的钢筋，其数量可与跨中钢筋相同，伸出梁边或墙边 $l_{2n}/4$。

平台板的跨度一般比斜板的水平跨度要小，当相差悬殊时，就可能在平台板跨中出现较大的负弯矩，因此，这时应验算跨中正截面承受负弯矩的能力，必要时，在跨中上部应配置受力的负钢筋。

在另一方向，即平台板跨度大的方向，平台板搁置在砖墙上或与梁"整结"。不论哪种情况，都要考虑支座处的部分嵌固作用，因此在板面也必须配置构造钢筋以承担负弯矩，板面构造钢筋通常采用Φ6@200，如图 6-14 所示。

有时平台板也可能是三边支承板，例如在外纵墙处有很大的窗洞通过平台板时，平台板就成为支承在平台梁和两侧楼梯间墙上（或梁上）的三边支承板，其内力计算可查现成的系数表。

3. 平台梁设计

平台梁两端搁置在楼梯间两侧的砖墙上，或与立在框架梁上的短柱相"整结"。

平台梁按简支梁设计，承受平台板和斜板传来的均布线荷载，计算简图如图 6-15 所示。计算时可略去中间的空隙，按荷载布满全跨考虑。

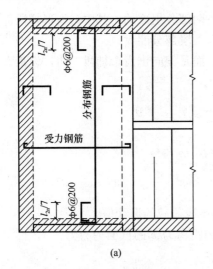

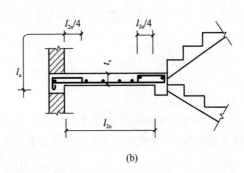

图 6-14　平台板的配筋构造

（a）平面图；（b）剖面图

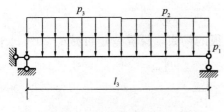

图 6-15　平台梁的计算简图

图 6-15 中，p_1 为平台梁自重及平台板传来的均布荷载；p_2 和 p_3 分别为上、下斜板传来的均布荷载，当上、下楼梯跑跨度相等时，可取 $p_2 = p_3$。

因此，平台梁跨中正截面弯矩设计值为：

$$M = \frac{1}{8} p l_3^2$$

平台梁支座截面的剪力设计值为：

$$V = \frac{1}{2} p l_{3n}$$

式中　p——平台梁的均布线荷载，$p = p_1 + p_2$；

l_3——平台梁的计算跨度。当平台梁搁置在两侧砖墙上时，取 $l_3 = l_{3n} + a$，l_{3n} 为平台梁的净跨，a 为一端的支承长度；当平台梁与立在框架梁上的短柱"整结"时，取 $l_3 = l_{3n}$。

平台梁的计算方法与构造要求同受弯构件。

当平台板与梁均为现浇时，平台梁的正截面为倒 L 形，由于截面不对称，为安全考虑，计算时可不考虑翼缘的作用，近似地按矩形截面计算。同时，考虑到平台梁两侧的荷载不相同，会使平台梁受扭，故在平台梁内宜酌量增加纵筋和箍筋的用量。

四、折线形板式楼梯的计算与构造

折线形板式楼梯的计算方法与一般斜板式楼梯相同，计算简图如图 6-16 所示。

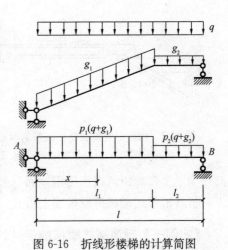

图 6-16　折线形楼梯的计算简图

p_1、p_2——均布线荷载；g_1、g_2——均布恒荷载；q——均布活荷载；l—梯段板水平投影计算跨度；l_1—斜向锯齿梯段水平投影计算跨度；l_2—水平段计算跨度

177

折线形板式楼梯是由斜向锯齿形梯段和水平段两部分组成的，其中锯齿形梯段部分有踏步，而且是斜向放置的，所以它的竖向恒荷载比水平段部分要大。

折线形板式楼梯的最大弯矩不是在跨度中间，而是偏向锯齿形梯段一边，设最大弯矩的截面离 A 端的距离为 x，则 A 端的支座反力 R_A 为：

$$R_A l - p_1 l_1 \left(\frac{l_1}{2} + l_2 \right) - \frac{1}{2} p_2 l_2^2 = 0$$

$$R_A = \frac{p_1 l_1 \left(\dfrac{l_1}{2} + l_2 \right) + \dfrac{1}{2} p_2 l_2^2}{l} \tag{6-9}$$

式中　R_A——A 端支座的反力；

p_1、p_2——分别为斜板部分和平板部分的竖向均布线荷载的设计值。

剪力为零的截面为最大弯矩的截面，离 A 端的距离为 x 的截面剪力为：

$$V_x = R_A - p_1 x$$

令 $V_x = 0$，则 $x = \dfrac{R_A}{p_1}$

所以，$M_{max} = R_A x - \dfrac{1}{2} p_1 x^2 = \dfrac{R_A^2}{p_1} - \dfrac{1}{2} \times \dfrac{R_A^2}{p_1} = \dfrac{R_A^2}{2p_1}$

当折线形板式楼梯的两端均有梁时，考虑到梁对板的约束，计算弯矩可减少 20%，于是得：

$$M_{max} = 0.8 \times \frac{R_A^2}{2p_1} = 0.4 \frac{R_A^2}{p_1} \tag{6-10}$$

折线形板式楼梯水平段部分的截面高度应与斜板厚度相同，即均为 h。

为了避免折线形板式楼梯的内折角处的混凝土被拉脱[图 6-17(a)]，内折角处的板底受拉钢筋不能连续设置，必须分开，斜板底部受拉钢筋应延伸到水平段上部受压区再转向水平，而水平段的板底则应加设与斜板下部相同数量的钢筋，该钢筋必须延伸到斜板的上部受压区再弯折，如图 6-17（b）所示。

由于折角处可能产生负弯矩，故水平段下部伸来的钢筋应在斜板上部有不小于 $40d$ 的锚固长度，而斜板下部伸来的钢筋则在水平段上部作为承受负弯矩的钢筋使用，而且必须伸至梁内，并有锚固长度 l_a。

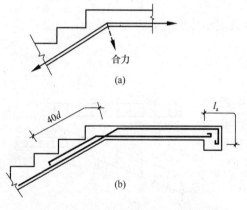

图 6-17　内折角处板底受拉钢筋的构造
（a）混凝土被拉脱；（b）板底受拉钢筋设置

折线形板式楼梯可以做成上折式，亦可做成下折式。

【实例一】现浇板式楼梯的设计计算

某实验楼采用现浇板式楼梯，混凝土强度等级为 C20，$f_c = 11\text{N/mm}^2$，$f_y = 210\text{N/mm}^2$，斜板截面宽度 $b = 1000\text{mm}$。钢筋直径 $d \geqslant 12\text{mm}$ 时采用 Ⅱ 级钢筋，$d \leqslant 10\text{mm}$ 时采用 Ⅰ 级钢筋，楼梯活荷载为 2.5kN/m²。

楼梯的结构布置如图 6-18 所示。斜板两端与平台梁和楼梯梁"整结"，平台板一端与平台梁"整结"，另一端则与窗过梁"整结"，平台梁两端都搁置在楼梯间的侧墙上。试对该现浇板式楼梯进行结构设计。

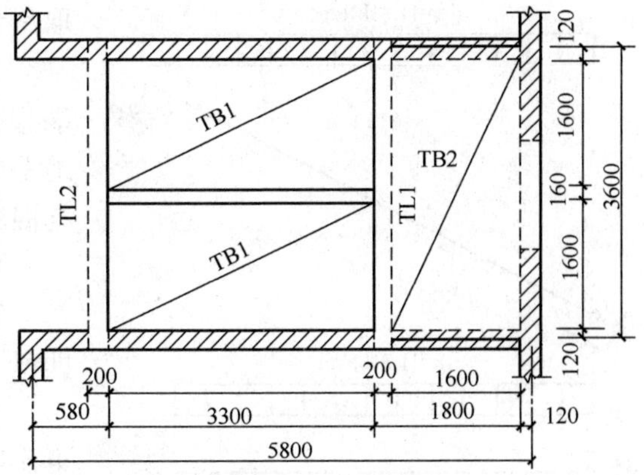

图 6-18 楼梯结构布置

【解】

（1）斜板 TB1 设计

除底层第一楼梯跑的斜板外，其余斜板均相同，而第一楼梯跑斜板的下端为混凝土基础，可按净跨计算。这里只对标准段斜板 TB1 进行设计。

对斜板 TB1 取 1m 宽作为其计算单元。

1）确定斜板厚度 h

斜板的水平投影净长为 $l_n = 3300mm$

斜板的斜向净长为 $l'_n = \dfrac{l_n}{\cos\alpha} = \dfrac{3300}{300/\sqrt{150^2 + 300^2}} = \dfrac{3300}{0.894} = 3691mm$

斜板厚度为 $h = \left(\dfrac{1}{25} \sim \dfrac{1}{30}\right)l'_n = \left(\dfrac{1}{25} \sim \dfrac{1}{30}\right) \times 3691 = 123 \sim 148mm$

取 $h = 120mm$。

2）荷载计算

楼梯斜板荷载计算见表 6-2。

表 6-2 楼梯斜板荷载计算

	荷载种类	荷载标准值/（kN/m）	荷载分项系数	荷载设计值/（kN/m）
恒荷载	栏杆自重	0.20	1.20	0.24
	锯齿形斜板自重	$\gamma_2\left(\dfrac{h_s}{2} + \dfrac{h}{\cos\alpha}\right) = 25 \times \left(\dfrac{0.15}{2} + \dfrac{0.12}{0.894}\right) = 5.23$	1.20	6.28
	30mm 厚水磨石面层	$\gamma_1 c_1 (b_s + h_s)/b_s$ $= 25 \times 0.03 \times (0.3 + 0.15)/0.3 = 1.13$	1.20	1.36
	板底 20mm 厚纸筋灰粉刷	$\gamma_3 \times \dfrac{c_2}{\cos\alpha} = 16 \times \dfrac{0.02}{0.894} = 0.36$	1.20	0.43
	小计 g	6.92	—	8.31
	活荷载 q	2.50	1.40	3.50
	总计 p	9.42	—	11.81

3）计算简图

斜板的计算简图可用一根假想的跨度为 l_n 的水平梁替代，如图 6-19 所示。其计算跨度

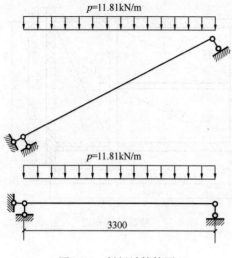

图6-19 斜板计算简图

取斜板水平投影净长 $l_n = 3300$mm。

对于底层第一楼梯跑斜板的计算跨度，视下端与基础的结合情况而定。当下端是搁置在砖砌地垄墙上时，则应从地垄墙中心线起算；当下端与混凝土基础相连时，则可按净跨计算。

4）内力计算

斜板的内力，一般只需计算跨中最大弯矩即可。

考虑到斜板两端均与梁"整结"，对板有约束作用，所以跨中最大弯矩取：

$$M = \frac{p l_n^2}{10} = \frac{11.81 \times 3.3^2}{10} = 12.86 \text{kN} \cdot \text{m}$$

5）配筋计算

$$h_0 = h - 20 = 120 - 20 = 100\text{mm}$$

$$\alpha_s = \frac{M}{f_c b h_0^2} = \frac{12.86 \times 10^6}{11 \times 1000 \times 100^2} = 0.117$$

$$\gamma_s = 0.5(1 + \sqrt{1 - 2\alpha_s}) = 0.5 \times (1 + \sqrt{1 - 2 \times 0.117}) = 0.938$$

$$A_s = \frac{M}{f_y \gamma_s h_0} = \frac{12.86 \times 10^6}{210 \times 0.938 \times 100} = 653\text{mm}^2$$

选用：受力钢筋 $\phi10@120$，$A_s = 654\text{mm}^2$；

分布钢筋 $\phi6@300$（即每一踏步下放一根）

式中 h_0——截面有效高度；

α_s——斜截面非预应力弯起钢筋与构件纵轴线夹角；

γ_s——混凝土截面抵抗矩塑性影响系数；

A_s——钢筋截面面积；

b——矩形截面宽度；

f_c——混凝土轴心抗压强度设计值；

f_y——普通钢筋抗拉强度设计值。

（2）平台板设计

1）平台板计算简图

平台板取 1m 宽作为计算单元。

平台板近似地按短跨方向的简支板计算，计算简图如图6-20所示。

计算跨度：由于平台板两端均与梁"整结"，所以计算跨度取净跨 l_{2n} = 1600mm。

平台板厚度取 $h_2 = 70$mm。

2）荷载计算

平台板荷载计算见表6-3。

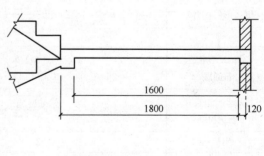

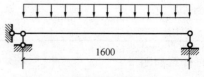

图6-20 平台板计算简图

表 6-3 平台板荷载计算表

	荷载种类	荷载标准值/（kN/m）	荷载分项系数	荷载设计值/（kN/m）
恒荷载	平台板自重	$25 \times 0.07 \times 1 = 1.75$	1.20	2.10
	30mm 厚水磨石面层	$25 \times 0.03 \times 1 = 0.75$	1.20	0.90
	板底 20mm 厚纸筋灰粉刷	$16 \times 0.02 \times 1 = 0.32$	1.20	0.38
	恒荷载合计 K	2.82	—	3.38
	活荷载 q	2.50	1.40	3.50
	总计 p	5.32	—	6.88

3）内力计算

考虑平台板两端梁的嵌固作用，跨中最大设计弯矩取：

$$M = \frac{pl_{2n}^2}{10} = \frac{6.88 \times 1.6^2}{10} = 1.761 \text{kN} \cdot \text{m}$$

4）配筋计算

$$h_0 = 70 - 20 = 50 \text{mm}$$

$$\alpha_s = \frac{M}{f_c b h_0^2} = \frac{1.761 \times 10^6}{11 \times 1000 \times 50^2} = 0.064$$

$$\gamma_s = 0.5(1 + \sqrt{1 - 2\alpha_s}) = 0.5 \times (1 + \sqrt{1 - 2 \times 0.064}) = 0.966$$

$$A_s = \frac{M}{f_y \gamma_s h_0} = \frac{1.761 \times 10^6}{210 \times 0.966 \times 50} = 174 \text{mm}^2$$

选用：受力钢筋 $\phi 6@160$，$A_s = 177 \text{mm}^2$；分布钢筋 $\phi 6@300$。

（3）平台梁 TL1 设计

1）平台梁计算简图

平台梁的两端搁置在楼梯间的侧墙上，所以计算跨度取：

$$l = l_{3n} + a = 3600 - 240 + 240 = 3600 \text{mm}$$

平台梁的计算简图如图 6-21 所示。

平台梁的截面尺寸取 $h' = 350 \text{mm}$，$b = 200 \text{mm}$。

2）荷载计算

平台梁的荷载计算见表 6-4。

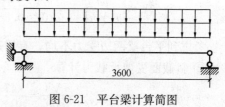

图 6-21 平台梁计算简图

表 6-4 平台梁 TL1 荷载计算表

	荷载种类	荷载标准值/（kN/m）	荷载分项系数	荷载设计值/（kN/m）
恒荷载	由斜板传来的恒荷载	$6.92 \times \frac{l_n}{2} = 6.92 \times \frac{3.3}{2} = 11.42$	1.20	13.70
	由平台板传来的恒荷载	$2.82 \times \frac{l_{2n}}{2} = 2.82 \times \frac{1.6}{2} = 2.26$	1.20	2.71
	平台梁自重	$25 \times 1 \times 0.35 \times 0.20 = 1.75$	1.20	2.10
	平台梁上的水磨石面层	$25 \times 1 \times 0.03 \times 0.20 = 0.15$	1.20	0.18
	平台梁底部和侧面的粉刷	$16 \times 1 \times 0.02 \times [0.20 + 2 \times (0.35 - 0.07)] = 0.24$	1.20	0.29
	小计 g	15.82		18.98

续表

荷载种类	荷载标准值/（kN/m）	荷载分项系数	荷载设计值/（kN/m）
活荷载 q	$2.5 \times 1 \times \left(\dfrac{3.3}{2} + \dfrac{1.6}{2} + 0.20 \right) = 6.63$	1.40	9.28
合计 p	22.45		28.26

3）内力计算

平台梁跨中正截面最大弯矩：

$$M = \frac{pl^2}{8} = \frac{28.26 \times 3.6^2}{8} = 45.78 \text{kN} \cdot \text{m}$$

平台梁支座处最大剪力：

$$V = \frac{pl_{3n}}{2} = \frac{28.26 \times 3.36}{2} = 47.48 \text{kN}$$

4）截面设计

① 正截面受弯承载力计算

$$h_0 = h' - 35 = 350 - 35 = 315 \text{mm}$$

$$\alpha_s = \frac{M}{f_c b h_0^2} = \frac{45.78 \times 10^6}{11 \times 200 \times 315^2} = 0.210$$

$$\gamma_s = 0.5(1 + \sqrt{1 - 2\alpha_s}) = 0.5 \times (1 + \sqrt{1 - 2 \times 0.210}) = 0.881$$

$$A_s = \frac{M}{f_y \gamma_s h_0} = \frac{45.78 \times 10^6}{210 \times 0.881 \times 315} = 786 \text{mm}^2$$

考虑到平台梁两边受力不均，有扭矩存在，纵向受力钢筋酌量增大。

② 斜截面受剪承载力计算

$$\frac{V}{f_c b h_0} = \frac{47.48 \times 10^3}{10 \times 200 \times 315} = 0.075 > 0.07$$

需配置腹筋，选用 Φ6@200 双肢箍筋，则

$$V_{cs} = 0.07 f_c b h_0 + 1.5 f_y \frac{A_{sv}}{S} h_0$$

$$= 0.07 \times 11 \times 200 \times 315 + 1.5 \times 210 \times \frac{2 \times 28.3}{200} \times 315$$

$$= 48510 + 28081 = 76591 \text{N} \approx 76.59 \text{kN}$$

$V_{cs} > V$，符合要求。

式中　V_{cs}——构件斜截面上混凝土和箍筋的受剪承载力设计值；

　　　　A_{sv}——配置在同一截面内箍筋各肢的全部截面面积，即 nA_{sv1}，n 为在同一个截面内箍筋的肢数，A_{sv1} 为单肢箍筋的截面面积；

　　　　S——沿构件长度方向的箍筋间距。

（4）绘制施工图

图 6-22 为板式楼梯施工图。

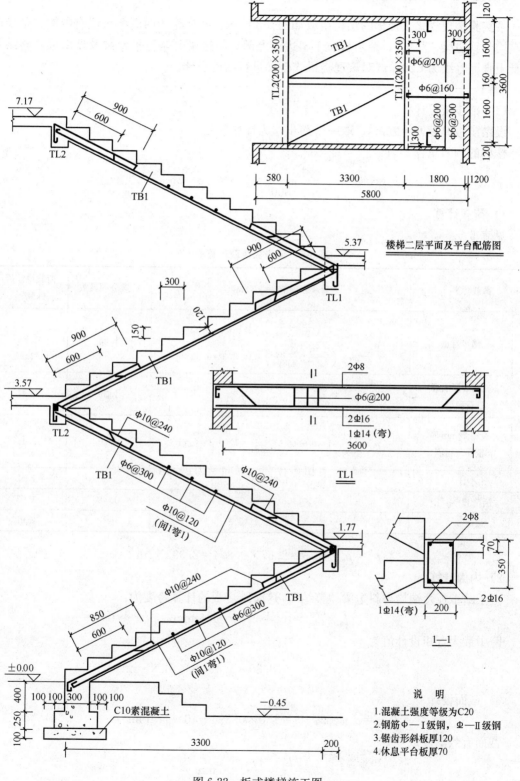

楼梯二层平面及平台配筋图

TL1

1—1

说　明
1. 混凝土强度等级为C20
2. 钢筋Φ—Ⅰ级钢，Φ—Ⅱ级钢
3. 锯齿形斜板厚120
4. 休息平台板厚70

图 6-22　板式楼梯施工图

【实例二】现浇梁式楼梯的设计计算

某实验楼现浇梁式楼梯的结构组成如图 6-3 所示。楼梯跑的两侧都布置有斜梁，踏步板两端均与斜边梁"整结"，踏步板位于斜边梁上部，斜边梁两端与平台梁及楼层梁"整结"，混凝土强度等级为 C20。试对该现浇梁式楼梯进行结构设计。

【解】

(1) 踏步板设计

设踏步板厚度 $h=40\text{mm}$，取一个踏步作为计算单元。

楼梯的倾斜角：

$$\cos\alpha=\frac{300}{\sqrt{150^2+300^2}}=0.894 \quad \alpha=26°37'$$

1) 荷载计算

见表 6-5。

表 6-5　踏步板荷载计算表

荷载种类		荷载标准值/（kN/m）	荷载分项系数	荷载设计值/（kN/m）
恒荷载	踏步自重	$\gamma_1\left(\dfrac{h_s}{2}+\dfrac{h}{\cos\alpha}\right)\times1\times b_s$ $=25\times\left(\dfrac{0.15}{2}+\dfrac{0.04}{0.894}\right)\times1\times0.3=0.90$	1.20	1.08
	30mm 厚水磨石面层	$\gamma_1c_1\,(b_s+h_s)\times1=25\times0.03\times$ $(0.3+0.15)\times1=0.34$	1.20	0.41
	板底 20mm 厚纸筋灰粉刷	$\gamma_3\times\dfrac{c_2}{\cos\alpha}\times1\times b_s=16\times\dfrac{0.02}{0.894}\times1\times0.3=0.11$	1.20	0.13
	小计　g	1.35	—	1.62
活荷载　q		$25\times1\times0.03=0.75$	1.40	1.05
总计 p_s		2.10	—	2.67

$$p'_s=p_s\cdot\cos\alpha=2.67\times0.894=2.39\text{kN/m}$$

2) 内力计算

由于踏步板两端均与斜边梁"整结"，这时踏步板的计算跨度为：

$$l_s=l_{n,s}=1600-150=1450\text{mm}$$

跨中最大弯矩设计值为：

$$M=\frac{1}{2}p'_s l_{n,s}^2=\frac{1}{10}\times2.39\times1.45^2=0.5\text{kN}\cdot\text{m}$$

3) 截面设计

$$h_1=d\cdot\cos\alpha+h=150\times0.894+40=174\text{mm}$$

截面有效高度取

$$h_0=\frac{h_1}{2}=\frac{174}{2}=87\text{mm}$$

截面宽度取

$$b = \frac{b_s}{\cos\alpha} = \frac{300}{0.894} = 336\text{mm}$$

$$\alpha_s = \frac{M}{f_c b h_0^2} = \frac{0.5 \times 10^6}{11 \times 336 \times 87^2} = 0.0179$$

$$\gamma_s = 0.5(1 + \sqrt{1 - 2\alpha_s}) = 0.5 \times (1 + \sqrt{1 - 2 \times 0.0179}) = 0.991$$

$$A_s = \frac{M}{f_y \gamma_s h_0} = \frac{0.5 \times 10^6}{210 \times 0.991 \times 87} = 27.62\text{mm}^2$$

按构造选用：$2\Phi6$，$A_s = 57\text{mm}^2$，分布筋采用$\Phi6@300$。

（2）斜梁设计

1）截面形状及尺寸

截面形状：踏步位于斜梁上部。

截面尺寸：

斜梁截面高度 $h' = \left(\frac{1}{12} \sim \frac{1}{18}\right)l'_s = \left(\frac{1}{12} \sim \frac{1}{18}\right)\frac{3600}{0.894} = 224 \sim 336\text{mm}$

取 $h' = 250\text{mm}$

斜梁截面宽度取 $b = 150\text{mm}$

2）荷载计算

斜梁荷载计算见表 6-6。

表 6-6　斜梁荷载计算表

荷载种类		荷载标准值/（kN/m）	荷载分项系数	荷载设计值/（kN/m）
恒荷载	栏杆自重	0.20	1.20	0.24
	踏步板传来的荷载	$1.343 \times \left(\frac{1.45}{2} + 0.15\right) \times \frac{1}{0.3} = 3.92$	1.20	4.70
	斜梁自重	$\gamma b(h' - h)/\cos\alpha = 25 \times 0.15 \times$ $(0.25 - 0.04)/0.894 = 0.88$	1.20	1.06
	斜梁外侧20mm 厚纸筋灰粉刷	$16 \times 0.02 \times \left(\frac{0.15}{2} + \frac{0.25}{0.894}\right) = 0.11$	1.20	0.13
	斜梁底及内侧20mm 厚纸筋灰粉刷	$16 \times 0.02 \times [0.15 + (0.25 - 0.04)] \times$ $\frac{1}{0.894} = 0.13$	1.20	0.16
	小计 g	5.24	—	6.29
活荷载 q		$2.5 \times \left(\frac{1.45}{2} + 0.15\right) = 2.19$	1.40	3.07
总计 p		7.43	—	9.36

3）内力计算

斜梁跨中最大弯矩设计值为：

$$M = \frac{1}{8}pl^2 = \frac{1}{8} \times 9.36 \times 3.6^2 = 15.16\text{kN} \cdot \text{m}$$

斜梁端部最大剪力设计值为：

$$V = \frac{1}{2}pl \cdot \cos\alpha = \frac{1}{2} \times 9.36 \times 3.6 \times 0.894 = 15.06\text{kN}$$

斜梁的支座反力：

$$R = \frac{1}{2}pl = \frac{1}{2} \times 9.36 \times 3.6 = 16.85\text{kN}$$

4）截面设计

由于踏步位于斜梁的上部，而且梯段的两侧均有斜边梁，故斜梁按倒 L 形截面设计。

翼缘计算宽度 $b'_\text{f} = b + \frac{s_0}{2} = 150 + \frac{1450}{2} = 875\text{mm}$

翼缘高度取踏步板斜板的厚度 $h'_\text{f} = h = 40\text{mm}$

鉴别 T 形截面类型：

$$f_\text{c}b'_\text{f}h'_\text{f}\left(h_0 - \frac{h'_\text{f}}{2}\right) = 11 \times 875 \times 40 \times \left(215 - \frac{40}{2}\right) = 75 \times 10^6\text{N} \cdot \text{mm}$$

$$= 75\text{kN} \cdot \text{m} > M = 15.16\text{kN} \cdot \text{m}$$

属于第一种 T 形截面，则

$$\alpha_\text{s} = \frac{M}{f_\text{c}bh_0^2} = \frac{15.16 \times 10^6}{11 \times 875 \times 215^2} = 0.034$$

$$\gamma_\text{s} = 0.5(1 + \sqrt{1 - 2\alpha_\text{s}}) = 0.5 \times (1 + \sqrt{1 - 2 \times 0.034}) = 0.983$$

$$A_\text{s} = \frac{M}{f_\text{y}\gamma_\text{s}h_0} = \frac{15.16 \times 10^6}{210 \times 0.983 \times 215} = 342\text{mm}^2$$

（3）平台板设计

同现浇板式楼梯的平台板（实例一）。

（4）平台梁设计

1）平台梁截面尺寸

平台梁截面取 $h' = 350\text{mm}$，$b = 200\text{mm}$。

2）平台梁荷载计算

平台梁荷载计算见表 6-7。

表 6-7 平台梁荷载计算表

荷载种类		荷载标准值/（kN/m）	荷载分项系数	荷载设计值/（kN/m）
恒荷载	由平台板传来的恒荷载	$2.82 \times \frac{1.48}{2} = 2.09$	1.2	2.51
	平台梁自重	$25 \times 1 \times 0.35 \times 0.20 = 1.75$	1.2	2.1
	平台梁上的水磨石面层重	$25 \times 1 \times 0.03 \times 0.20 = 0.15$	1.2	0.18
	平台梁底部和侧面粉刷	$16 \times 1 \times 0.02 \times [0.20 + 2 \times (0.35 - 0.07)] = 0.24$	1.2	0.29
	小计 g	4.23		5.08

荷载种类	荷载标准值/(kN/m)	荷载分项系数	荷载设计值/(kN/m)
活荷载 q	$2.5 \times \left(\dfrac{1.48}{2} + 0.20 \right) = 2.35$	1.4	3.29
均布荷载合计 p	6.58		8.37
由斜板传来的集中力 F	—		16.85kN

3）平台梁内力计算

平台梁两端与竖立在框架梁上的短柱"整结"，故平台梁的计算跨度 l_3 取净跨 $l_{3n} = 3350mm$。平台梁的计算简图如图 6-23 所示。

平台梁跨中最大弯矩设计值：

$$M = \frac{1}{8} p l_{3n}^2 + F \cdot \frac{(l_{3n} - K)}{2} = \frac{1}{8} \times 8.37 \times 3.35^2 +$$

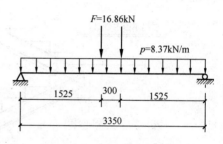

图 6-23　平台梁计算简图

$$16.85 \times \frac{3.35 - 0.3}{2} = 37.44kN \cdot m$$

梁端最大剪力设计值：

$$V = \frac{1}{2} p l_{3n} + F = \frac{1}{2} \times 8.37 \times 3.35 + 16.85 = 14.02 + 16.85 = 30.87kN$$

4）截面设计

① 正截面受弯承载力计算

$$h_0 = h' - 35 = 350 - 35 = 315mm$$

$$\alpha_s = \frac{M}{f_c b h_0^2} = \frac{37.44 \times 10^6}{11 \times 200 \times 315^2} = 0.172$$

$$\gamma_s = 0.5(1 + \sqrt{1 - 2\alpha_s}) = 0.5 \times (1 + \sqrt{1 - 2 \times 0.172}) = 0.905$$

$$A_s = \frac{M}{f_y \gamma_s h_0} = \frac{37.44 \times 10^6}{210 \times 0.905 \times 315} = 625mm^2$$

② 斜截面受剪承载力计算

$$\frac{V}{f_c b h_0} = \frac{30870}{11 \times 200 \times 315} = 0.0445 < 0.07$$

按构造配置箍筋，选用：$\phi6@200$。

（5）绘制施工图

图 6-24 为梁式楼梯斜梁施工图。

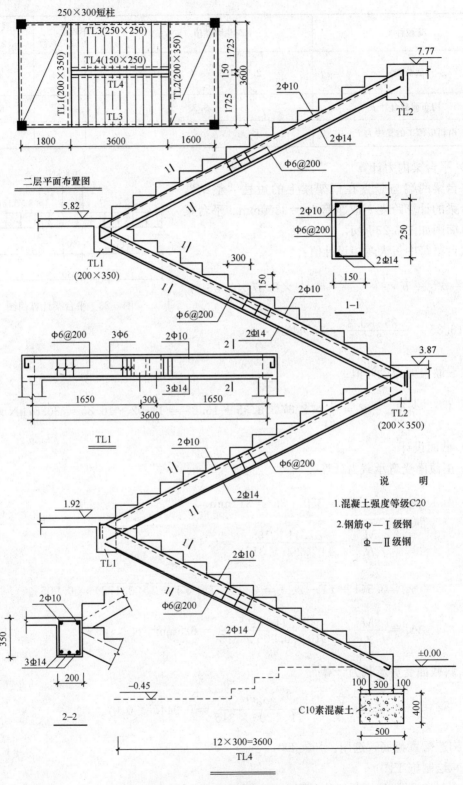

图 6-24　梁式楼梯斜梁施工图

【实例三】折线形板式楼梯的设计计算

实例一中，当 TL2 梁设置在内纵墙时，即为折线形板式楼梯，其他条件同实例一。试对该现浇折线形板式楼梯进行结构设计。

【解】

（1）结构布置

折线形板式楼梯结构布置如图 6-25 所示。

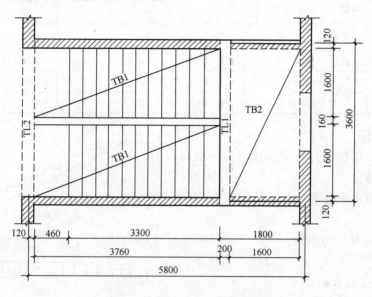

图 6-25　折线形板式楼梯的结构布置

折线形斜板一端与平台梁"整结"，另一端与楼层内纵墙上的 TL2 梁"整结"。斜板的厚度取 $h=150\text{mm}$，水平段的板厚取与斜板相同的厚度 150mm。

（2）折线形楼梯跑设计

1）荷载计算

折线形板式楼梯荷载计算见表 6-8。

表 6-8　折线形楼梯跑荷载计算

荷载种类			荷载标准值/(kN/m)	荷载分项系数	荷载设计值/(kN/m)
恒荷载	锯齿形斜坡	锯齿形斜板自重	$\gamma_2 \times 1 \times \left(\dfrac{h_s}{2}+\dfrac{h}{\cos\alpha}\right)$ $=25\times1\times1\left(\dfrac{0.15}{2}+\dfrac{0.15}{0.894}\right)=6.07$	1.20	7.28
		30mm 厚水磨石面层	$\gamma_1\times1\times c_1(b_s+h_s)/b_s=25\times1\times$ $0.03\times(0.3+0.15)/0.3=1.133$	1.20	1.36
		板底 20mm 厚纸筋灰粉刷	$\gamma_3\times1\times\dfrac{c_2}{\cos\alpha}=16\times\dfrac{0.02}{0.894}=0.36$	1.20	0.43
		小计 g_1	7.56	—	9.07

续表

荷载种类			荷载标准值/(kN/m)	荷载分项系数	荷载设计值/(kN/m)
恒荷载	水平段	水平段板自重	$\gamma_2 \times 1 \times h = 25 \times 1 \times 0.15 = 3.75$	1.20	4.50
		30mm厚水磨石面层	$\gamma_1 \times 1 \times c_1 = 25 \times 1 \times 0.03 = 0.75$	1.20	0.90
		板底20mm厚纸筋灰粉刷	$\gamma_3 \times 1 \times c_2 = 16 \times 1 \times 0.02 = 0.32$	1.20	0.38
		小计 g_2	4.82	—	5.78
	活荷载 q		2.50	1.40	3.50
总计	斜板部分 p_1		10.06	—	12.57
	水平段部分 p_2		7.32	—	9.28

2）计算简图

折线形板式楼梯的计算简图仍可用一根假想的水平板来替代。

计算跨度取水平投影的净长 $l_n = 3300 + 460 = 3760$mm

计算简图如图 6-26 所示。

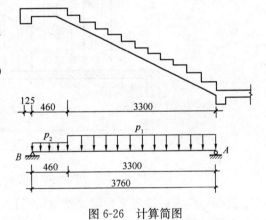

图 6-26 计算简图

3）内力计算

① 求支座反力 R_A

由式（6-9）得

$$R_A = \frac{p_1 l_1\left(\dfrac{l_1}{2} + l_2\right) + \dfrac{p_2 l_2^2}{2}}{l}$$

$$= \frac{12.57 \times 3.3\left(\dfrac{3.3}{2} + 0.46\right) + \dfrac{9.28 \times 0.46^2}{2}}{3.76}$$

$$= 23.54\text{kN}$$

② 折线形板最大计算弯矩

由式（6-10）得

$$M = 0.4\frac{R_A^2}{p_1} = 0.4 \times \frac{23.54^2}{12.57} = 17.63\text{kN} \cdot \text{m}$$

③ 配筋计算

$$h_0 = h - 20 = 150 - 20 = 130\text{mm}$$

$$\alpha_s = \frac{M}{f_c b h_0^2} = \frac{17.63 \times 10^6}{11 \times 1000 \times 130^2} = 0.095$$

$$\gamma_s = 0.5(1 + \sqrt{1 - 2\alpha_s}) = 0.5 \times (1 + \sqrt{1 - 2 \times 0.095}) = 0.95$$

$$A_s = \frac{M}{f_y \gamma_s h_0} = \frac{17.63 \times 10^6}{210 \times 0.95 \times 130} = 680\text{mm}^2$$

选用：Φ12@160，$A_s=707mm^2$

4）绘制施工图

图 6-27 为折线形板式楼梯施工图。

（3）平台梁及平台板设计

平台梁及平台板的设计方法同板式楼梯。

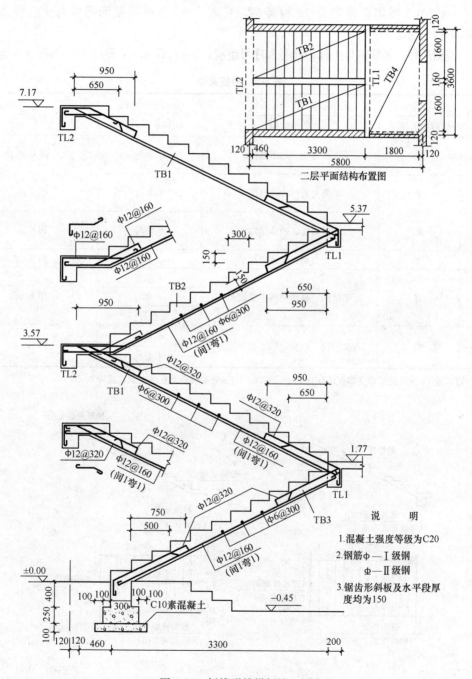

图 6-27　折线形楼梯板施工图

第二节　钢筋混凝土板式楼梯平法识读

一、板式楼梯类型

（1）16G101-2 图集楼梯包含 12 种类型，见表 6-9。各梯板截面形状与支座位置如图 6-28～图 6-33 所示。

（2）楼梯注写：楼梯编号由梯板代号和序号组成；例如 AT××、BT××、ATa ××等。

表 6-9　楼梯类型

梯板代号	适用范围		是否参与结构整体抗震计算	示意图
	抗震构造措施	适用结构		
AT	无	剪力墙、砌体结构	不参与	图 6-28
BT				
CT	无	剪力墙、砌体结构	不参与	图 6-29
DT				
ET	无	剪力墙、砌体结构	不参与	图 6-30
FT				
GT	无	剪力墙、砌体结构	不参与	图 6-31
ATa	有	框架结构、框剪结构中框架部分	不参与	图 6-32
ATb			不参与	
ATc			参与	
CTa	有	框架结构、框剪结构中框架部分	不参与	图 6-33
CTb			不参与	

注：ATa、CTa 低端设滑动支座支承在梯梁上；ATb、CTb 低端设滑动支座支承在挑板上。

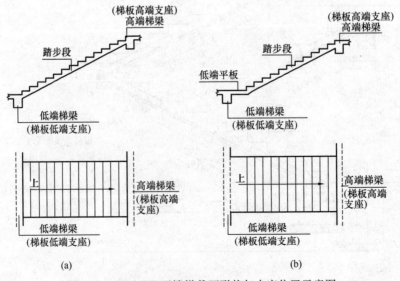

图 6-28　AT、BT 型楼梯截面形状与支座位置示意图

（a）AT 型；（b）BT 型

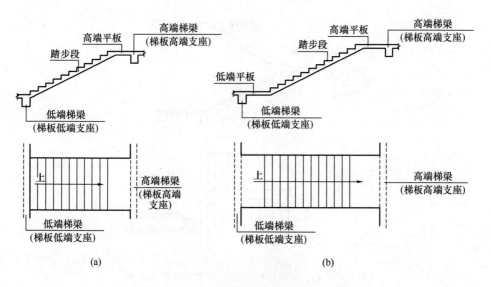

图 6-29　CT、DT 型楼梯截面形状与支座位置示意图

（a）CT 型；（b）DT 型

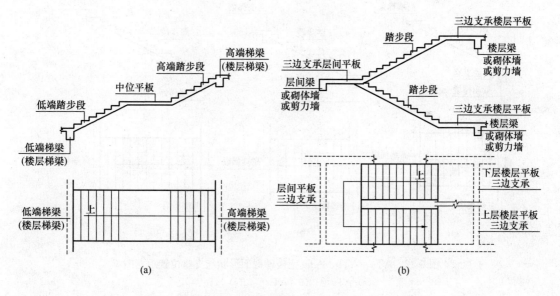

图 6-30　ET、FT 型楼梯截面形状与支座位置示意图

（a）ET 型；（b）FT 型（有层间和楼层平台板的双跑楼梯）

（3）AT～ET 型板式楼梯具备以下特征：

1）AT～ET 型板式楼梯代号表一段带上下支座的梯板。梯板的主体为踏步段，除踏步段之外，梯板可包括低端平板、高端平板以及中位平板。

2）AT～ET 各型梯板的截面形状为：

AT 型梯板全部由踏步段构成；

BT 型梯板由低端平板和踏步段构成；

CT 型梯板由踏步段和高端平板构成；

DT 型梯板由低端平板、踏步段和高端平板构成；

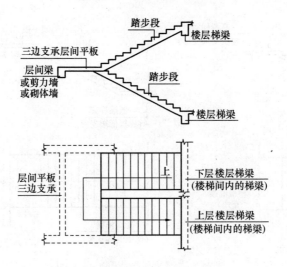

图 6-31 GT 型楼梯截面形状与支座位置示意图

(有层间平台板的双跑楼梯)

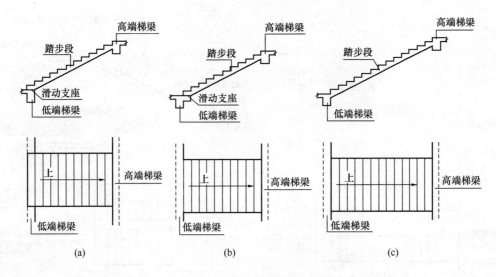

(a) (b) (c)

图 6-32 ATa、ATb、ATc 型楼梯截面形状与支座位置示意图

(a) ATa 型；(b) ATb 型；(c) ATc 型

ET 型梯板由低端踏步段、中位平板和高端踏步段构成。

3) AT~ET 型梯板的两端分别以（低端和高端）梯梁为支座。

4) AT~ET 型梯板的型号、板厚、上下部纵向钢筋及分布钢筋等内容由设计者在平法施工图中注明。梯板上部纵向钢筋向跨内伸出的水平投影长度见相应的标准构造详图，设计不注，但是设计者应予以校核；当标准构造详图规定的水平投影长度不满足具体工程要求时，应由设计者另行注明。

(4) FT、GT 型板式楼梯具备以下特征：

1) FT、GT 每个代号代表两跑踏步段和连接它们的楼层平板及层间平板。

2) FT、GT 型梯板的构成分两类：

第一类：FT 型，由层间平板、踏步段和楼层平板构成。

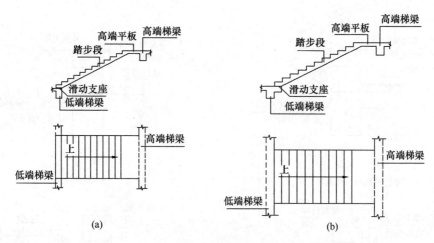

图 6-33　CTa、CTb 型楼梯截面形状与支座位置示意图

(a) CTa 型；(b) CTb 型

第二类：GT 型，由层间平板和踏步段构成。

3）FT、GT 型梯板的支承方式如下：

① FT 型：梯板一端的层间平板采用三边支承，另一端的楼层平板也采用三边支承。

② GT 型：梯板一端的层间平板采用三边支承，另一端的梯板段采用单边支承（在梯梁上）。

FT、GT 型梯板的支承方式见表 6-10。

表 6-10　FT、GT 型梯板支承方式

梯板类型	层间平板端	踏步段（楼层处）	楼层平板端
FT	三边支承	—	三边支承
GT	三边支承	单边支承（梯梁上）	—

4）FT、GT 型梯板的型号、板厚、上下部纵向钢筋及分布钢筋等内容由设计者在平法施工图中注明。FT、GT 型平台上部横向钢筋及其外伸长度，在平面图中原位标注。梯板上部纵向钢筋向跨内伸出的水平投影长度见相应的标准构造详图，设计不注，但设计者应予以校核；当标准构造详图规定的水平投影长度不满足具体工程要求时，应由设计者另行注明。

（5）ATa、ATb 型板式楼梯具备以下特征：

1）ATa、ATb 型为带滑动支座的板式楼梯，梯板全部由踏步段构成，其支承方式为梯板高端均支承在梯梁上，ATa 型梯板低端带滑动支座支承在梯梁上，ATb 型梯板低端带滑动支座支承在挑板上。

2）滑动支座构造如图 6-34 所示，采用何种做法应由设计指定。滑动支座垫板可选用聚四氟乙烯板（四氟板）、钢板和厚度大于等于 0.5mm 的塑料片，也可选用其他能起到有效滑动作用的材料，其连接方式由设计者另行处理。

3）ATa、ATb 型梯板采用双层双向配筋。

（6）ATc 型板式楼梯具备以下特征：

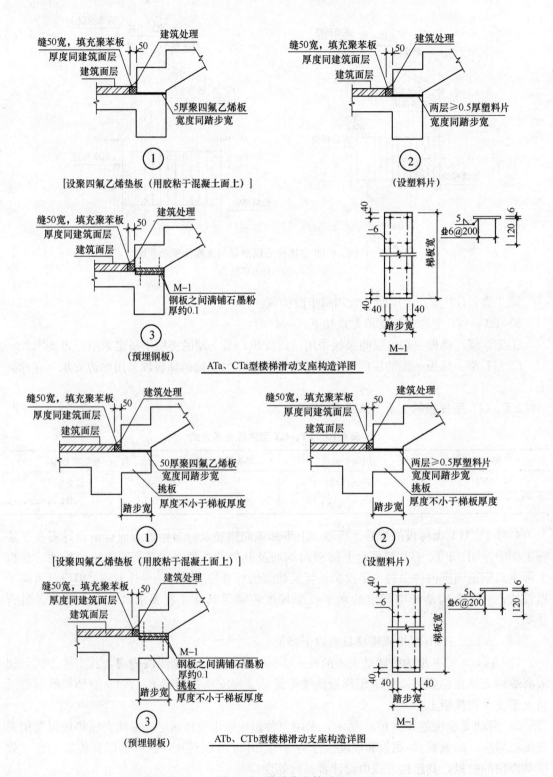

图 6-34　滑动支座构造

1）ATc 型梯板全部由踏步段构成，其支承方式为梯板两端均支承在梯梁上。

2）ATc 楼梯休息平台与主体结构可整体连接，也可脱开连接。

3）ATc 型楼梯梯板厚度应按计算确定，并且不宜小于 140mm；梯板采用双层配筋。

4）ATc 型梯板两侧设置边缘构件（暗梁），边缘构件的宽度取 1.5 倍板厚；边缘构件纵筋数量，当抗震等级为一、二级时不少于 6 根，当抗震等级为三、四级时不少于 4 根；纵筋直径不小于 ϕ12 且不小于梯板纵向受力钢筋的直径；箍筋直径不小于 ϕ6，间距不大于 200mm。

平台板按双层双向配筋。

5）ATc 型楼梯作为斜撑构件，钢筋均采用符合抗震性能要求的热轧钢筋，钢筋的抗拉强度实测值与屈服强度实测值的比值不应小于 1.25；钢筋的屈服强度实测值与屈服强度标准值的比值不应大于 1.3，且钢筋在最大拉力下的总伸长率实测值不应小于 9%。

（7）CTa、CTb 型板式楼梯具备以下特征：

1）CTa、CTb 型为带滑动支座的板式楼梯，梯板由踏步段和高端平板构成，其支承方式为梯板高端均支承在梯梁上。CTa 型梯板低端带滑动支座支承在梯梁上，CTb 型梯板低端带滑动支座支承在挑板上。

2）滑动支座做法见图 6-34，采用何种做法应由设计指定。滑动支座垫板可选用聚四氟乙烯板、钢板和厚度大于等于 0.5 的塑料片，也可选用其他能保证有效滑动的材料，其连接方式由设计者另行处理。

3）CTa、CTb 型梯板采用双层双向配筋。

（8）梯梁支承在梯柱上时，其构造应符合 16G101-1 中框架梁 KL 的构造做法，箍筋宜全长加密。

（9）建筑专业地面、楼层平台板和层间平台板的建筑面层厚度经常与楼梯踏步面层厚度不同，为使建筑面层做好后的楼梯踏步等高，各型号楼梯踏步板的第一级踏步高度和最后一级踏步高度需要相应增加或减少，见楼梯剖面图，若没有楼梯剖面图，其取值方法详见 16G101-2 图集第 50 页。

二、平面注写方式

（1）平面注写方式是指在楼梯平面布置图上注写截面尺寸和配筋具体数值的方式来表达的楼梯施工图。包括集中标注和外围标注。

（2）楼梯集中标注的内容包括五项，具体规定如下：

1）梯板类型代号与序号，例如 AT××。

2）梯板厚度，注写为 $h=\times\times\times$。当为带平板的梯板且梯段板厚度和平板厚度不同时，可在梯段板厚度后面括号内以字母 P 打头注写平板厚度。

3）踏步段总高度和踏步级数之间以斜线"/"分隔。

4）梯板支座上部纵筋、下部纵筋之间以分号";"分隔。

5）梯板分布筋，以 F 打头注写分布钢筋具体值，该项也可在图中统一说明。

6）对于 ATc 型楼梯尚应注明楼板两侧边缘构件纵向钢筋及箍筋。

（3）楼梯外围标注的内容，包括楼梯间的平面尺寸、楼层结构标高、层间结构标高、楼梯的上下方向、梯板的平面几何尺寸、平台板配筋、梯梁及梯柱配筋等。

（4）各类型楼梯平面注写方式与适用条件分别见 16G101-2 图集第 23、25、27、29、31、33、36、40、45、47 页。

三、剖面注写方式

（1）剖面注写方式需在楼梯平法施工图中绘制楼梯平面布置图和楼梯剖面图，注写方式分平面注写和剖面注写两部分。

（2）楼梯平面布置图注写内容，包括楼梯间的平面尺寸、楼层结构标高、层间结构标高、楼梯的上下方向、梯板的平面几何尺寸、梯板类型及编号、平台板配筋、梯梁及梯柱配筋等。

（3）楼梯剖面图注写内容，包括梯板集中标注、梯梁梯柱编号、梯板水平及竖向尺寸、楼层结构标高、层间结构标高等。

（4）梯板集中标注的内容包括四项，具体规定如下：

1）梯板类型及编号，例如 AT××。

2）梯板厚度，注写为 $h=$×××。当梯板由踏步段和平板构成，并且踏步段梯板厚度和平板厚度不同时，可在梯板厚度后面括号内以字母 P 打头注写平板厚度。

3）梯板配筋。注明梯板上部纵筋和梯板下部纵筋，用分号"；"将上部与下部纵筋的配筋值分隔开来。

4）梯板分布筋，以 F 打头注写分布钢筋具体值，该项也可在图中统一说明。

5）对于 ATc 型楼梯尚应注明楼板两侧边缘构件纵向钢筋及箍筋。

四、列表注写方式

（1）列表注写方式是用列表方式注写梯板截面尺寸和配筋具体数值的方式来表达楼梯施工图。

（2）列表注写方式的具体要求同剖面注写方式，仅将剖面注写方式中的梯板配筋注写项改为列表注写项即可。

梯板列表格式见表 6-11。

表 6-11　梯板列表格式

梯板编号	踏步段总高度/踏步级数	板厚 h	上部纵向钢筋	下部纵向钢筋	分布筋

注：对于 ATc 型楼梯尚应注明楼板两侧边缘构件纵向钢筋及箍筋。

第三节　板式楼梯构造详图

一、AT 型楼梯板配筋构造

AT 型楼梯板配筋构造如图 6-35 所示。

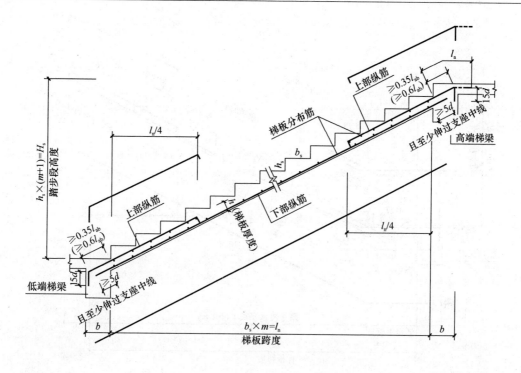

图 6-35　AT 型楼梯板配筋构造

l_n—梯板跨度；h—梯板厚度；b_s—踏步宽度；

h_s—踏步高度；H_s—踏步段高度；m—踏步数；b—支座宽度；

d—钢筋直径；l_{ab}—受拉钢筋的基本锚固长度；l_a—受拉钢筋锚固长度

（1）图 6-35 中上部纵筋锚固长度 $0.35l_{ab}$ 用于设计按铰接的情况，括号内数据 $0.6l_{ab}$ 用于设计考虑充分发挥钢筋抗拉强度的情况，具体工程中设计应指明采用何种情况。

（2）上部纵筋有条件时可直接伸入平台板内锚固，从支座内边算起总锚固长度不小于 l_a，如图 6-35 中虚线所示。

（3）上部纵筋需伸至支座对边再向下弯折。

（4）踏步两头高度调整见 16G101-2 图集第 50 页。

二、BT 型楼梯板配筋构造

BT 型楼梯板配筋构造如图 6-36 所示。

（1）图 6-36 中上部纵筋锚固长度 $0.35l_{ab}$ 用于设计按铰接的情况，括号内数据 $0.6l_{ab}$ 用于设计考虑充分发挥钢筋抗拉强度的情况，具体工程中设计应指明采用何种情况。

（2）上部纵筋有条件时可直接伸入平台板内锚固，从支座内边算起总锚固长度不小于 l_a，如图 6-36 中虚线所示。

（3）上部纵筋需伸至支座对边再向下弯折。

（4）踏步两头高度调整见 16G101-2 图集第 50 页。

三、CT 型楼梯板配筋构造

CT 型楼梯板配筋构造如图 6-37 所示。

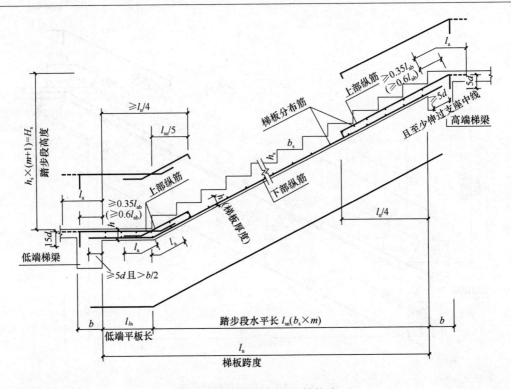

图 6-36 BT 型楼梯板配筋构造

l_n—梯板跨度；l_{sn}—踏步段水平长；h—梯板厚度；b_s—踏步宽度；h_s—踏步高度；H_s—踏步段高度；m—踏步数；
b—支座宽度；d 钢筋直径；l_{ab}—受拉钢筋的基本锚固长度；l_a—受拉钢筋锚固长度；l_{ln}—低端平板长

（1）图 6-37 中上部纵筋锚固长度 $0.35l_{ab}$ 用于设计按铰接的情况，括号内数据 $0.6l_{ab}$ 用于设计考虑充分发挥钢筋抗拉强度的情况，具体工程中设计应指明采用何种情况。

（2）上部纵筋有条件时可直接伸入平台板内锚固，从支座内边算起总锚固长度不小于 l_a，如图 6-37 中虚线所示。

（3）上部纵筋需伸至支座对边再向下弯折。

（4）踏步两头高度调整见 16G101-2 图集第 50 页。

四、DT 型楼梯板配筋构造

DT 型楼梯板配筋构造如图 6-38 所示。

（1）图 6-38 中上部纵筋锚固长度 $0.35l_{ab}$ 用于设计按铰接的情况，括号内数据 $0.6l_{ab}$ 用于设计考虑充分发挥钢筋抗拉强度的情况，具体工程中设计应指明采用何种情况。

（2）上部纵筋有条件时可直接伸入平台板内锚固，从支座内边算起总锚固长度不小于 l_a，如图 6-38 中虚线所示。

（3）上部纵筋需伸至支座对边再向下弯折。

（4）踏步两头高度调整见 16G101-2 图集第 50 页。

五、ET 型楼梯板配筋构造

ET 型楼梯板配筋构造如图 6-39 所示。

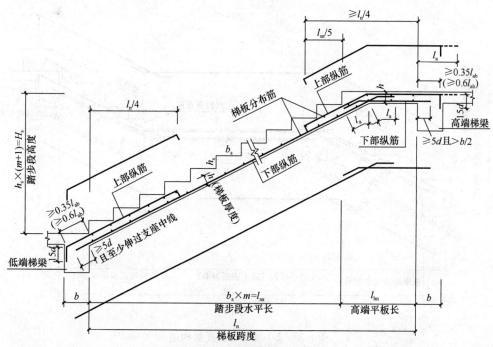

图 6-37　CT 型楼梯梯板配筋构造

l_n—梯板跨度；l_{sn}—踏步段水平长；h—梯板厚度；b_s—踏步宽度；h_s—踏步高度；H_s—踏步段高度；m—踏步数；b—支座宽度；d—钢筋直径；l_{ab}—受拉钢筋的基本锚固长度；l_a—受拉钢筋锚固长度；l_{hn}—高端平板长

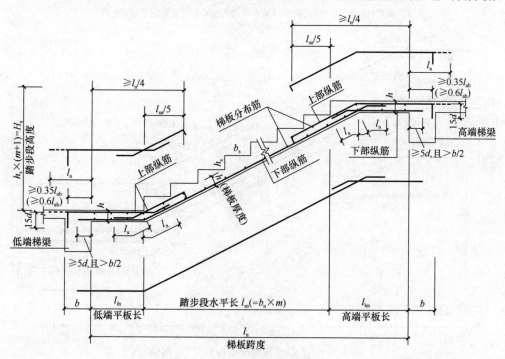

图 6-38　DT 型楼梯梯板配筋构造

l_n—梯板跨度；l_{sn}—踏步段水平长；h—梯板厚度；l_{ln}—低端平板长；b_s—踏步宽度；h_s—踏步高度；H_s—踏步段高度；m—踏步数；b—支座宽度；d—钢筋直径；l_{ab}—受拉钢筋的基本锚固长度；l_a—受拉钢筋锚固长度；l_{hn}—高端平板长

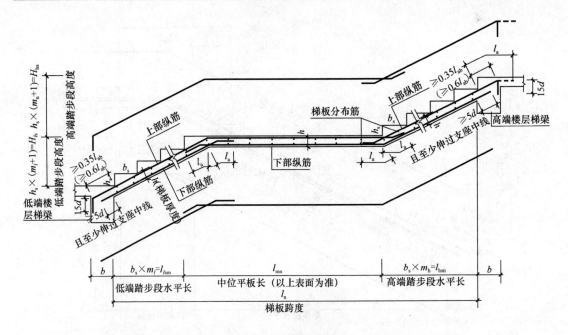

图 6-39 ET 型楼梯板配筋构造

l_n—梯板跨度；h—梯板厚度；l_{lsn}—低端踏步段平板长；l_{mn}—中位平板长；

l_{hsn}—高端踏步段平板长；b_s—踏步宽度；h_s—踏步高度；H_{ls}—低端踏步段高度；

H_{hs}—高端踏步段高度；m_l—低端踏步数；m_h—高端踏步数；b—支座宽度；

d—钢筋直径；l_{ab}—受拉钢筋的基本锚固长度；l_a—受拉钢筋锚固长度

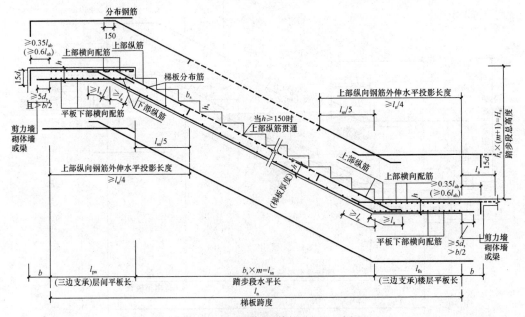

图 6-40 FT 型楼梯板配筋构造（1-1 剖面）

（楼层平板和层间平板均为三边支承）

l_n—梯板跨度；h—梯板厚度；l_{pn}—（三边支承）层间平板长；l_{sn}—踏步段水平长；l_{fn}—（三边支承）楼层平板长；

b_s—踏步宽度；h_s—踏步高度；H_s—踏步总高度；m—踏步数；b—支座宽度；d—钢筋直径；l_{ab}—受拉钢筋的基

本锚固长度；l_a—受拉钢筋锚固长度

（1）图 6-39 中上部纵筋锚固长度 $0.35l_{ab}$ 用于设计按铰接的情况，括号内数据 $0.6l_{ab}$ 用于设计考虑充分发挥钢筋抗拉强度的情况，具体工程中设计应指明采用何种情况。

（2）上部纵筋有条件时可直接伸入平台板内锚固，从支座内边算起总锚固长度不小于 l_a，如图 6-39 中虚线所示。

（3）上部纵筋需伸至支座对边再向下弯折。

（4）踏步两头高度调整见 16G101-2 图集第 50 页。

六、FT 型楼梯板配筋构造

FT 型楼梯板配筋构造（1-1 剖面）如图 6-40 所示；FT 型楼梯板配筋构造（2-2 剖面）如图 6-41 所示。

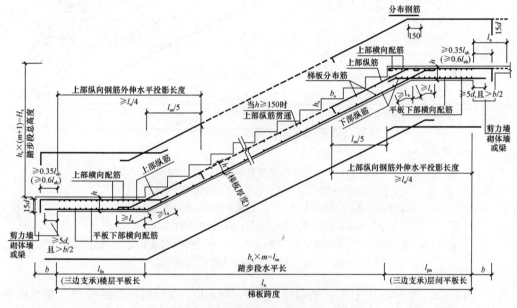

图 6-41　FT 型楼梯板配筋构造（2-2 剖面）

（楼层平板和层间平板均为三边支承）

l_n—梯板跨度；h—梯板厚度；l_{pn}—（三边支承）层间平板长；l_{sn}—踏步段水平长；l_{fn}—（三边支承）楼层平板长；b_s—踏步宽度；h_s—踏步高度；H_s—踏步段总高度；m—踏步数；b—支座宽度；d—钢筋直径；l_{ab}—受拉钢筋的基本锚固长度；l_a—受拉钢筋锚固长度

（1）图 6-40、图 6-41 中上部纵筋锚固长度 $0.35l_{ab}$ 用于设计按铰接的情况，括号内数据 $0.6l_{ab}$ 用于设计考虑充分发挥钢筋抗拉强度的情况，具体工程中设计应指明采用何种情况。

（2）上部纵筋有条件时可直接伸入平台板内锚固，从支座内边算起总锚固长度不小于 l_a，如图 6-40、图 6-41 中虚线所示。

（3）上部纵筋需伸至支座对边再向下弯折。

（4）踏步两头高度调整见 16G101-2 图集第 50 页。

七、GT 型楼梯板配筋构造

GT 型楼梯板配筋构造（1-1 剖面）如图 6-42 所示；GT 型楼梯板配筋构造（2-2 剖面）如图 6-43 所示。

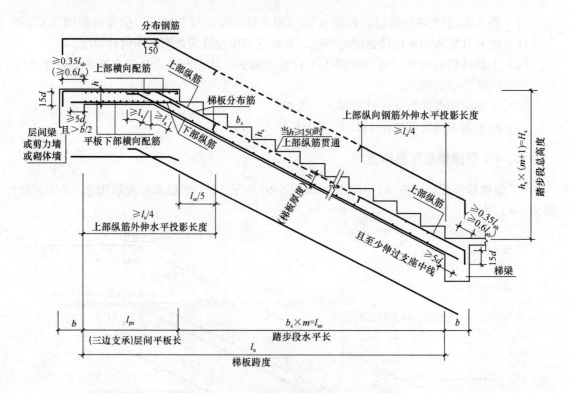

图 6-42　GT 型楼梯板配筋构造（1-1 剖面）

（层间平板为三边支承，踏步段楼层端为单边支承）

l_n—梯板跨度；h—梯板厚度；l_{pn}—层间平板长；l_{sn}—踏步段水平长；

b_s—踏步宽度；h_s—踏步高度；H_s—踏步段总高度；

m—踏步数；b—支座宽度；d—钢筋直径；l_{ab}—受拉钢筋的基本锚固长度；

l_a—受拉钢筋锚固长度

（1）图 6-42、图 6-43 中上部纵筋锚固长度 $0.35l_{ab}$ 用于设计按铰接的情况，括号内数据 $0.6l_{ab}$ 用于设计考虑充分发挥钢筋抗拉强度的情况，具体工程中设计应指明采用何种情况。

（2）上部纵筋有条件时可直接伸入平台板内锚固，从支座内边算起总锚固长度不小于 l_a，如图 6-42、图 6-43 中虚线所示。

（3）上部纵筋需伸至支座对边再向下弯折。

（4）踏步两头高度调整见 16G101-2 图集第 50 页。

八、ATa 楼梯板配筋构造

ATa 楼梯板配筋构造如图 6-44 所示。

踏步两头高度调整见 16G101-2 图集第 50 页。

九、ATb 楼梯板配筋构造

ATb 楼梯板配筋构造如图 6-45 所示。

踏步两头高度调整见 16G101-2 图集第 50 页。

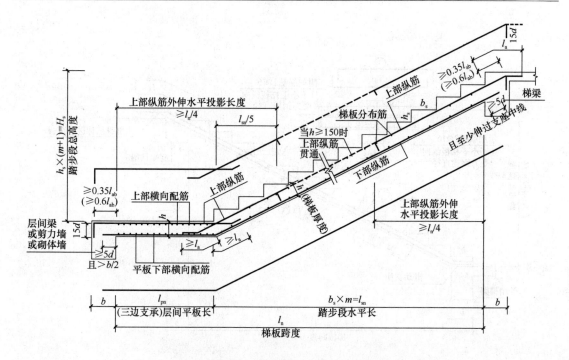

图 6-43　GT 型楼梯板配筋构造（2-2 剖面）

（层间平板为三边支承，踏步段楼层端为单边支承）

l_n—梯板跨度；h—梯板厚度；l_{pn}—层间平板长；l_{sn}—踏步段水平长；

b_s—踏步宽度；h_s—踏步高度；H_s—踏步段总高度；

m—踏步数；b—支座宽度；d—钢筋直径；l_{ab}—受拉钢筋的基本锚固长度；

l_a—受拉钢筋锚固长度

十、ATc 型楼梯板配筋构造

ATc 型楼梯板配筋构造如图 6-46 所示。

（1）钢筋均采用符合抗震性能要求的热轧钢筋（钢筋的抗拉强度实测值与屈服强度实测值的比值不应小于 1.25；钢筋的屈服强度实测值与屈服强度标准值的比值不应大于 1.3，且钢筋在最大拉力下的总伸长率实测值不应小于 9%）。

（2）上部纵筋需伸至支座对边再向下弯折。

（3）踏步两头高度调整见 16G101-2 图集第 50 页。

（4）梯板拉结筋Φ6，拉结筋间距为 600mm。

十一、CTa 型楼梯板配筋构造

CTa 型楼梯板配筋构造如图 6-47 所示。

（1）踏步两头高度调整见 16G101-2 图集第 50 页。

（2）h_t 宜大于 h，由设计指定。

十二、CTb 型楼梯板配筋构造

CTb 型楼梯板配筋构造如图 6-48 所示。

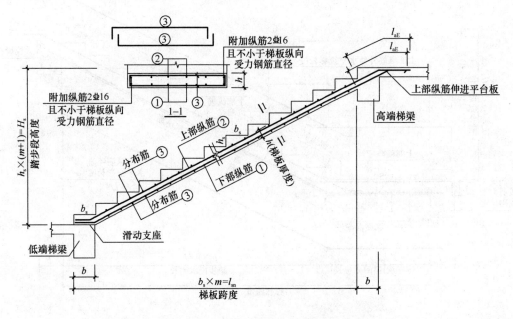

图 6-44　ATa 楼梯板配筋构造

l_{sn}—梯板跨度；h—梯板厚度；b_s—踏步宽度；h_s—踏步高度；

H_s—踏步段高度；m—踏步数；b—支座宽度；l_{aE}—受拉钢筋抗震锚固长度

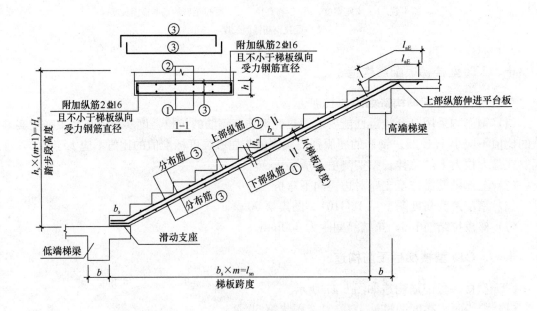

图 6-45　ATb 楼梯板配筋构造

l_{sn}—梯板跨度；h—梯板厚度；b_s—踏步宽度；h_s—踏步高度；

H_s—踏步段高度；m—踏步数；b—支座宽度；l_{aE}—受拉钢筋抗震锚固长度

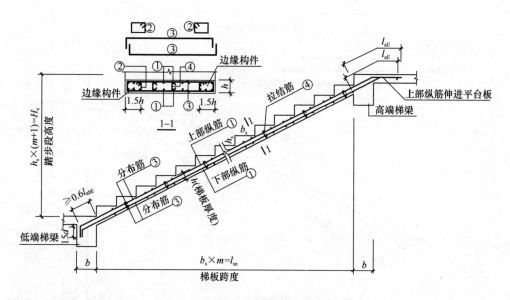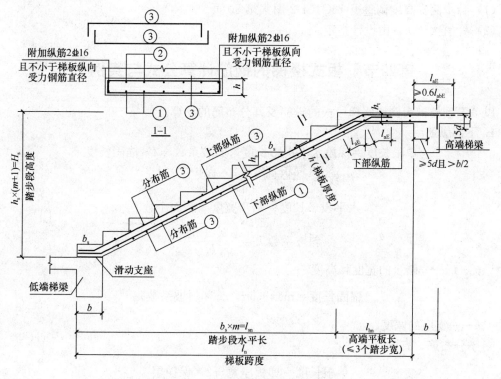

图 6-46　ATc 型楼梯板配筋构造

l_{sn}—梯板跨度；h—梯板厚度；b_s—踏步宽度；h_s—踏步高度；H_s—踏步段高度；d—钢筋直径；m—踏步数；b—支座宽度；l_{aE}—受拉钢筋抗震锚固长度；l_{abE}—受拉钢筋抗震基本锚固长度

图 6-47　CTa 型楼梯板配筋构造

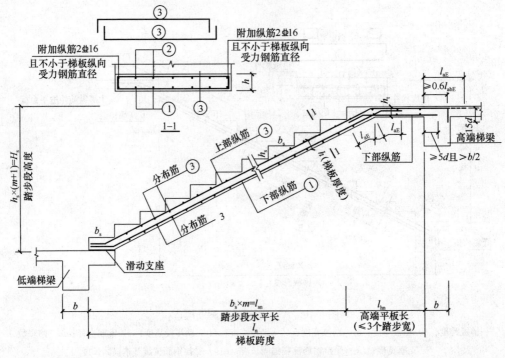

图 6-48　CTb 型楼梯板配筋构造

（1）踏步两头高度调整见 16G101-2 图集第 50 页。

（2）h_t 宜大于 h，由设计指定。

第四节　板式楼梯的钢筋计算公式与实例

以 AT 型楼梯为例说明梯段板的纵筋及其分布筋的计算。

1. 下部纵筋

$$单根长度 = 梯段水平投影长度 \times 斜坡系数 + 2 \times 锚固长度$$

$$根数 = \frac{（梯板宽度 - 2 \times 保护层）}{间距} + 1$$

$$水平投影长度 = 踏步宽度 \times 踏面个数$$

$$斜坡系数\ k = \frac{\sqrt{b_s^2 + h_s^2}}{b_s}$$

式中　b_s、h_s——踏步的宽度和高度。

$$锚固长度 = \max\left(5d,\ \frac{b}{2} \times 斜坡系数\right)$$

式中　b——支座的宽度。

对于分布筋，有

$$单根长度 = 梯板净宽 - 2 \times 保护层$$

$$根数 = \frac{（L_n \times 斜坡系数 - 间距）}{间距}$$

2. 梯板低端上部纵筋（低端扣筋）及分布筋

对于低端扣筋，有

$$单根长度 = \left(\frac{L_n}{4} + b - 保护层\right) \times 斜坡系数 + 15 + h - 保护层$$

根数同梯板下部纵筋计算规则。

对于分布筋，单根长度同底部分布筋计算规则。

$$根数 = \frac{\left(\dfrac{L_n}{4} \times 斜坡系数 - \dfrac{间距}{2}\right)}{间距} + 1$$

3. 梯板高端上部纵筋（高端扣筋）及分布筋

与梯板低端上部纵筋类似，只是在直锚时，

$$单根长度 = \left(\frac{L_n}{4} + b - 保护层\right) \times 斜坡系数 + l_a + h - 保护层$$

式中 l_a——锚固长度。

分布筋长度和根数同低端扣筋的分布筋。

【实例四】某 AT 型楼梯梯段板的钢筋设计计算一

某楼梯结构平面图如图 6-49 所示，混凝土强度等级 C30，试对一个梯段板的钢筋进行设计。

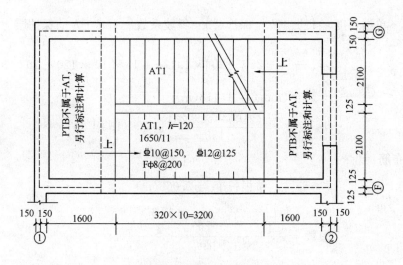

图 6-49 楼梯结构平面图

【解】

本梯段属于 AT 型楼梯，梯板厚 120mm，踏步高 $h_s = 1650/11 = 150mm$，低端和高端的上部纵筋为 $\Phi 10@150$，梯板底部纵筋为 $\Phi 12@125$，分布筋为 $\Phi 8@250$，梯段净宽为 2100mm，梯段净长为 3200mm，踏步宽 $b_s = 280mm$，本例中梯梁宽没有给出，这里假设梯梁宽 250mm，保护层厚 20mm。

（1）梯段底部纵筋及分布筋

$$斜坡系数 k = \frac{\sqrt{b_s^2 + h_s^2}}{b_s} = \frac{\sqrt{280^2 + 150^2}}{280} = 1.134$$

对于梯段底部纵筋：

$$单根长度 = 梯段水平投影长度 \times 斜坡系数 + 2 \times 锚固长度$$
$$= 3200 \times 1.134 + 2 \times \max(5 \times 12, 250/2 \times 1.134)$$
$$= 3912(mm) = 3.912(m)$$

$$根数 = \frac{(梯板宽度 - 2 \times 保护层)}{间距} + 1$$
$$= \frac{(2100 - 2 \times 20)}{125} + 1 \approx 18 \ 根$$

对于分布筋：

$$单根长度 = 梯板净宽 - 2 \times 保护层$$
$$= 2100 - 40$$
$$= 2060(mm) = 2.060(m)$$

$$根数 = \frac{(L_n \times 斜坡系数 - 间距)}{间距} + 1$$
$$= \frac{(3200 \times 1.134 - 250)}{250} + 1 \approx 15 \ 根$$

（2）梯板低端上部纵筋（低端扣筋）及分布筋

对于低端扣筋：

$$单根长度 = \left(\frac{L_n}{4} + b - 保护层\right) \times 斜坡系数 + 15d + h - 保护层$$
$$= \left(\frac{3200}{4} + 250 - 20\right) \times 1.134 + 15 \times 10 + 120 - 20$$
$$= 1418(mm) = 1.418(m)$$

$$根数 = \frac{(2100 - 2 \times 20)}{150} + 1 \approx 15 \ 根$$

对于分布筋：

$$单根长度 = 2.060(m)$$

$$根数 = \frac{\left(\dfrac{L_n}{4} \times 斜坡系数 - \dfrac{间距}{2}\right)}{间距} + 1$$

$$= \frac{\left(3200/4 \times 1.134 - \dfrac{250}{2}\right)}{250} + 1 \approx 5 \ 根$$

（3）梯板高端上部纵筋（高端扣筋）及分布筋

与梯板低端上部纵筋（低端扣筋）及分布筋计算相同。

【实例五】某 AT 型楼梯梯段板的钢筋设计计算二

AT3 型楼梯的平面布置如图 6-50 所示。混凝土强度等级为 C30，梯梁宽度 b 为

200mm。试对 AT3 型楼梯的梯板钢筋进行设计。

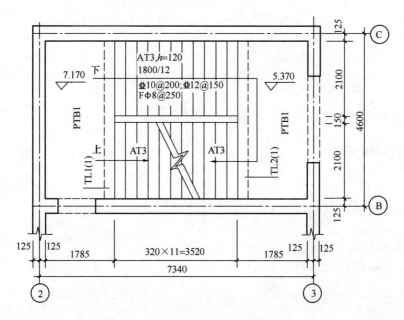

图 6-50 AT3 型楼梯平面布置图

【解】

（1）基本尺寸数据

1）楼梯板净跨度 $l_n = 3520$mm

2）梯板净宽度 $b_n = 2100$mm

3）梯板厚度 $h = 120$mm

4）踏步宽度 $b_s = 320$mm

5）踏步总高度 $H_s = 1800$mm

6）踏步高度 $h_s = 1800/12 = 150$mm

（2）计算步骤

1）斜坡系数 $k = \dfrac{\sqrt{b_s^2 + h_s^2}}{b_s} = \dfrac{\sqrt{320^2 + 150^2}}{320} = 1.104$

2）梯板下部纵筋以及分布筋

① 梯板下部纵筋

长度 $l = l_n \times k + 2 \times a = 3520 \times 1.104 + 2 \times \max\left(5d, \dfrac{b}{2}\right)$

$$= 3520 \times 1.104 + 2 \times \max\left(5 \times 12, \dfrac{200}{2}\right) = 4086.08\text{mm}$$

根数 $= \dfrac{(b_n - 2 \times c)}{\text{间距}} + 1 = \dfrac{(2100 - 2 \times 15)}{150} + 1 \approx 15$ 根

② 分布筋

长度 $= b_n - 2 \times c = 2100 - 2 \times 15 = 2070$mm

根数 $= \dfrac{(l_n \times k - 50 \times 2)}{\text{间距}} + 1 = \dfrac{(3520 \times 1.104 - 50 \times 2)}{250} + 1 \approx 17$ 根

3）梯板低端扣筋

$$l_1 = \left[\frac{l_n}{4} + (b-c)\right] \times k = \left(\frac{3520}{4} + 200 - 15\right) \times 1.104 = 1175.76\text{mm}$$

$$l_2 = 15d = 15 \times 10 = 150\text{mm}$$

$$h_1 = h - c = 120 - 15 = 105\text{mm}$$

分布筋 $= b_n - 2 \times c = 2100 - 2 \times 15 = 2070\text{mm}$

$$梯板低端扣筋的根数 = \frac{(b_n - 2 \times c)}{间距} + 1 = \frac{(2100 - 2 \times 15)}{250} + 1 \approx 10 \text{ 根}$$

$$分布筋的根数 = \frac{\left(\frac{l_n}{4} \times k\right)}{间距} + 1 = \frac{(3520/4 \times 1.104)}{250} + 1 \approx 5 \text{ 根}$$

4）梯板高端扣筋

$$h_1 = h - c = 120 - 15 = 105\text{mm}$$

$$l_1 = \left[\frac{l_n}{4} + (b-c)\right] \times k = \left(\frac{3520}{4} + 200 - 15\right) \times 1.104 = 1175.76\text{mm}$$

$$l_2 = 15d = 15 \times 10 = 150\text{mm}$$

高端扣筋的每根长度 $= 105 + 1175.76 + 150 = 1430.76\text{mm}$

分布筋 $= b_n - 2 \times c = 2100 - 2 \times 15 = 2070\text{mm}$

$$梯板高端扣筋的根数 = \frac{(b_n - 2 \times c)}{间距} + 1 = \frac{(2100 - 2 \times 15)}{150} + 1 \approx 15 \text{ 根}$$

$$分布筋的根数 = \frac{\left(\frac{l_n}{4} \times k\right)}{间距} + 1 = \frac{\left(\frac{3520}{4} \times 1.104\right)}{250} + 1 \approx 5 \text{ 根}$$

以上只计算了一跑 AT1 梯板的钢筋，一个楼梯间有两跑 AT1，故应将上述数据乘以 2。

思考题：

1. 现浇梁式楼梯的踏步板如何设计？

2. 现浇梁式楼梯的斜梁如何设计？

3. 现浇板式楼梯的斜板如何设计？

4. 现浇板式楼梯的平台板如何设计？

5. 简述折线形板式楼梯的设计计算。

6. 根据 16G101-2 图集要求，楼梯有哪些类型？

7. FT、GT 型梯板的支承方式如何？

8. AT 型楼梯板配筋构造有哪些要求？

9. BT 型楼梯板配筋构造有哪些要求？

10. GT 型楼梯板配筋构造有哪些要求？

11. ATa、ATb、ATc 型楼梯板配筋构造有哪些要求？

12. CTa、CTb 型楼梯板配筋构造有哪些要求？

第七章　基础钢筋设计计算

重点提示：

1. 了解无筋扩展基础与扩展基础的构造与计算
2. 熟悉独立基础、条形基础、筏形基础的平法识读与构造
3. 了解基础平法钢筋计算公式，掌握其计算方法

第一节　无筋扩展基础与扩展基础

一、无筋扩展基础构造与计算

（1）无筋扩展基础构造如图 7-1 所示，高度应满足式（7-1）的要求。

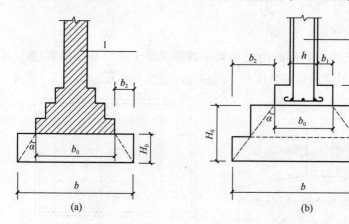

图 7-1　无筋扩展基础构造图示

（a）墙下基础；（b）柱下基础

1—承重墙；2—钢筋混凝土柱

d—柱中纵向钢筋直径

$$H_0 \geqslant \frac{b - b_0}{2\tan\alpha} \tag{7-1}$$

式中　b——基础底面宽度，m；

b_0——基础顶面的墙体宽度或柱脚宽度，m；

H_0——基础高度，m；

$\tan\alpha$——基础台阶宽高比 $b_2 : H_0$；

b_2——基础台阶宽度，m。

（2）采用无筋扩展基础的钢筋混凝土柱，其柱脚高度 h_1 不得小于 b_1，并不应小于300mm且不小于20d。当柱纵向钢筋在柱脚内的竖向锚固长度不满足锚固要求时，可沿水平方向弯折，弯折后的水平锚固长度不应小于10d 也不应大于20d（d 为柱中的纵向受力钢筋的最大直径）。

二、扩展基础构造与计算

扩展基础是指柱下钢筋混凝土独立基础和墙下钢筋混凝土条形基础。由于基础底板中垂直于受力钢筋的另一个方向的配筋具有分散部分荷载的作用，有利于底板内力重分布，因此基础板的最小配筋率小于梁的最小配筋率。

（1）扩展基础的构造，应符合下列规定：

1）锥形基础的边缘高度不宜小于200mm，且两个方向的坡度不宜大于1：3；阶梯形基础的每阶高度，宜为300～500mm。

2）垫层的厚度不宜小于70mm，垫层混凝土强度等级不宜低于C10。

3）扩展基础受力钢筋最小配筋率不应小于0.15%，底板受力钢筋的最小直径不应小于10mm，间距不应大于200mm，也不应小于100mm。墙下钢筋混凝土条形基础纵向分布钢筋的直径不应小于8mm；间距不应大于300mm；每延米分布钢筋的面积不应小于受力钢筋面积的15%。当有垫层时钢筋保护层的厚度不应小于40mm；无垫层时不应小于70mm。

4）混凝土强度等级不应低于C20。

5）当柱下钢筋混凝土独立基础的边长和墙下钢筋混凝土条形基础的宽度不小于2.5m时，底板受力钢筋的长度可取边长或宽度的0.9倍，并宜交错布置，如图7-2所示。

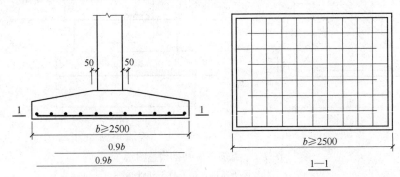

图7-2 柱下钢筋混凝土独立基础底板受力钢筋布置

6）钢筋混凝土条形基础底板在T形及十字形交接处，底板横向受力钢筋仅沿一个主要受力方向通长布置，另一方向的横向受力钢筋可布置到主要受力方向底板宽度1/4处，如图7-3所示。在拐角处底板横向受力钢筋应沿两个方向布置，如图7-3所示。

（2）钢筋混凝土柱和剪力墙纵向受力钢筋在基础内的锚固长度应符合下列规定：

1）钢筋混凝土柱和剪力墙纵向受力钢筋在基础内的锚固长度（l_a）应根据现行国家标准《混凝土结构设计规范》（GB 50010—2010）有关规定确定。

2）抗震设防烈度为6度、7度、8度和9度地区的建筑工程，纵向受力钢筋的抗震锚固

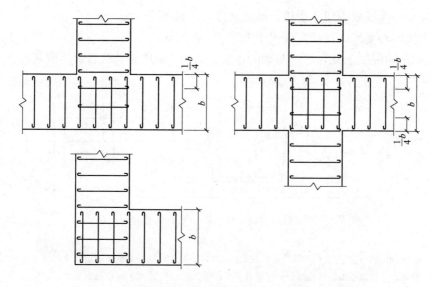

图 7-3　钢筋混凝土条形基础纵横交叉处底板受力钢筋布置

长度（l_{aE}）计算：

① 一、二级抗震等级纵向受力钢筋的抗震锚固长度（l_{aE}）应按下式计算：

$$l_{aE} = 1.15l_a \tag{7-2}$$

② 三级抗震等级纵向受力钢筋的抗震锚固长度（l_{aE}）应按下式计算：

$$l_{aE} = 1.05l_a \tag{7-3}$$

③ 四级抗震等级纵向受力钢筋的抗震锚固长度（l_{aE}）应按下式计算：

$$l_{aE} = l_a \tag{7-4}$$

式中　l_a——纵向受拉钢筋的锚固长度，m。

3）当基础高度小于 l_a（l_{aE}）时，纵向受力钢筋的锚固总长度除符合上述要求外，其最小直锚段长度不应小于 $20d$，弯折段长度不应小于 $150mm$。

（3）现浇柱的基础，其插筋的数量、直径以及钢筋种类应与柱内纵向受力钢筋相同。插筋的锚固长度应满足上述第（2）的规定，插筋与柱的纵向受力钢筋的连接方法，应符合现行国家标准《混凝土结构设计规范》（GB 50010—2010）的有关规定。插筋的下端宜做成直钩放在基础底板钢筋网上。当符合下列条件之一时，可仅将四角的插筋伸至底板钢筋网上，其余插筋锚固在基础顶面下 l_a（l_{aE}）处，如图 7-4 所示。

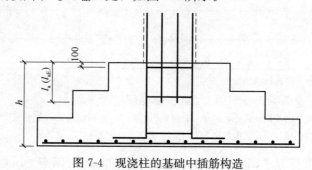

图 7-4　现浇柱的基础中插筋构造

1）柱为轴心受压或小偏心受压，基础高度大于或等于1200mm。

2）柱为大偏心受压，基础高度大于或等于1400mm。

（4）预制钢筋混凝土柱与杯口基础的连接，如图7-5所示，应符合下列规定：

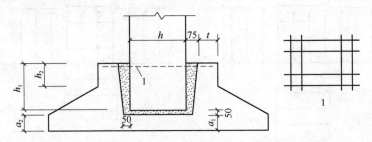

图7-5 预制钢筋混凝土柱与杯口基础的连接（$a_2 \geqslant a_1$）

1—焊接网

注：1. h为柱截面长边尺寸；h_a为双肢柱全截面长边尺寸；h_b为双肢柱全截面短边尺寸。

2. 柱轴心受压或小偏心受压时，h_1可适当减小，偏心距大于$2h$时，h_1应适当加大。

1）柱的插入深度，可按表7-1选用，并应满足上述第（2）条钢筋锚固长度的要求及吊装时柱的稳定性要求。

表7-1　柱的插入深度 h_1（mm）

矩形或工字形柱				双肢柱
$h<500$	$500 \leqslant h<800$	$800 \leqslant h \leqslant 1000$	$h>1000$	
$h \sim 1.2h$	h	$0.9h$ 且 $\geqslant 800$	$0.8h$ 且 $\geqslant 1000$	$(1/3 \sim 2/3)h_a$ $(1.5 \sim 1.8)h_b$

2）基础的杯底厚度和杯壁厚度，可按表7-2选用。

表7-2　基础的杯底厚度和杯壁厚度（mm）

柱截面长边尺寸 h	杯底厚度 a_1	杯壁厚度 t
$h<500$	$\geqslant 150$	$150 \sim 200$
$500 \leqslant h<800$	$\geqslant 200$	$\geqslant 200$
$800 \leqslant h<1000$	$\geqslant 200$	$\geqslant 300$
$1000 \leqslant h<1500$	$\geqslant 250$	$\geqslant 350$
$1500 \leqslant h<2000$	$\geqslant 300$	$\geqslant 400$

注：1. 双肢柱的杯底厚度值，可适当加大。

2. 当有基础梁时，基础梁下的杯壁厚度，应满足其支承宽度的要求。

3. 柱子插入杯口部分的表面应凿毛，柱子与杯口之间的空隙，应用比基础混凝土强度等级高一级的细石混凝土充填密实，当达到材料设计强度的70%以上时，方能进行上部吊装。

3）当柱为轴心受压或小偏心受压且 $t/h_2 \geqslant 0.65$ 时，或大偏心受压且 $t/h_2 \geqslant 0.75$ 时，杯

壁可不配筋；当柱为轴心受压或小偏心受压且 $0.5 \leqslant t/h_2 < 0.65$ 时，杯壁可按表 7-3 构造配筋。

表 7-3　杯壁构造配筋（mm）

柱截面长边尺寸	$h < 1000$	$1000 \leqslant h < 1500$	$1500 \leqslant h \leqslant 2000$
钢筋直径	8～10	10～12	12～16

注：表中钢筋置于杯口顶部，每边 2 根。

（5）预制钢筋混凝土柱（包括双肢柱）与高杯口基础的连接，如图 7-6 所示，除应符合上述第（4）条插入深度的规定外，尚应符合下列规定：

1）起重机起重量不大于 750kN，轨顶标高不大于 14m，基本风压小于 0.5kPa 的工业厂房，且基础短柱的高度不大于 5m。

2）起重机起重量大于 750kN，基本风压大于 0.5kPa，应符合下式的规定：

$$\frac{E_2 J_2}{E_1 J_1} \geqslant 10 \qquad (7\text{-}5)$$

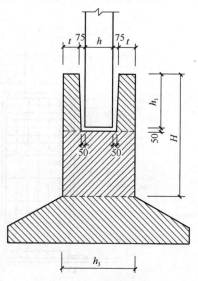

图 7-6　预制钢筋混凝土柱
与高杯口基础连接示意
H—短柱高度

式中　E_1——预制钢筋混凝土柱的弹性模量，kPa；

　　　J_1——预制钢筋混凝土柱对其截面短轴的惯性矩，m^4；

　　　E_2——短柱的钢筋混凝土弹性模量，kPa；

　　　J_2——短柱对其截面短轴的惯性矩，m^4。

3）当基础短柱的高度大于 5m 时，应符合下式的规定：

$$\frac{\Delta_2}{\Delta_1} \leqslant 1.1 \qquad (7\text{-}6)$$

式中　Δ_1——单位水平力作用在以高杯口基础顶面为固定端的柱顶时，柱顶的水平位移，m；

　　　Δ_2——单位水平力作用在以短柱底面为固定端的柱顶时，柱顶的水平位移，m。

4）高杯口基础的杯壁厚度应符合表 7-4 的规定。高杯口基础短柱的纵向钢筋，除满足计算要求外，在非地震区及抗震设防烈度低于 9 度地区，且满足本条第 1）、第 2）、第 3）款的要求时，短柱四角纵向钢筋的直径不宜小于 20mm，并延伸至基础底板的钢筋网上；短柱长边的纵向钢筋，当长边尺寸不大于 1000mm 时，其钢筋直径不应小于 12mm，间距不应大于 300mm；当长边尺寸大于 1000mm 时，其钢筋直径不应小于 16mm，间距不应大于 300mm，且每隔 1m 左右伸下 1 根并做 150mm 的直钩支承在基础底部的钢筋网上，其余钢筋锚固至基础底板顶面下 l_a 处，如图 7-7 所示。短柱短边每隔 300mm 应配置直径不小于 12mm 的纵向钢筋且每边的配筋率不少于 0.05％短柱的截面面积。短柱中杯口壁内横向箍筋不应小于Φ8@150；短柱中其他部位的箍筋直径不应小于 8mm，间距不应大于 300mm；当抗震设防烈度为 8 度和 9 度时，箍筋直径不应小于 8mm，间距不应大

表 7-4 高杯口基础的杯壁厚度 t（mm）

h	t
$600<h\leqslant800$	$\geqslant250$
$800<h\leqslant1000$	$\geqslant300$
$1000<h\leqslant1400$	$\geqslant350$
$1400<h\leqslant1600$	$\geqslant400$

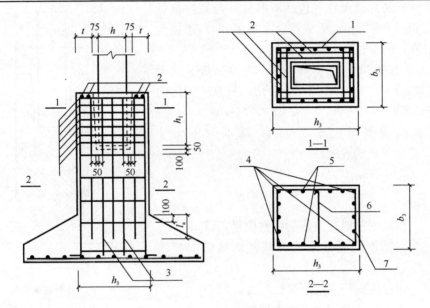

图 7-7 高杯口基础构造配筋

1—杯口壁内横向箍筋Φ 8@150；2—顶层焊接钢筋网；

3—插入基础底部的纵向钢筋，不应少于每米1根；4—短柱四角钢筋，一般不小于Φ 20；

5—短柱长边纵向钢筋，当 $h_3\leqslant1000$mm 用Φ 12@300，当 $h_3>1000$mm 用Φ 16@300；

6—按构造要求；7—短柱短边纵向钢筋，每边不小于 $0.05\%b_3h_3$（不小于Φ 12@300）

（6）扩展基础的基础底面积，应按《建筑地基基础设计规范》（GB 50007—2011）第 5 章有关规定确定。在条形基础相交处，不应重复计入基础面积。

（7）扩展基础的计算应符合下列规定：

1）对柱下独立基础，当冲切破坏锥体落在基础底面以内时，应验算柱与基础交接处以及基础变阶处的受冲切承载力。

2）对基础底面短边尺寸不大于柱宽加2倍基础有效高度的柱下独立基础，以及墙下条形基础，应验算柱（墙）与基础交接处的基础受剪切承载力。

3）基础底板的配筋，应按抗弯计算确定。

4）当基础的混凝土强度等级小于柱的混凝土强度等级时，尚应验算柱下基础顶面的局部受压承载力。

（8）柱下独立基础的受冲切承载力应按下列公式验算：

$$F_l \leqslant 0.7\beta_{hp}f_t a_m h_0$$

（7-7）

$$a_m = (a_t + a_b)/2 \tag{7-8}$$

$$F_l = p_j A_l \tag{7-9}$$

式中 β_{hp}——受冲切承载力截面高度影响系数，当 h 不大于 800mm 时，β_{hp} 取 1.0；当 h 不小于 2000mm 时，β_{hp} 取 0.9，其间按线性内插法取用；

f_t——混凝土轴心抗拉强度设计值，kPa；

h_0——基础冲切破坏锥体的有效高度，m；

a_m——冲切破坏锥体最不利一侧计算长度，m；

a_t——冲切破坏锥体最不利一侧斜截面的上边长（m），当计算柱与基础交接处的受冲切承载力时，取柱宽；当计算基础变阶处的受冲切承载力时，取上阶宽；

a_b——冲切破坏锥体最不利一侧斜截面在基础底面积范围内的下边长（m），当冲切破坏锥体的底面落在基础底面以内，如图 7-8 所示，计算柱与基础交接处的受冲切承载力时，取柱宽加 2 倍基础有效高度；当计算基础变阶处的受冲切承载力时，取上阶宽加 2 倍该处的基础有效高度；

p_j——扣除基础自重及其上土重后相应于作用的基本组合时的地基土单位面积净反力（kPa），对偏心受压基础可取基础边缘处最大地基土单位面积净反力；

A_l——冲切验算时取用的部分基底面积，m^2（图 7-8 中的阴影面积 ABCDEF）；

F_l——相应于作用的基本组合时作用在 A_l 上的地基土净反力设计值，kPa。

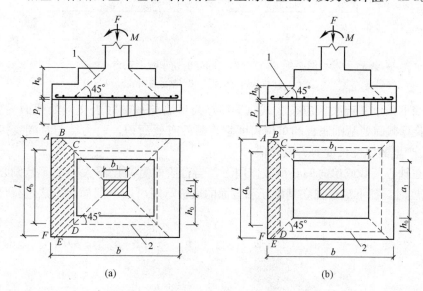

图 7-8 阶形基础的受冲切承载力截面位置

（a）柱与基础交接处；（b）基础变阶处

1—冲切破坏锥体最不利一侧的斜截面；2—冲切破坏锥体的底面线

（9）当基础底面短边尺寸不大于柱宽加 2 倍基础有效高度时，应按下列公式验算柱与基础交接处截面受剪承载力：

$$V_s \leqslant 0.7\beta_{hs} f_t A_0 \tag{7-10}$$

$$\beta_{hs} = (800/h_0)^{1/4} \tag{7-11}$$

式中 V_s——相应于作用的基本组合时，柱与基础交接处的剪力设计值（kN），图 7-9 中的阴影面积乘以基底平均净反力；

β_{hs}——受剪切承载力截面高度影响系数，当 $h_0 < 800$mm 时，取 $h_0 = 800$mm；当 $h_0 > 2000$mm 时，取 $h_0 = 2000$mm；

A_0——验算截面处基础的有效截面面积（m^2）。当验算截面为阶形或锥形时，可将其截面折算成矩形截面，截面的折算宽度和截面的有效高度按《建筑地基基础设计规范》（GB 50007—2011）附录 U 计算。其余释义同上。

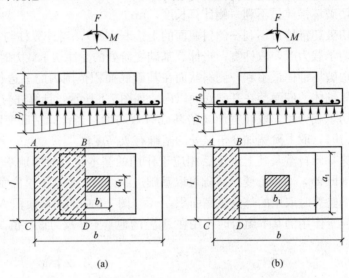

图 7-9　验算阶形基础受剪切承载力示意

(a) 柱与基础交接处；(b) 基础变阶处

（10）墙下条形基础底板应按公式（7-10）验算墙与基础底板交接处截面受剪承载力，其中 A_0 为验算截面处基础底板的单位长度垂直截面有效面积，V_s 为墙与基础交接处由基底平均净反力产生的单位长度剪力设计值。

（11）在轴心荷载或单向偏心荷载作用下，当台阶的宽高比不大于 2.5 且偏心距不大于 1/6 基础宽度时，柱下矩形独立基础任意截面的底板弯矩可按下列简化方法进行计算，如图 7-10 所示。

$$M_{\mathrm{I}} = \frac{1}{12}a_1^2\left[(2l + a')\left(p_{\max} + p - \frac{2G}{A}\right) + (p_{\max} - p)l\right] \tag{7-12}$$

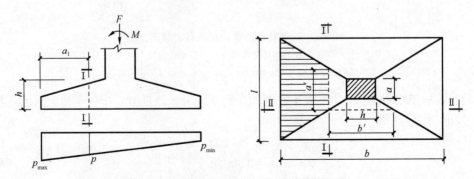

图 7-10　柱下矩形独立基础底板的计算示意

$$M_{II} = \frac{1}{48}(l-a')^2(2b+b')\left(p_{max}+p_{min}-\frac{2G}{A}\right) \tag{7-13}$$

式中　A——基础底面积；

　　　a'——截面 I-I 的上边长；

　　　b'——基础的边长；

M_I、M_{II}——相应于作用的基本组合时，任意截面 I-I、II-II 处的弯矩设计值，$kN \cdot m$；

　　　a_1——任意截面 I-I 至基底边缘最大反力处的距离，m；

　　　l、b——基础底面的边长，m；

p_{max}、p_{min}——相应于作用的基本组合时的基础底面边缘最大和最小地基反力设计值，kPa；

　　　p——相应于作用的基本组合时在任意截面 I-I 处基础底面地基反力设计值，kPa；

　　　G——考虑作用分项系数的基础自重及其上的土自重，kN；当组合值由永久作用控制时，作用分项系数可取 1.35。

（12）基础底板配筋除满足计算和最小配筋率要求外，尚应符合第（1）条中第 3）款的构造要求。计算最小配筋率时，对阶形或锥形基础截面，可将其截面折算成矩形截面，截面的折算宽度和截面的有效高度，按《建筑地基基础设计规范》（GB 50007—2011）附录 U 计算。基础底板钢筋可按下式计算：

$$A_s = \frac{M}{0.9 f_y h_0} \tag{7-14}$$

式中　M——弯矩设计值；

　　　f_y——钢筋的抗拉强度设计值。

（13）当柱下独立柱基底面长短边之比 ω 在大于或等于 2、小于或等于 3 的范围时，基础底板短向钢筋应按下述方法布置：将短向全部钢筋面积乘以 λ 后求得的钢筋，均匀分布在与柱中心线重合的宽度等于基础短边的中间带宽范围内，如图 7-11 所示，其余的短向钢筋则均匀分布在中间带宽的两侧。长向配筋应均匀分布在基础全宽范围内。λ 按下式计算：

$$\lambda = 1 - \frac{\omega}{6} \tag{7-15}$$

（14）墙下条形基础的受弯计算和配筋应符合下列规定，如图 7-12 所示：

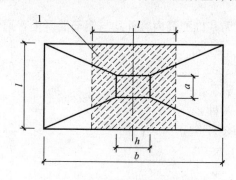

图 7-11　基础底板短向钢筋布置

1—λ 倍短向全部钢筋面积均匀配置在阴影范围内

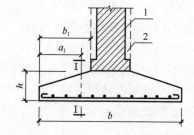

图 7-12　墙下条形基础的计算

1—砖墙；2—混凝土墙

1）任意截面每延米宽度的弯矩，可按下式进行计算：

$$M_I = \frac{1}{6}a_1^2\left(2p_{max}+p-\frac{3G}{A}\right) \tag{7-16}$$

2）其最大弯矩截面的位置，应符合下列规定：

① 当墙体材料为混凝土时，取 $a_1 = b_1$。

② 如为砖墙且大放脚不大于1/4砖长时，取 $a_1 = b_1 + 1/4$ 砖长。

3）墙下条形基础底板每延米宽度的配筋除满足计算和最小配筋率要求外，尚应符合第（1）条中第3）款的构造要求。

第二节　独立基础平法识读与构造

一、独立基础平法识读

1. 独立基础编号

各种独立基础编号应符合表7-5规定。

表7-5　独立基础编号

类型	基础底板截面形状	代号	序号
普通独立基础	阶形	DJ_J	××
	坡形	DJ_P	××
杯口独立基础	阶形	BJ_J	××
	坡形	BJ_P	××

设计时应注意：当独立基础截面形状为坡形时，其坡面应采用能保证混凝土浇筑、振捣密实的较缓坡度；当采用较陡坡度时，应要求施工采用在基础顶部坡面加模板等措施，以确保独立基础的坡面浇筑成型、振捣密实。

2. 独立基础的平面注写方式

（1）独立基础的平面注写方式分为集中标注和原位标注两部分内容。

（2）普通独立基础和杯口独立基础的集中标注是在基础平面图上集中引注：基础编号、截面竖向尺寸、配筋三项必注内容，以及基础底面标高（与基础底面基准标高不同时）和必要的文字注解两项选注内容。

素混凝土普通独立基础的集中标注，除无基础配筋内容外均与钢筋混凝土普通独立基础相同。

独立基础集中标注的具体内容，规定如下：

1）注写独立基础编号（必注内容），见表7-5。

独立基础底板的截面形状通常包括以下两种：

① 阶形截面编号加下标"J"，例如 $DJ_J××$、$BJ_J××$；

② 坡形截面编号加下标"P"，例如 $DJ_P×$ ×、$BJ_P××$。

2）注写独立基础截面竖向尺寸（必注内容）。

① 普通独立基础。注写为 $h_1/h_2/\cdots\cdots$，具体标注如下：

a. 当基础为阶形截面时，如图7-13所示。

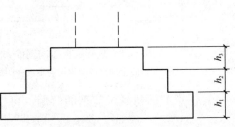

图7-13　阶形截面普通独立基础竖向尺寸

图 7-13 为三阶；当为更多阶时，各阶尺寸自下而上用斜线"/"分隔顺写。

当基础为单阶时，其竖向尺寸仅为一个，并且为基础总厚度，如图 7-14 所示。

b. 当基础为坡形截面时，注写为 h_1/h_2，如图 7-15 所示。

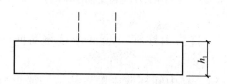

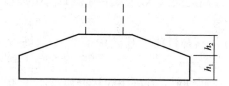

图 7-14　单阶普通独立基础竖向尺寸　　　图 7-15　坡形截面普通独立基础竖向尺寸

② 杯口独立基础

a. 当基础为阶形截面时，其竖向尺寸分两组，一组表达杯口内竖向尺寸，另一组表达杯口外竖向尺寸，两组尺寸以逗号","分隔，注写为：a_0/a_1，h_1/h_2……如图 7-16、图 7-17 所示，其中杯口深度 a_0 为柱插入杯口的尺寸加 50mm。

b. 当基础为坡形截面时，注写为：a_0/a_1，$h_1/h_2/h_3$……，如图 7-18 和图 7-19 所示。

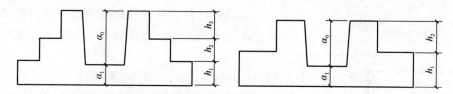

图 7-16　阶形截面杯口独立基础竖向尺寸

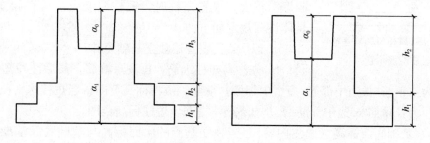

图 7-17　阶形截面高杯口独立基础竖向尺寸

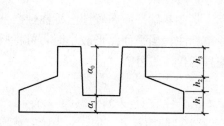

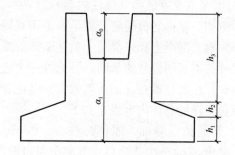

图 7-18　坡形截面杯口独立基础竖向尺寸　　图 7-19　坡形截面高杯口独立基础竖向尺寸

3）注写独立基础配筋（必注内容）。

① 注写独立基础底板配筋。普通独立基础和杯口独立基础的底部双向配筋注写规定如下：

a. 以 B 代表各种独立基础底板的底部配筋。

b. X 向配筋以 X 打头注写、Y 向配筋以 Y 打头注写；当两向配筋相同时，则以 X&Y 打头注写。

② 注写杯口独立基础顶部焊接钢筋网。以 Sn 打头引注杯口顶部焊接钢筋网的各边钢筋。

当双杯口独立基础中间杯壁厚度小于 400mm 时，在中间杯壁中配置构造钢筋见相应标准构造详图，设计不注。

③ 注写高杯口独立基础的短柱配筋（也适用于杯口独立基础杯壁有配筋的情况）。具体注写规定如下：

a. 以 O 代表短柱配筋。

b. 先注写短柱纵筋，再注写箍筋。注写为：角筋/长边中部筋/短边中部筋，箍筋（两种间距）；当短柱水平截面为正方形时，注写为：角筋/x 边中部筋/y 边中部筋，箍筋（两种间距，短柱杯口壁内箍筋间距/短柱其他部位箍筋间距）。

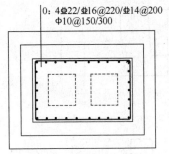

0：4Φ22/Φ16@220/Φ14@200
Φ10@150/300

图 7-20　双高杯口独立基础
短柱配筋示意

c. 对于双高杯口独立基础的短柱配筋，注写形式与单高杯口相同。如图 7-20 所示，该图只表示基础矩柱纵筋与矩形箍筋。

当双高杯口独立基础中间杯壁厚度小于 400mm 时，在中间杯壁中配置构造钢筋见相应标准构造详图，设计不注。

④ 注写普通独立基础带短柱竖向尺寸及钢筋。当独立基础埋深较大，设置短柱时，短柱配筋应注写在独立基础中。具体注写规定如下：

a. 以 DZ 代表普通独立基础短柱。

b. 先注写短柱纵筋，再注写箍筋，最后注写短柱标高范围。注写为：角筋/长边中部筋/短边中部筋，箍筋，短柱标高范围；当短柱水平截面为正方形时，注写为：角筋/x 边中部筋/y 边中部筋，箍筋，短柱标高范围。

4）注写基础底面标高（选注内容）。当独立基础的底面标高与基础底面基准标高不同时，应将独立基础底面标高直接注写在括号"（　）"内。

5）必要的文字注解（选注内容）。当独立基础的设计有特殊要求时，宜增加必要的文字注解。例如，基础底板配筋长度是否采用减短方式等，可在该项内注明。

（3）钢筋混凝土和素混凝土独立基础的原位标注是在基础平面布置图上标注独立基础的平面尺寸。对相同编号的基础，可选择一个进行原位标注；当平面图形较小时，可将所选定进行原位标注的基础按比例适当放大；其他相同编号者仅注编号。

原位标注的具体内容规定如下：

1）普通独立基础。原位标注 x、y，x_c、y_c（或圆柱直径 d_c），x_i、y_i，$i = 1$，2，3……。其中，x、y 为普通独立基础两向边长，x_c、y_c 为柱截面尺寸，x_i，y_i 为阶宽或坡形平面尺寸（当设置短柱时，尚应标注短柱的截面尺寸）。

对称阶形截面普通独立基础的原位标注，如图 7-21 所示；非对称阶形截面普通独立基础的原位标注，如图 7-22 所示；设置短柱独立基础的原位标注，如图 7-23 所示。

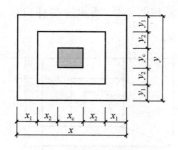

图 7-21　对称阶形截面普通
独立基础原位标注

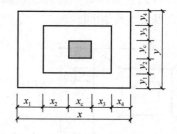

图 7-22　非对称阶形截面普通
独立基础原位标注

对称坡形截面普通独立基础的原位标注，如图 7-24 所示；非对称坡形截面普通独立基础的原位标注，如图 7-25 所示。

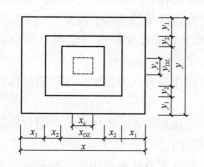

图 7-23　设置短柱独立
基础的原位标注

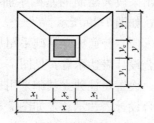

图 7-24　对称坡形截面普通
独立基础原位标注

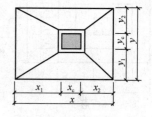

图 7-25　非对称坡形截面
普通独立基础原位标注

2）杯口独立基础。原位标注 x、y，x_u、y_u，t_i，x_i、y_i，$i=1$，2，3……其中，x、y 为杯口独立基础两向边长，x_u、y_u 为杯口上口尺寸，t_i 为杯壁上口厚度，下口厚度为 t_i+25，x_i、y_i 为阶宽或坡形截面尺寸。

杯口上口尺寸 x_u、y_u，按柱截面边长两侧双向各加 75mm；杯口下口尺寸按标准构造详图（为插入杯口的相应柱截面边长尺寸，每边各加 50mm），设计不注。

阶形截面杯口独立基础的原位标注，如图 7-26 和图 7-27 所示。高杯口独立基础原位标

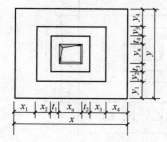

图 7-26　阶形截面杯口独立
基础原位标注（一）

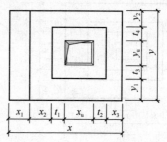

图 7-27　阶形截面杯口独立基础原位标注（二）
（基础底板的一边比其他三边多一阶）

注与杯口独立基础完全相同。

坡形截面杯口独立基础的原位标注，如图 7-28 和图 7-29 所示。高杯口独立基础的原位标注与杯口独立基础完全相同。

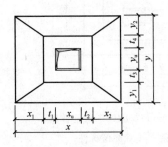

图 7-28　坡形截面杯口独立
基础原位标注（一）

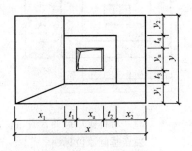

图 7-29　坡形截面杯口独立基础原位标注（二）
（基础底板有两边不放坡）

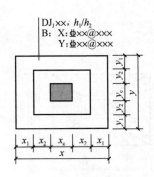

图 7-30　普通独立基础平面注写集中标注和原位标注综合设计表达示意

设计时应注意：当设计为非对称坡形截面独立基础并且基础底板的某边不放坡时，在原位放大绘制的基础平面图上，或在圈引出来放大绘制的基础平面图上，应按实际放坡情况绘制分坡线，如图 7-29 所示。

（4）普通独立基础采用平面注写方式的集中标注和原位标注综合设计表达示意，见图 7-30。

设置短柱独立基础采用平面注写方式的集中标注和原位标注综合设计表达示意，如图 7-31 所示。

（5）杯口独立基础采用平面注写方式的集中标注和原位标注综合设计表达示意，见图 7-32。

在图 7-32 中，集中标注的第三、第四行内容是表达高杯口独立基础短柱的竖向纵筋和横向箍筋；当为杯口独立基础时，集中标注通常为第一、第二、第五行的内容。

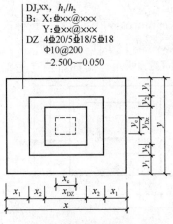

图 7-31　设置短柱普通独立基础
平面注写方式示意

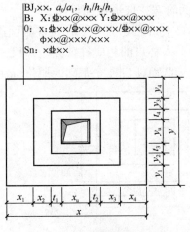

图 7-32　杯口独立基础平面
注写方式示意

（6）独立基础通常为单柱独立基础，也可为多柱独立基础（双柱或四柱等）。多柱独立基础的编号、几何尺寸和配筋的标注方法与单柱独立基础相同。

当为双柱独立基础并且柱距较小时，通常仅配置基础底部钢筋；当柱距较大时，除基础底部配筋外，尚需在两柱间配置基础顶部钢筋或设置基础梁；当为四柱独立基础时，通常可设置两道平行的基础梁，需要时可在两道基础梁之间配置基础顶部钢筋。

多柱独立基础顶部配筋和基础梁的注写方法规定如下：

1）注写双柱独立基础底板顶部配筋。双柱独立基础的顶部配筋，通常对称分布在双柱中心线两侧，以大写字母"T"打头，注写为：双柱间纵向受力钢筋/分布钢筋。当纵向受力钢筋在基础底板顶面非满布时，应注明其总根数。

2）注写双柱独立基础的基础梁配筋。当双柱独立基础为基础底板与基础梁相结合时，注写基础梁的编号、几何尺寸和配筋。例如 JL×× （1）表示该基础梁为 1 跨，两端无外伸；JL×× （1A）表示该基础梁为 1 跨，一端有外伸；JL×× （1B）表示该基础梁为 1 跨，两端均有外伸。

通常情况下，双柱独立基础宜采用端部有外伸的基础梁，基础底板则采用受力明确、构造简单的单向受力配筋与分布筋。基础梁宽度宜比柱截面宽出不小于 100mm（每边不小于 50mm）。

基础梁的注写规定与条形基础的基础梁注写规定相同。注写示意图如图 7-33 所示。

3）注写双柱独立基础的底板配筋。双柱独立基础底板配筋的注写，可以按条形基础底板的注写规定，也可以按独立基础底板的注写规定。

4）注写配置两道基础梁的四柱独立基础底板顶部配筋。当四柱独立基础已设置两道平行的基础梁时，根据内力需要可在双梁之间以及梁的长度范围内配置基础顶部钢筋，注写为：梁间受力钢筋/分布钢筋。

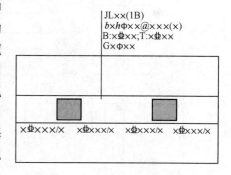

图 7-33 双柱独立基础的
基础梁配筋注写示意

平行设置两道基础梁的四柱独立基础底板配筋，也可按双梁条形基础底板配筋的注写规定。

（7）采用平面注写方式表达的独立基础设计施工图如图 7-34 所示。

3. 独立基础的截面注写方式

（1）独立基础的截面注写方式，又可分为截面标注和列表注写（结合截面示意图）两种表达方式。采用截面注写方式，应在基础平面布置图上对所有基础进行编号，见表 7-5。

（2）对单个基础进行截面标注的内容和形式，与传统"单构件正投影表示方法"基本相同。对于已在基础平面布置图上原位标注清楚的该基础的平面几何尺寸，在截面图上可不重复表达，具体表达内容可参照 16G101-3 图集中相应的标准构造。

（3）对多个同类基础，可采用列表注写（结合截面示意图）的方式进行集中表达。表中内容为基础截面的几何数据和配筋等，在截面示意图上应标注与表中栏目相对应的代号。列表的具体内容规定如下。

1）普通独立基础。普通独立基础列表集中注写栏目如下：

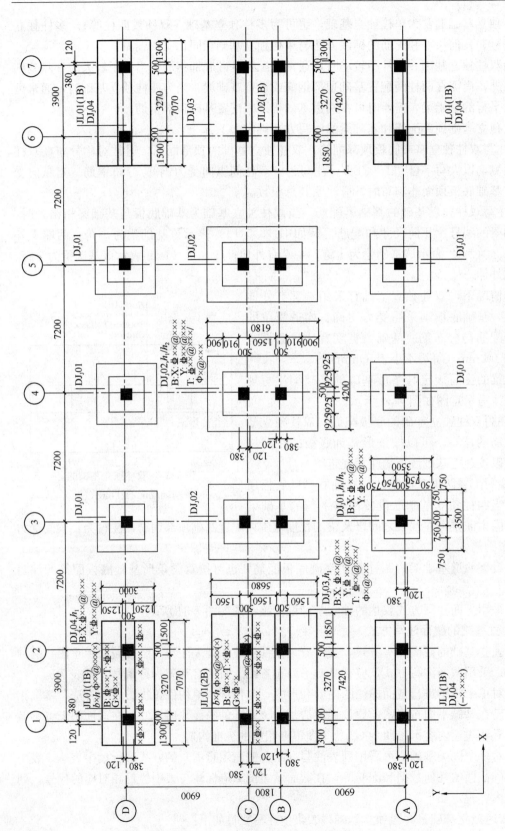

图 7-34 采用平面注写方式表达的独立基础设计施工图示意

注：1. X、Y 为图面方向；

2. ±0.000 的绝对标高（m）：×××.×××；基础底面基准标高（m）：−×.×××。

① 编号：阶形截面编号为 $DJ_J \times \times$，坡形截面编号为 $DJ_P \times \times$。

② 几何尺寸：水平尺寸 x，y，x_c、y_c（或圆柱直径 d_c），x_i、y_i，$i=1$，2，3······；竖向尺寸 h_1/h_2······

③ 配筋：B：X：$\Phi \times \times @ \times \times \times$，Y：$\Phi \times \times @ \times \times \times$。

普通独立基础列表格式见表 7-6。

表 7-6 普通独立基础列表格式

基础编号/ 截面号	截面几何尺寸				底部配筋（B）	
	x、y	x_c、y_c	x_i、y_i	$h_1/h_2\cdots$	X 向	Y 向

注：表中可根据实际情况增加栏目。例如：当基础底面标高与基础底面基准标高不同时，加注基础底面标高；当为双柱独立基础时，加注基础顶部配筋或基础梁几何尺寸和配筋；当设置短柱时增加短柱尺寸及配筋等。

2）杯口独立基础。杯口独立基础列表集中注写栏目为：

① 编号：阶形截面编号为 $BJ_J \times \times$，坡形截面编号为 $BJ_P \times \times$。

② 几何尺寸：水平尺寸 x、y，x_u、y_u，t_i，x_i、y_i，$i=1$，2，3······；竖向尺寸 α_0、α_1，$h_1/h_2/h_3$······

③配筋：B：X：$\Phi \times \times @ \times \times \times$，Y：$\Phi \times \times @ \times \times \times$，$Sn \times \Phi \times \times$，

O：$\times \Phi \times \times / \Phi \times \times @ \times \times \times / \Phi \times \times @ \times \times \times$，$\Phi \times \times @ \times \times \times / \times \times \times$。

杯口独立基础列表格式见表 7-7。

表 7-7 杯口独立基础列表格式

基础编号/ 截面号	截面几何尺寸				底部配筋（B）		杯口顶部 钢筋网 （Sn）	短柱配筋（O）	
	x、y	x_c、y_c	x_i、y_i	α_1、α_1, $h_1/h_2/h_3$ ...	X 向	Y 向		角筋/长边中部筋/ 短边中部筋	杯口壁箍筋/ 其他部位箍筋

注：1. 表中可根据实际情况增加栏目。如当基础底面标高与基础底面基准标高不同时，加注基础底面标高；或增加说明栏目等
    2. 短柱配筋适用于高杯口独立基础，并适用于杯口独立基础杯壁有配筋的情况。

二、独立基础 DJ_J、DJ_P、BJ_J、BJ_P 底板配筋构造

独立基础 DJ_J、DJ_P、BJ_J、BJ_P 底板配筋构造如图 7-35 所示。

（1）独立基础底板配筋构造适用于普通独立基础和杯口独立基础。

（2）几何尺寸和配筋根据具体结构设计和图 7-35 构造确定。

（3）独立基础底板双向交叉钢筋长向设置在下，短向设置在上。

三、双柱普通独立基础底部与顶部配筋构造

双柱普通独立基础底部与顶部配筋构造如图 7-36 所示。

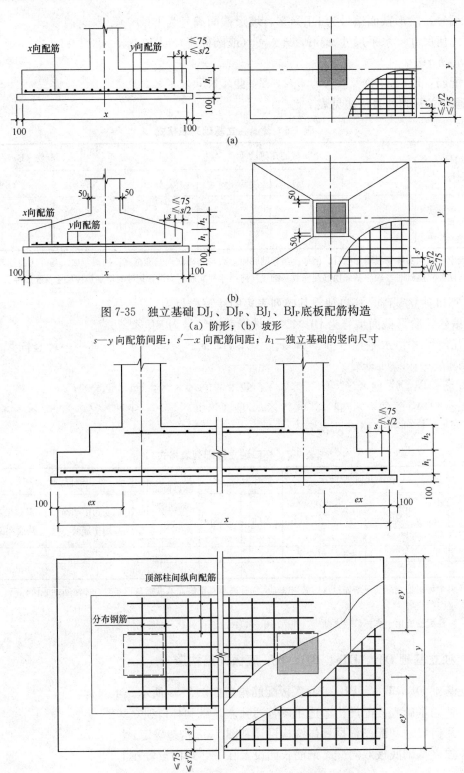

图 7-35　独立基础 DJ_J、DJ_P、BJ_J、BJ_P底板配筋构造

（a）阶形；（b）坡形

s—y 向配筋间距；s'—x 向配筋间距；h_1—独立基础的竖向尺寸

图 7-36　双柱普通独立基础底部与顶部配筋构造

s—y 向配筋间距；s'—x 向配筋间距；h_1、h_2—独立基础的竖向尺寸；

ex、ey'—基础两个方向从柱外缘至基础外缘的伸出长度

（1）双柱普通独立基础底板的截面形状，分为阶形截面 DJ_J 和坡形截面 DJ_P。

（2）几何尺寸和配筋根据具体结构设计和图 7-36 所示构造确定。

（3）双柱普通独立基础底部双向交叉钢筋，按基础两个方向从柱外缘至基础外缘的伸出长度 ex 和 ey 的大小，较大者方向的钢筋设置在下，较小者方向的钢筋设置在上。

四、设置基础梁的双柱普通独立基础配筋构造

设置基础梁的双柱普通独立基础配筋构造如图 7-37 所示。

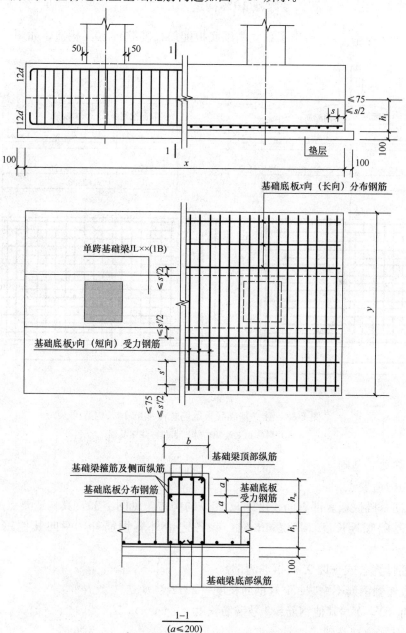

图 7-37　设置基础梁的双柱普通独立基础配筋构造

s—y 向配筋间距；h_1—独立基础的竖向尺寸；d—受拉钢筋直径；a—钢筋间距；
b—基础梁宽度；h_w—梁腹板高度；s'—x 向配筋间距

231

（1）双柱独立基础底板的截面形状，分为阶形截面 DJ_J 和坡形截面 DJ_P。

（2）几何尺寸和配筋按具体结构设计和图 7-37 所示构造确定。

（3）双柱独立基础底部短向受力钢筋设置在基础梁纵筋之下，与基础梁箍筋的下水平段位于同一层面。

（4）双柱独立基础所设置的基础梁宽度，宜比柱截面宽度≥100mm（每边≥50mm）。当具体设计的基础梁宽度小于柱截面宽度时，施工时应按规定增设梁包柱侧腋。

五、独立基础底板配筋长度缩减 10％构造

16G101-3 图集第 70 页给出了独立基础底板配筋长度缩减 10％构造，如图 7-38 所示。

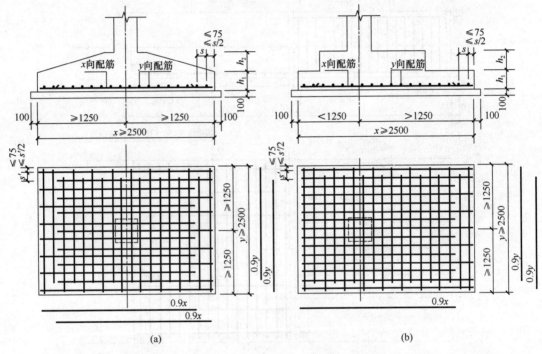

图 7-38　独立基础底板配筋长度缩减 10％构造

（a）对称独立基础；（b）非对称独立基础

（1）对称独立基础

1）钢筋构造要点

对称独立基础底板底部钢筋长度缩减 10％的构造，见图 7-39，其构造要点为：

当独立基础底板长度≥2500mm 时，除各边最外侧钢筋外，两向其他钢筋可相应缩减 10％。

2）钢筋计算公式（以 X 向钢筋为例）

① 各边外侧钢筋不缩减：1 号钢筋长度＝$x-2c$

② 两向（X，Y）其他钢筋：2 号钢筋长度＝$x-c-0.1l_x$

（2）非对称独立基础

1）钢筋构造要点

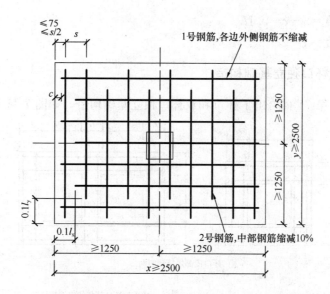

图 7-39 对称独立基础底板底部钢筋长度缩减 10％构造

非对称独立基础底板底部钢筋缩减 10％的构造，见图 7-40，其构造要点为：

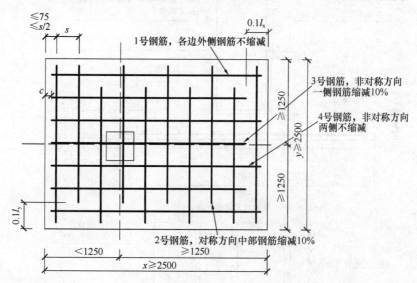

图 7-40 非对称独立基础底板底部钢筋长度缩减 10％构造

当独立基础底板长度≥2500mm 时，各边最外侧钢筋不缩减；对称方向（图 7-40 中 Y 向）中部钢筋长度缩减 10％；非对称方向：当基础某侧从柱中心至基础底板边缘的距离＜1250mm 时，该侧钢筋不缩减；当基础某侧从柱中心至基础底板边缘的距离≥1250mm 时，该侧钢筋隔一根缩减一根。

2）钢筋计算公式（以 X 向钢筋为例）

① 各边外侧钢筋（1 号钢筋）不缩减：长度＝$x - 2c$

② 对称方向中部钢筋（2 号钢筋）缩减 10％：长度＝$y - c - 0.1 l_y$

③ 非对称方向（一侧不缩减，另一侧间隔一根错开缩减）：

3 号钢筋：长度＝$x-c-0.1l_x$

4 号钢筋：长度＝$x-2c$

六、杯口和双杯口独立基础构造

16G101-3 图集第 71 页给出了杯口和双杯口独立基础构造，如图 7-41 所示。

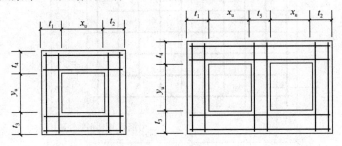

杯口顶部焊接钢筋网

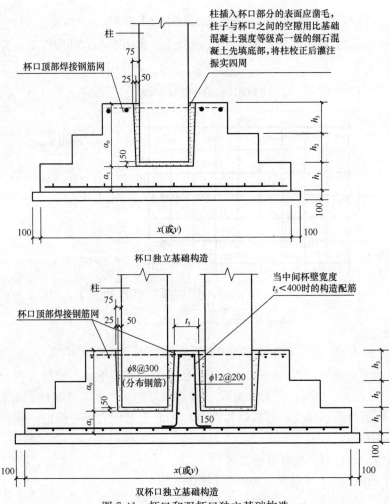

图 7-41 杯口和双杯口独立基础构造

t_1、t_2、t_3、t_4、t_5——杯壁厚度；x_u、y_u——杯口上口尺寸；a_0——杯口深度；
a_1——杯口内底部至基础底部距离；h_1、h_2、h_3——独立基础的竖向尺寸

（1）杯口独立基础底板的截面形状分为阶形截面 BJ$_J$ 和坡形截面 BJ$_P$。当为坡形截面且坡度较大时，应在坡面上安装顶部模板，以确保混凝土能够浇筑成型、振捣密实。

（2）几何尺寸和配筋按具体结构设计和图 7-41 构造确定。

（3）基础底板底部钢筋构造，详见独立基础底板配筋构造。

（4）当双杯口的中间杯壁宽度 $t_5 <$ 400mm 时，中间杯壁中配置的构造钢筋按图 7-41 所示施工。

七、高杯口独立基础配筋构造

高杯口独立基础配筋构造如图 7-42 所示。

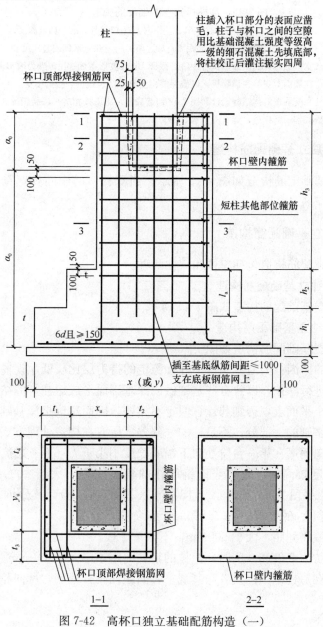

图 7-42　高杯口独立基础配筋构造（一）

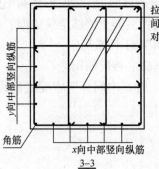

拉筋在短柱其他部位设置，其规格、间距同短柱其他部位箍筋，两向相对于短柱纵筋隔一拉一

y向中部竖向纵筋

角筋

x向中部竖向纵筋

3—3

图 7-42　高杯口独立基础配筋构造（二）

t_1、t_2、t_3、t_4—杯壁厚度；x_u、y_u—杯口上口尺寸；a_0—杯口深度；

a_1—杯口内底部至基础底部距离；h_1、h_2、h_3—独立基础的竖向尺寸

注：1. 高杯口独立基础底板的截面形状可为阶形截面 BJ_J 或坡形截面 BJ_P。当为坡形截面且坡度较

大时，应在坡面上安装顶部模板，以确保混凝土能够浇筑成型、振捣密实。

2. 几何尺寸和配筋按具体结构设计和图 7-42 构造确定，施工按相应平法制图规则。

3. 基础底板底部钢筋构造，详见图 7-35、图 7-38。

八、双高杯口独立基础配筋构造

双高杯口独立基础配筋构造如图 7-43 所示。当双杯口的中间杯壁宽度 $t_5 < 400mm$ 时，设置中间杯壁构造配筋。

九、带短柱独立基础配筋构造

带短柱独立基础配筋构造包括单柱和双柱两种。

1. 单柱带短柱独立基础配筋构造

单柱带短柱独立基础配筋构造如图 7-44 所示。

2. 双柱带短柱独立基础配筋构造

双柱带短柱独立基础配筋构造如图 7-45 所示。

（1）短柱设置的原因：因地质条件不好，稳定的持力层比较低，现场验槽时发生局部地基土比较软，需要进行深挖，以致有些基础做成深基础而形成短柱，但结构力学计算上要求基础顶部标高在一个平面上，否则与计算假定不相符，因而建议把深基础做成短柱，基础上加拉梁，短柱属于基础的一部分，不是柱的一部分，所有在构造处理方式上按基础处理。

（2）短柱内竖向钢筋在第一台阶处向下锚固长度不小于 l_a（不考虑抗震锚固长度）。

（3）台阶总高度较高时，短柱竖向钢筋在四角及间距不大于 1000mm 的钢筋（每隔 1m），伸至板底的水平段为 $6d$ 且不小于 150mm（起固定作用），其他钢筋在基础内应满足锚固长度不小于 l_a 和 l_{aE} 的要求即可（从第一个台阶向下锚固）。

（4）台阶内的箍筋间距不大于 500mm，不少于 2 根。

（5）当抗震设防为 8 度和 9 度时，短柱的箍筋间距不应大于 150mm。

（6）短柱拉筋在短柱范围内设置，其规格、间距同短柱箍筋，两向相对于短柱纵筋隔一拉一。

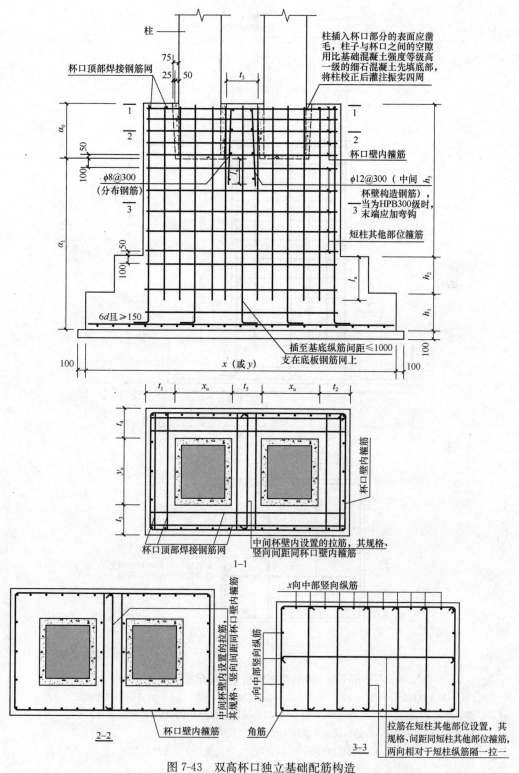

图 7-43　双高杯口独立基础配筋构造

t_1、t_2、t_3、t_4、t_5—杯壁厚度；x_u、y_u—杯口上口尺寸；α_0—杯口深度；

α_1—杯口内底部至基础底部距离；h_1、h_2、h_3—独立基础的竖向尺寸

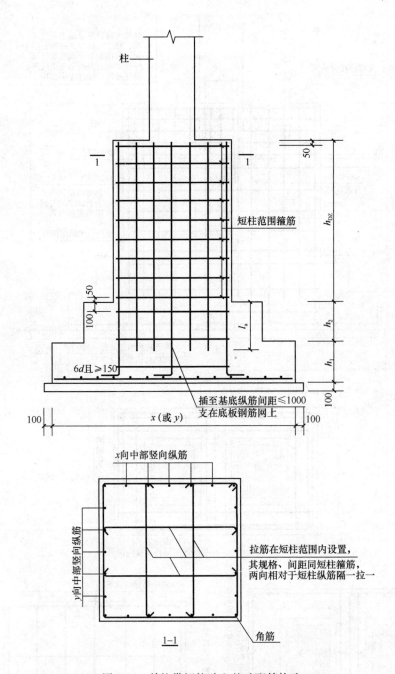

图 7-44 单柱带短柱独立基础配筋构造

h_1、h_2—独立基础的竖向尺寸；l_a—纵向受拉钢筋非抗震锚固长度；h_{DZ}—独立深基础短柱的竖向尺寸

注：1. 带短柱独立基础底板的截面形状可为阶形截面 BJ_J 或坡形截面 BJ_P。当为坡形截面且坡度较大时，应在坡面上安装顶部模板，以确保混凝土能够浇筑成型、振捣密实。

2. 几何尺寸和配筋按具体结构设计和图 7-44 构造确定，施工按相应平法制图规则。

3. 带短柱独立基础底板底部钢筋构造，详见图 7-35、图 7-38。

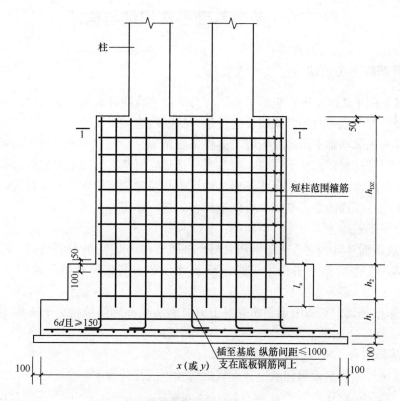

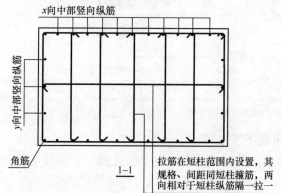

图 7-45 双柱带短柱独立基础配筋构造

h_1、h_2—独立基础的竖向尺寸；l_a—纵向受拉钢筋非抗震锚固长度；

h_{DZ}—独立深基础短柱的竖向尺寸

注：1. 带短柱独立基础底板的截面形式可为阶形截面 BJ_J 或坡形截面 BJ_P。当为坡形截面且坡度较大

时，应在坡面上安装顶部模板，以确保混凝土能够浇筑成型、振捣密实。

2. 几何尺寸和配筋按具体结构设计和图 7-45 构造确定，施工按相应平法制图规则。

3. 带短柱独立基础底板底部钢筋构造，详见图 7-35、图 7-38。

第三节　条形基础平法识读与构造

一、条形基础平法识读

（1）条形基础平法施工图，包括平面注写与截面注写两种表达方式，设计者可根据具体工程情况选择一种，或将两种方式结合进行条形基础的施工图设计。

（2）当绘制条形基础平面布置图时，应将条形基础平面与基础所支承的上部结构的柱、墙一起绘制。当基础底面标高不同时，需注明与基础底面基准标高不同之处的范围和标高。

（3）当梁板式基础梁中心或板式条形基础板中心与建筑定位轴线不重合时，应标注其定位尺寸；对于编号相同的条形基础，可仅选择一个进行标注。

（4）条形基础整体上可分为以下两类：

1）梁板式条形基础。它适用于钢筋混凝土框架结构、框架-剪力墙结构、部分框支剪力墙结构和钢结构。平法施工图将梁板式条形基础分解为基础梁和条形基础底板分别进行表达。

2）板式条形基础。它适用于钢筋混凝土剪力墙结构和砌体结构。平法施工图仅表达条形基础底板。

1. 条形基础编号

条形基础编号分为基础梁和条形基础底板编号，应符合表 7-8 的规定。

表 7-8　条形基础梁及底板编号

类型		代号	序号	跨数及有无外伸
基础梁		JL	××	（××）端部无外伸
条形基础底板	坡形	TJB$_P$	××	（××A）一端有外伸
	阶形	TJB$_J$	××	（××B）两端有外伸

注：条形基础通常采用坡形截面或单阶形截面。

2. 基础梁 JL 的平面注写方式

（1）基础梁 JL 的平面注写方式，分集中标注和原位标注两部分内容。当集中标注的某项数值不适用于基础梁的某部位时，则将该项数值采用原位标注，施工时，原位标注优先。

（2）基础梁的集中标注内容包括：基础梁编号、截面尺寸、配筋三项必注内容，以及基础梁底面标高（与基础底面基准标高不同时）和必要的文字注解两项选注内容。具体规定如下：

1）注写基础梁编号（必注内容），如表 7-8 所示。

2）注写基础梁截面尺寸（必注内容）。注写 $b \times h$，表示梁截面宽度与高度。当为竖向加腋梁时，用 $b \times h\,Yc_1 \times c_2$ 表示，其中 c_1 为腋长，c_2 为腋高。

3）注写基础梁配筋（必注内容）。

① 注写基础梁箍筋：

a. 当具体设计仅采用一种箍筋间距时，注写钢筋级别、直径、间距与肢数（箍筋肢数写在括号内，下同）。

b. 当具体设计采用两种箍筋时，用斜线"/"分隔不同箍筋，按照从基础梁两端向跨中的顺序注写。先注写第 1 段箍筋（在前面加注箍筋道数），在斜线后再注写第 2 段箍筋（不再加注箍筋道数）。

施工时应注意：两向基础梁相交的柱下区域，应有一向截面较高的基础梁箍筋贯通设置；当两向基础梁高度相同时，任选一向基础梁箍筋贯通设置。

② 注写基础梁底部、顶部及侧面纵向钢筋：

a. 以 B 打头，注写梁底部贯通纵筋（不应少于梁底部受力钢筋总截面面积的 1/3）。当跨中所注根数少于箍筋肢数时，需要在跨中增设梁底部架立筋以固定箍筋，采用加号"＋"将贯通纵筋与架立筋相连，架立筋注写在加号后面的括号内。

b. 以 T 打头，注写梁顶部贯通纵筋。注写时用分号"；"将底部与顶部贯通纵筋分隔开，如有个别跨与其不同者按下述第（3）条原位注写的规定处理。

c. 当梁底部或顶部贯通纵筋多于一排时，用斜线"/"将各排纵筋自上而下分开。

d. 以大写字母 G 打头注写梁两侧面对称设置的纵向构造钢筋的总配筋值（当梁腹板净高 h_w 不小于 450mm 时，根据需要配置）。

当需要配置抗扭纵向钢筋时，梁两个侧面设置的抗扭纵向钢筋以 N 打头。

4）注写基础梁底面标高（选注内容）。当条形基础的底面标高与基础底面基准标高不同时，将条形基础底面标高注写在括号"（　）"内。

5）必要的文字注解（选注内容）。当基础梁的设计有特殊要求时，宜增加必要的文字注解。

（3）基础梁 JL 的原位注写规定如下：

1）基础梁支座的底部纵筋，是指包含贯通纵筋与非贯通纵筋在内的所有纵筋：

① 当底部纵筋多于一排时，用斜线"/"将各排纵筋自上而下分开。

② 当同排纵筋有两种直径时，用加号"＋"将两种直径的纵筋相连。

③ 当梁支座两边的底部纵筋配置不同时，需在支座两边分别标注；当梁支座两边的底部纵筋相同时，可仅在支座的一边标注。

④ 当梁支座底部全部纵筋与集中注写过的底部贯通纵筋相同时，可不再重复做原位标注。

⑤ 竖向加腋梁加腋部位钢筋，需在设置加腋的支座处以 Y 打头注写在括号内。

设计时应注意：对于底部一平梁的支座两边配筋值不同的底部非贯通纵筋（"底部一平"为"梁底部在同一个平面上"的缩略词），应先按较小一边的配筋值选配相同直径的纵筋贯穿支座，再将较大一边的配筋差值选配适当直径的钢筋锚入支座，避免造成支座两边大部分钢筋直径不相同的不合理配置结果。

施工及预算方面应注意：当底部贯通纵筋经原位注写修正，出现两种不同配置的底部贯通纵筋时，应在两毗邻跨中配置较小一跨的跨中连接区域进行连接（即配置较大一跨的底部贯通纵筋需伸出至毗邻跨的跨中连接区域）。

2）原位注写基础梁的附加箍筋或（反扣）吊筋。当两向基础梁十字交叉，但是交叉位置无柱时，应根据需要设置附加箍筋或（反扣）吊筋。

将附加箍筋或（反扣）吊筋直接画在平面图中条形基础主梁上，原位直接引注总配筋值（附加箍筋的肢数注写在括号内）。当多数附加箍筋或（反扣）吊筋相同时，可在条形基础平法施工图上统一注明。少数与统一注明值不同时，再原位直接引注。

施工时应注意：附加箍筋或（反扣）吊筋的几何尺寸应按照标准构造详图，结合其所在位置的主梁和次梁的截面尺寸确定。

3）原位注写基础梁外伸部位的变截面高度尺寸。当基础梁外伸部位采用变截面高度时，在该部位原位注写 $b \times h_1/h_2$，h_1 为根部截面高度，h_2 为尽端截面高度。

4）原位注写修正内容。当在基础梁上集中标注的某项内容（例如截面尺寸、箍筋、底部与顶部贯通纵筋或架立筋、梁侧面纵向构造钢筋、梁底面标高等）不适用于某跨或某外伸部位时，将其修正内容原位标注在该跨或该外伸部位，施工时原位标注取值优先。

当在多跨基础梁的集中标注中已注明竖向加腋，而该某跨根部不需要加腋时，则应在该跨原位标注无 $Yc_1 \times c_2$ 的 $b \times h$，以修正集中标注中的竖向加腋要求。

3. 基础梁底部非贯通纵筋的长度规定

（1）为方便施工，凡基础梁柱下区域底部非贯通纵筋的伸出长度 a_0 值，当配置不多于两排时，在标准构造详图中统一取值为自柱边向跨内伸出至 $l_n/3$ 位置；当非贯通纵筋配置多于两排时，从第三排起向跨内的伸出长度值应由设计者注明。l_n 的取值规定为：边跨边支座的底部非贯通纵筋，l_n 取本边跨的净跨长度值；对于中间支座的底部非贯通纵筋，l_n 取支座两边较大一跨的净跨长度值。

（2）基础梁外伸部位底部纵筋的伸出长度 a_0 值，在标准构造详图中统一取值为：第一排伸出至梁端头后，全部上弯 $12d$ 或 $15d$；其他排钢筋伸至梁端头后截断。

（3）设计者在执行上述第（1）、第（2）条底部非贯通纵筋伸出长度的统一取值规定时，应注意按《混凝土结构设计规范》（GB 50010—2010）、《建筑地基基础设计规范》（GB 50007—2011）和《高层建筑混凝土结构技术规程》（JGJ 3—2010）的相关规定进行校核，若不满足时应另行变更。

4. 条形基础底板的平面注写方式

（1）条形基础底板 TJB_P、TJB_J 的平面注写方式，分集中标注和原位标注两部分内容。

（2）条形基础底板的集中标注内容包括：条形基础底板编号、截面竖向尺寸、配筋三项必注内容，以及条形基础底板底面标高（与基础底面基准标高不同时）、必要的文字注解两项选注内容。

素混凝土条形基础底板的集中标注，除无底板配筋内容外与钢筋混凝土条形基础底板相同。具体规定如下：

1）注写条形基础底板编号（必注内容），如表 7-8 所示。条形基础底板向两侧的截面形状通常包括以下两种：

① 阶形截面，编号加下标"J"，例如 $TJB_J \times \times$（$\times \times$）；

② 坡形截面，编号加下标"P"，例如 $TJB_P \times \times$（$\times \times$）。

2）注写条形基础底板截面竖向尺寸（必注内容）。注写 $h_1/h_2/\cdots\cdots$，具体标注如下：

① 当条形基础底板为坡形截面时，注写为 h_1/h_2，如图 7-46 所示。

② 当条形基础底板为阶形截面时，如图 7-47 所示。

图 7-47 为单阶，当为多阶时各阶尺寸自下而上以斜线"/"分隔顺写。

3）注写条形基础底板底部及顶部配筋（必注内容）。

以 B 打头，注写条形基础底板底部的横向受力钢筋；以 T 打头，注写条形基础底板顶部的横向受力钢筋；注写时，用斜线"/"分隔条形基础底板的横向受力钢筋与纵向分布钢筋，如图 7-48 和图 7-49 所示。

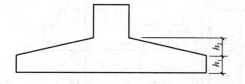

图 7-46　条形基础底板坡形截面竖向尺寸　　　　图 7-47　条形基础底板阶形截面竖向尺寸

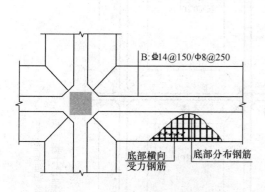

图 7-48　条形基础底板底部配筋示意　　　　　图 7-49　双梁条形基础底板配筋示意

4）注写条形基础底板底面标高（选注内容）。当条形基础底板的底面标高与条形基础底面基准标高不同时，应将条形基础底板底面标高注写在括号"（　）"内。

5）必要的文字注解（选注内容）。当条形基础底板有特殊要求时，应增加必要的文字注解。

（3）条形基础底板的原位标注规定如下：

1）原位注写条形基础底板的平面尺寸。原位标注 b、b_i，$i=1,2,\cdots\cdots$。其中，b 为基础底板总宽度，b_i 为基础底板台阶的宽度。当基础底板采用对称于基础梁的坡形截面或单阶形截面时，b_i 可不注，如图 7-50 所示。

素混凝土条形基础底板的原位标注与钢筋混凝土条形基础底板相同。

对于相同编号的条形基础底板，可仅选择一个进行标注。

条形基础存在双梁或双墙共用同一基础底板的情况，当为双梁或为双墙并且梁或墙荷载差别较大时，条形基础两侧可取不同的宽度，实际宽度以原位标注的基础底板两侧非对称的不同台阶宽度 b_i 进行表达。

2）原位注写修正内容。当在条形基础底板上集中标注某项内容，例如底板截面竖向尺寸、底板配筋、底板底面标高等，不适用于条形基础底板的某跨或某外伸部位时，可将其修正内容原位标注在该跨或该外伸部位，施工时原位标注取值优先。

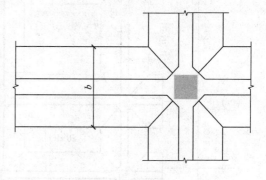

图 7-50　条形基础底板平面尺寸原位标注

（4）采用平面注写方式表达的条形基础设计施工图如图 7-51 所示。

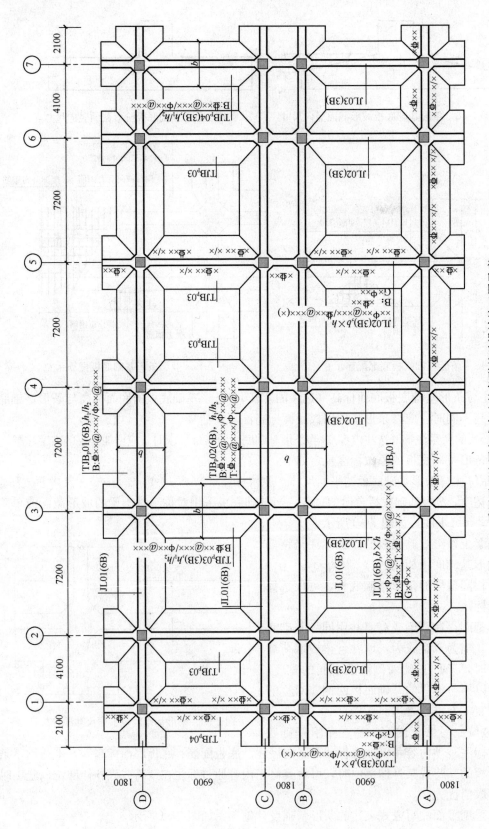

图 7-51 采用平面注写方式表达的条形基础设计施工图示意

注：±0.000 的绝对标高（m）：×××.×××××；基础底面标高：—×.×××。

5. 条形基础的截面注写方式

（1）条形基础的截面注写方式，又可分为截面标注和列表注写（结合截面示意图）两种表达方式。

采用截面注写方式，应在基础平面布置图上对所有条形基础进行编号，如表 7-8 所示。

（2）对条形基础进行截面标注的内容和形式，与传统"单构件正投影表示方法"基本相同。对于已在基础平面布置图上原位标注清楚的该条形基础梁和条形基础底板的水平尺寸，可不在截面图上重复表达，具体表达内容可参照 16G101-3 图集中相应的标准构造。

（3）对多个条形基础可采用列表注写（结合截面示意图）的方式进行集中表达。表中内容为条形基础截面的几何数据和配筋，截面示意图上应标注与表中栏目相对应的代号。列表的具体内容规定如下：

1）基础梁。基础梁列表集中注写栏目如下：

① 编号：注写 JL×× （××）、JL×× （××A） 或 JL×× （××B）。

② 几何尺寸：梁截面宽度与高度 $b \times h$。当为竖向加腋梁时，注写 $b \times h \quad Y c_1 \times c_2$，其中 c_1 为腋长，c_2 为腋高。

③ 配筋：注写基础梁底部贯通纵筋＋非贯通纵筋，顶部贯通纵筋，箍筋。当设计为两种箍筋时，箍筋注写为：第一种箍筋/第二种箍筋，第一种箍筋为梁端部箍筋，注写内容包括箍筋的箍数、钢筋级别、直径、间距与肢数。

基础梁列表格式见表 7-9。

表 7-9　基础梁列表格式

基础梁编号/	截面几何尺寸		配筋	
截面号	$b \times h$	竖向加腋 $c_1 \times c_2$	底部贯通纵筋＋非贯通纵筋，顶部贯通纵筋	第一种箍筋/第二种箍筋

注：表中可根据实际情况增加栏目，例如增加基础梁底面标高等。

2）条形基础底板。条形基础底板列表集中注写栏目如下：

① 编号：坡形截面编号为 TJB$_\mathrm{P}$×× （××）、TJB$_\mathrm{P}$×× （××A） 或 TJB$_\mathrm{P}$×× （××B），阶形截面编号为 TJB$_\mathrm{J}$×× （××）、TJB$_\mathrm{J}$×× （××A） 或 TJB$_\mathrm{J}$×× （××B）。

② 几何尺寸：水平尺寸 b、b_i，$i=1, 2, \cdots\cdots$；竖向尺寸 h_1/h_2。

③ 配筋：B：Φ××@×××/Φ××@×××。

条形基础底板列表格式见表 7-10。

表 7-10　条形基础底板列表格式

基础底板编号/截面号	截面几何尺寸			底部配筋（B）	
	b	b_i	h_1/h_2	横向受力钢筋	纵向分布钢筋

注：表中可根据实际情况增加栏目，如增加上部配筋、基础底板底面标高（与基础底板底面基准标高不一致时）等。

二、条形基础底板配筋构造

1. 条形基础底板 TJB$_\mathrm{P}$ 和 TJB$_\mathrm{J}$ 配筋构造

条形基础底板 TJB$_\mathrm{P}$ 和 TJB$_\mathrm{J}$ 配筋构造如图 7-52、图 7-53 所示。

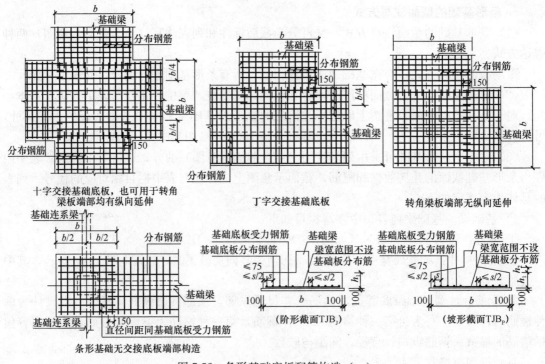

图 7-52　条形基础底板配筋构造（一）

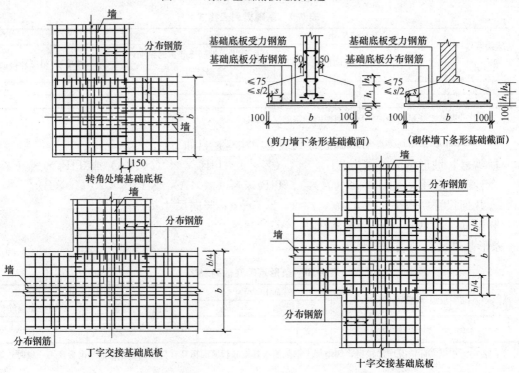

图 7-53　条形基础底板配筋构造（二）

b—条形基础底板宽度；h_1、h_2—条形基础竖向尺寸；s—分布钢筋间距

（1）条形基础底板的分布钢筋在梁宽范围内不设置。

（2）在两向受力钢筋交接处的网状部位，分布钢筋与同向受力钢筋的构造搭接长度为150mm。

2. 条形基础底板板底不平构造

条形基础底板板底不平构造如图7-54、图7-55和图7-56所示。

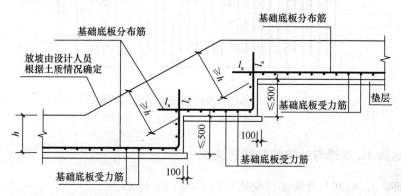

图7-54 墙下条形基础底板板底不平构造（一）

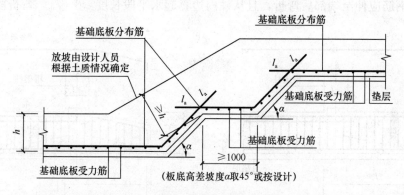

图7-55 墙下条形基础底板板底不平构造（二）

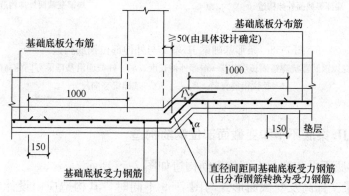

图7-56 柱下条形基础底板板底不平构造

3. 条形基础底板配筋长度减短 10％构造

条形基础底板配筋长度减短 10％构造如图 7-57 所示。

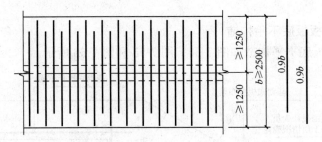

图 7-57　条形基础底板配筋长度减短 10％构造

b—条形基础底板宽度

三、基础梁 JL 端部与外伸部位钢筋构造

条形基础梁 JL 端部与外伸部位钢筋构造如图 7-58 所示。

端部等（变）截面外伸构造中，当从柱内边算起的梁端部外伸长度不满足直锚要求时，基础梁下部钢筋应伸至端部后弯折，且从柱内边算起水平段长度 $\geq 0.6 l_{\mathrm{ab}}$，弯折段长度 $15d$。

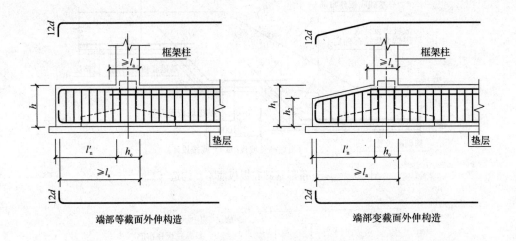

端部等截面外伸构造　　　　　　　　　　　端部变截面外伸构造

图 7-58　条形基础梁 JL 端部与外伸部位钢筋构造

l_{a}—受拉钢筋非抗震锚固长度；l'_{n}—端部外伸长度；h_{c}—柱截面沿基础梁方向的高度；

d—受拉钢筋直径；h、h_1、h_2—基础梁竖向尺寸

四、基础梁 JL 梁底不平和变截面部位钢筋构造

基础梁 JL 梁底不平和变截面部位钢筋构造如图 7-59 所示。

（1）当基础梁变标高及变截面形式与图 7-59 不同时，其构造应由设计者另行设计；如果要求施工方面参照图 7-59 的构造方式，应提供相应改动的变更说明。

（2）梁底高差坡度 α 根据场地实际情况可取 30°、45°或 60°角。

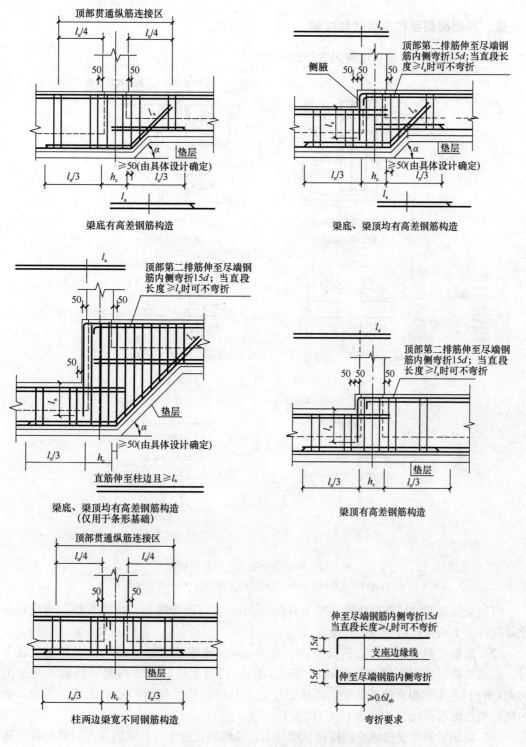

图 7-59　基础梁 JL 梁底不平和变截面部位钢筋构造

l_a—受拉钢筋非抗震锚固长度；l_{ab}—受拉钢筋的非抗震基本锚固长度；

l_n—本边跨的净跨长度值；h_c—柱截面沿基础梁方向的高度；d—受拉钢筋直径

五、基础梁侧面构造纵筋和拉筋

基础梁侧面构造纵筋和拉筋如图 7-60 所示。

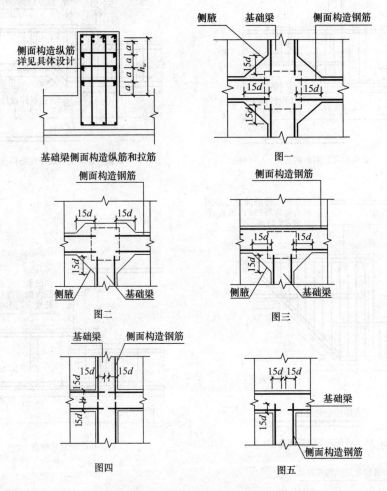

图 7-60　基础梁侧面构造纵筋和拉筋

a—侧面构造纵筋间距；d—纵向受拉钢筋直径；h_w—梁腹板高度

（1）梁侧钢筋的拉筋直径除注明者外均为 8mm，间距为箍筋间距的 2 倍。当设有多排拉筋时，上下两排拉筋竖向错开设置。

（2）基础梁侧面纵向构造钢筋搭接长度为 $15d$。十字相交的基础梁，当相交位置有柱时，侧面构造纵筋锚入梁包柱侧腋内 $15d$（图一）；当无柱时侧面构造纵筋锚入交叉梁内 $15d$（图四）。丁字相交的基础梁，当相交位置无柱时，横梁外侧的构造纵筋应贯通，横梁内侧的构造纵筋锚入交叉梁内 $15d$（图五）。

（3）基础梁侧面受扭纵筋的搭接长度为 l_l，其锚固长度为 l_a，锚固方式同梁上部纵筋。

六、基础梁 JL 与柱结合部侧腋构造

基础梁 JL 与柱结合部侧腋构造如图 7-61 所示。

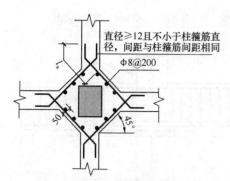

（各边侧腋宽出尺寸与配筋均相同）
十字交叉基础梁与柱结合部侧腋构造

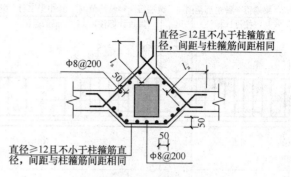

（各边侧腋宽出尺寸与配筋均相同）
丁字交叉基础梁与柱结合部侧腋构造

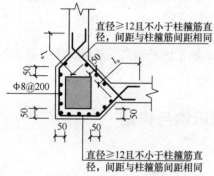

无外伸基础梁与角柱结合部侧腋构造

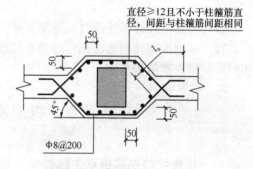

基础梁中心穿柱侧腋构造

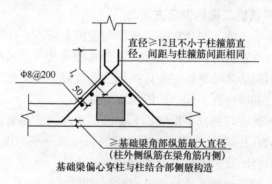

基础梁偏心穿柱与柱结合部侧腋构造

图 7-61　基础梁 JL 与柱结合部侧腋构造
l_a—受拉钢筋非抗震锚固长度

（1）除基础梁比柱宽且完全形成梁包柱的情况外，所有基础梁与柱结合部位均按图 7-61 加侧腋。

（2）当基础梁与柱等宽，或柱与梁的某一侧面相平时，存在因梁纵筋与柱纵筋同在一个平面内导致直通交叉遇阻情况，此时应适当调整基础梁宽度使柱纵筋直通锚固。

（3）当柱与基础梁结合部位的梁顶面高度不同时，梁包柱侧腋顶面应与较高基础梁的梁顶面一平（即在同一平面上），侧腋顶面至较低梁顶面高差内的侧腋，可参照角柱或丁字交叉基础梁包柱侧腋构造进行施工。

七、基础次梁 JCL 配置两种箍筋构造

基础次梁 JCL 配置两种箍筋构造如图 7-62 所示。

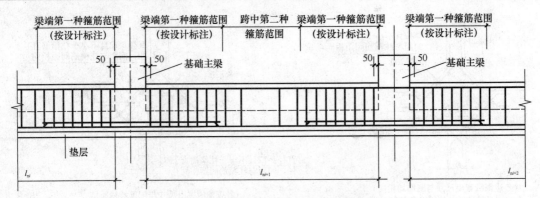

图 7-62　基础次梁 JCL 配置两种箍筋构造

l_{ni}、l_{ni+1}、l_{ni+2}——基础次梁的本跨净跨值；

（1）当具体设计未注明时，基础次梁的外伸部位，按第一种箍筋设置。

（2）基础次梁竖向加腋部位的钢筋见设计标注。加腋范围的箍筋与基础次梁的箍筋配置相同，仅箍筋高度为变值。

第四节　筏形基础平法识读与构造

一、梁板式筏形基础平法识读

1. 梁板式筏形基础平法施工图的表示方法

（1）梁板式筏形基础平法施工图是在基础平面布置图上采用平面注写方式进行表达的。

（2）当绘制基础平面布置图时，应将梁板式筏形基础与其所支承的柱、墙一起绘制。梁板式筏形基础，以多数相同的基础平板底面标高作为基础底面基准标高。当基础底面标高不同时，需注明与基础底面基准标高不同之处的范围和标高。

（3）通过选注基础梁底面与基础平板底面的标高高差来表达两者间的位置关系，可以明确其"高板位"（梁顶与板顶一平）、"低板位"（梁底与板底一平）以及"中板位"（板在梁的中部）三种不同位置组合的筏形基础，方便设计表达。

（4）对于轴线未居中的基础梁，应标注其定位尺寸。

2. 梁板式筏形基础构件的类型与编号

梁板式筏形基础由基础主梁、基础次梁、基础平板等构成，编号应符合表 7-11 的规定。

表 7-11　梁板式筏形基础构件编号

构件类型	代号	序号	跨数及有无外伸
基础主梁（柱下）	JL	××	（××）或（××A）或（××B）
基础次梁	JCL	××	（××）或（××A）或（××B）
梁板筏基础平板	LPB	××	—

注：1. （××A）为一端有外伸，（××B）为两端有外伸，外伸不计入跨数。

　　2. 梁板式筏形基础平板跨数及是否有外伸分别在 X、Y 两向的贯通纵筋之后表达。图面从左至右为 X 向，从下至上为 Y 向。

　　3. 梁板式筏形基础主梁与条形基础梁编号与标准构造详图一致。

3. 基础主梁与基础次梁的平面注写方式

（1）基础主梁 JL 与基础次梁 JCL 的平面注写，分集中标注与原位标注两部分内容。当集中标注中的某项数值不适用于梁的某部位时，则将该项数值采用原位标注，施工时，原位标注优先。

（2）基础主梁 JL 与基础次梁 JCL 的集中标注内容包括：基础梁编号、截面尺寸、配筋三项必注内容，以及基础梁底面标高高差（相对于筏形基础平板底面标高）一项选注内容。具体规定如下：

1）注写基础梁的编号。

2）注写基础梁的截面尺寸。以 $b×h$ 表示梁截面宽度与高度；当为竖向加腋梁时，用 $b×h Yc_1×c_2$ 表示，其中 c_1 为腋长，c_2 为腋高。

3）注写基础梁的配筋。

① 注写基础梁箍筋

a. 当采用一种箍筋间距时，注写钢筋级别、直径、间距与肢数（写在括号内）。

b. 当采用两种箍筋时，用斜线"/"分隔不同箍筋，按照从基础梁两端向跨中的顺序注写。先注写第 1 段箍筋（在前面加注箍数），在斜线后再注写第 2 段箍筋（不再加注箍数）。

施工时应注意：两向基础主梁相交的柱下区域，应有一向截面较高的基础主梁箍筋贯通设置；当两向基础主梁高度相同时，任选一向基础主梁箍筋贯通设置。

② 注写基础梁的底部、顶部及侧面纵向钢筋。

a. 以 B 打头，先注写梁底部贯通纵筋（不应少于底部受力钢筋总截面面积的 1/3）。当跨中所注根数少于箍筋肢数时，需要在跨中加设架立筋以固定箍筋，注写时，用加号"＋"将贯通纵筋与架立筋相连，架立筋注写在加号后面的括号内。

b. 以 T 打头，注写梁顶部贯通纵筋值。注写时用分号"；"将底部纵筋与顶部纵筋分隔开，若有个别跨与其不同，按下述第（3）条原位注写的规定处理。

c. 当梁底部或顶部贯通纵筋多于一排时，用斜线"/"将各排纵筋自上而下分开。

d. 以大写字母 G 打头注写基础梁两侧面对称设置的纵向构造钢筋的总配筋值（当梁腹板高度 h_w 不小于 450mm 时，根据需要配置）。

当需要配置抗扭纵向钢筋时，梁两个侧面设置的抗扭纵向钢筋以 N 打头。

4）注写基础梁底面标高高差（是指相对于筏形基础平板底面标高的高差值），该项为选注值。有高差时需将高差写入括号内（例如"高板位"与"中板位"基础梁的底面与基础平板底面标高的高差值），无高差时不注（例如"低板位"筏形基础的基础梁）。

（3）基础主梁与基础次梁的原位标注规定如下：

1）梁支座的底部纵筋，是指包含贯通纵筋与非贯通纵筋在内的所有纵筋：

① 当底部纵筋多于一排时，用斜线"/"将各排纵筋自上而下分开。

② 当同排纵筋有两种直径时，用加号"＋"将两种直径的纵筋相连。

③ 当梁中间支座两边的底部纵筋配置不同时，需在支座两边分别标注；当梁中间支座两边的底部纵筋相同时，可仅在支座的一边标注配筋值。

④ 当梁端（支座）区域的底部全部纵筋与集中注写过的贯通纵筋相同时，可不再重复做原位标注。

⑤ 竖向加腋梁加腋部位钢筋，需在设置加腋的支座处以 Y 打头注写在括号内。

设计时应注意：当对底部一平的梁支座两边的底部非贯通纵筋采用不同配筋值时，应先按较小一边的配筋值选配相同直径的纵筋贯穿支座，再将较大一边的配筋差值选配适当直径的钢筋锚入支座，避免造成两边大部分钢筋直径不相同的不合理配置结果。

施工及预算方面应注意：当底部贯通纵筋经原位修正注写后，两种不同配置的底部贯通纵筋应在两毗邻跨中配置较小一跨的跨中连接区域连接（即配置较大一跨的底部贯通纵筋需越过其跨数终点或起点伸至毗邻跨的跨中连接区域）。

2）注写基础梁的附加箍筋或（反扣）吊筋。将其直接画在平面图中的主梁上，用线引注总配筋值（附加箍筋的肢数注写在括号内），当多数附加箍筋或（反扣）吊筋相同时，可在基础梁平法施工图上统一注明，少数与统一注明值不同时，再原位引注。

施工时应注意：附加箍筋或（反扣）吊筋的几何尺寸应按照标准构造详图，结合其所在位置的主梁和次梁的截面尺寸确定。

3）当基础梁外伸部位变截面高度时，在该部位原位注写 $b \times h_1/h_2$，h_1 为根部截面高度，h_2 为尽端截面高度。

4）注写修正内容。当在基础梁上集中标注的某项内容（如梁截面尺寸、箍筋、底部与顶部贯通纵筋或架立筋、梁侧面纵向构造钢筋、梁底面标高高差等）不适用于某跨或某外伸部分时，则将其修正内容原位标注在该跨或该外伸部位，施工时原位标注取值优先。

当在多跨基础梁的集中标注中已注明竖向加腋，而该梁某跨根部不需要竖向加腋时，则应在该跨原位标注等截面的 $b \times h$，以修正集中标注中的加腋信息。

（4）按以上各项规定的组合表达方式，详见 16G101-3 图集第 36 页基础主梁与基础次梁标注图示。

4. 基础梁底部非贯通纵筋的长度规定

（1）为方便施工，凡基础主梁柱下区域和基础次梁支座区域底部非贯通纵筋的伸出长度 a_0 值，当配置不多于两排时，在标准构造详图中统一取值为自支座边向跨内伸出至 $l_n/3$ 位置；当非贯通纵筋配置多于两排时，从第三排起向跨内的伸出长度值应由设计者注明。l_n 的取值规定为：边跨边支座的底部非贯通纵筋，l_n 取本边跨的净跨长度值；中间支座的底部非贯通纵筋，l_n 取支座两边较大一跨的净跨长度值。

（2）基础主梁与基础次梁外伸部位底部纵筋的伸出长度 a_0 值，在标准构造详图中统一取值为：第一排伸出至梁端头后，全部上弯 $12d$ 或 $15d$，其他排伸至梁端头后截断。

（3）设计者在执行上述第（1）、第（2）条基础梁底部非贯通纵筋伸出长度的统一取值规定时，应注意按《混凝土结构设计规范》（GB 50010—2010）、《建筑地基基础设计规范》（GB 50007—2011）和《高层建筑混凝土结构技术规程》（JGJ 3—2010）的相关规定进行校核，若不满足时应另行变更。

5. 梁板式筏形基础平板的平面注写方式

（1）梁板式筏形基础平板 LPB 的平面注写，分集中标注与原位标注两部分内容。

（2）梁板式筏形基础平板 LPB 贯通纵筋的集中标注，应在所表达的板区双向均为第一跨（X 与 Y 双向首跨）的板上引出（图面从左至右为 X 向，从下至上为 Y 向）。

板区划分条件：板厚相同、基础平板底部与顶部贯通纵筋配置相同的区域为同一板区。

集中标注的内容规定如下：

1）注写基础平板的编号。

2）注写基础平板的截面尺寸。注写 $h=\times\times\times$ 表示板厚。

3）注写基础平板的底部与顶部贯通纵筋及其跨数及外伸情况。先注写 X 向底部（B 打头）贯通纵筋与顶部（T 打头）贯通纵筋及纵向长度范围；再注写 Y 向底部（B 打头）贯通纵筋与顶部（T 打头）贯通纵筋及其跨数及外伸情况（图面从左至右为 X 向，从下至上为 Y 向）。

贯通纵筋的跨数及外伸情况注写在括号中，注写方式为"跨数及有无外伸"，其表达形式为：（$\times\times$）（无外伸）、（$\times\times$A）（一端有外伸）或（$\times\times$B）（两端有外伸）。

注：基础平板的跨数以构成柱网的主轴线为准；两主轴线之间无论有几道辅助轴线（例如框筒结构中混凝土内筒中的多道墙体），均可按一跨考虑。

当贯通筋采用两种规格钢筋"隔一布一"方式时，表达为 ϕxx/yy@$\times\times\times$，表示直径 xx 的钢筋和直径 yy 的钢筋之间的间距为 $\times\times\times$，直径为 xx 的钢筋、直径为 yy 的钢筋间距分别为 $\times\times\times$ 的 2 倍。

施工及预算方面应注意：当基础平板分板区进行集中标注，并且相邻板区板底一平时，两种不同配置的底部贯通纵筋应在两毗邻板跨中配筋较小板跨的跨中连接区域连接（即配置较大板跨的底部贯通纵筋需越过板区分界线伸至毗邻板跨的跨中连接区域）。

（3）梁板式筏形基础平板 LPB 的原位标注，主要表达板底部附加非贯通纵筋。

1）原位注写位置及内容。板底部原位标注的附加非贯通纵筋，应在配置相同跨的第一跨表达（当在基础梁悬挑部位单独配置时则在原位表达）。在配置相同跨的第一跨（或基础梁外伸部位），垂直于基础梁绘制一段中粗虚线（当该筋通长设置在外伸部位或短跨板下部时，应画至对边或贯通短跨），在虚线上注写编号（例如①、②等）、配筋值、横向布置的跨数及是否布置到外伸部位。

注：（$\times\times$）为横向布置的跨数，（$\times\times$A）为横向布置的跨数及一端基础梁的外伸部位，（$\times\times$B）为横向布置的跨数及两端基础梁外伸部位。

板底部附加非贯通纵筋自支座中线向两边跨内的伸出长度值注写在线段的下方位置。当该筋向两侧对称伸出时，可仅在一侧标注，另一侧不注；当布置在边梁下时，向基础平板外伸部位一侧的伸出长度与方式按标准构造，设计不注。底部附加非贯通筋相同者，可仅注写一处，其他只注写编号。

横向连续布置的跨数及是否布置到外伸部位，不受集中标注贯通纵筋的板区限制。

原位注写的底部附加非贯通纵筋与集中标注的底部贯通钢筋，宜采用"隔一布一"的方式布置，即基础平板（X 向或 Y 向）底部附加非贯通纵筋与贯通纵筋间隔布置，其标注间距与底部贯通纵筋相同（两者实际组合后的间距为各自标注间距的 1/2）。

2）注写修正内容。当集中标注的某些内容不适用于梁板式筏形基础平板某板区的某一板跨时，应由设计者在该板跨内注明，施工时应按注明内容取用。

3）当若干基础梁下基础平板的底部附加非贯通纵筋配置相同时（其底部、顶部的贯通纵筋可以不同），可仅在一根基础梁下做原位注写，并在其他梁上注明"该梁下基础平板底部附加非贯通纵筋同$\times\times$基础梁"。

（4）梁板式筏形基础平板 LPB 的平面注写规定，同样适用于钢筋混凝土墙下的基础平板。

按以上主要分项规定的组合表达方式，详见 16G101-3 图集第 37 页"梁板式筏形基础平板 LPB 标注图示"。

6. 其他

（1）与梁板式筏形基础相关的后浇带、下柱墩、基坑（沟）等构造的平法施工图设计，详见 16G101-3 图集第 7 章的相关规定。

（2）应在图中注明的其他内容：

1）当在基础平板周边沿侧面设置纵向构造钢筋时，应在图中注明。

2）应注明基础平板外伸部位的封边方式，当采用 U 形钢筋封边时应注明其规格、直径及间距。

3）当基础平板外伸变截面高度时，应注明外伸部位的 h_1/h_2，h_1 为板根部截面高度，h_2 为板尽端截面高度。

4）当基础平板厚度大于 2m 时，应注明具体构造要求。

5）当在基础平板外伸阳角部位设置放射筋时，应注明放射筋的强度等级、直径、根数以及设置方式等。

6）板的上、下部纵筋之间设置拉筋时，应注明拉筋的强度等级、直径、双向间距等。

7）应注明混凝土垫层厚度与强度等级。

8）结合基础主梁交叉纵筋的上下关系，当基础平板同一层面的纵筋相交叉时，应注明何向纵筋在下，何向纵筋在上。

9）设计者需注明的其他内容。

二、平板式筏形基础平法识读

1. 平板式筏形基础平法施工图的表示方法

（1）平板式筏形基础平法施工图是指在基础平面布置图上采用平面注写方式表达的施工图。

（2）当绘制基础平面布置图时，应将平板式筏形基础与其所支承的柱、墙一起绘制。当基础底面标高不同时，需注明与基础底面基准标高不同之处的范围和标高。

2. 平板式筏形基础构件的类型与编号

平板式筏形基础可划分为柱下板带和跨中板带；也可不分板带，按基础平板进行表达。平板式筏形基础构件编号应符合表 7-12 的规定。

表 7-12　平板式筏形基础构件编号

构件类型	代号	序号	跨数及有无外伸
柱下板带	ZXB	××	（××）或（××A）或（××B）
跨中板带	KZB	××	（××）或（××A）或（××B）
平板式筏形基础平板	BPB	××	—

注：1. （××A）为一端有外伸，（××B）为两端有外伸，外伸不计入跨数。

　　2. 平板式筏形基础平板，其跨数及是否有外伸分别在 X、Y 两向的贯通纵筋之后表达。图面从左至右为 X 向，从下至上为 Y 向

3. 柱下板带、跨中板带的平面注写方式

（1）柱下板带 ZXB（视其为无箍筋的宽扁梁）与跨中板带 KZB 的平面注写，分集中标

注与原位标注两部分内容。

（2）柱下板带与跨中板带的集中标注，应在第一跨（X 向为左端跨，Y 向为下端跨）引出。具体规定如下：

1）注写编号，见表 7-12。

2）注写截面尺寸，注写 $b=\times\times\times\times$ 表示板带宽度（在图注中注明基础平板厚度）。确定柱下板带宽度应根据规范要求与结构实际受力需要。当柱下板带宽度确定后，跨中板带宽度亦随之确定（即相邻两平行柱下板带之间的距离）。当柱下板带中心线偏离柱中心线时，应在平面图上标注其定位尺寸。

3）注写底部与顶部贯通纵筋。注写底部贯通纵筋（B 打头）与顶部贯通纵筋（T 打头）的规格与间距，用分号"；"将其分隔开。柱下板带的柱下区域，通常在其底部贯通纵筋的间隔内插空设置（原位注写的）底部附加非贯通纵筋。

施工及预算方面应注意：当柱下板带的底部贯通纵筋配置从某跨开始改变时，两种不同配置的底部贯通纵筋应在两毗邻跨中配置较小跨的跨中连接区域连接（即配置较大跨的底部贯通纵筋需越过其跨数终点或起点伸至毗邻跨的跨中连接区域）。

（3）柱下板带与跨中板带原位标注的内容，主要为底部附加非贯通纵筋。具体规定如下：

1）注写内容：以一段与板带同向的中粗虚线代表附加非贯通纵筋；柱下板带：贯穿其柱下区域绘制；跨中板带：横贯柱中线绘制。在虚线上注写底部附加非贯通纵筋的编号（例如①、②等）、钢筋级别、直径、间距，以及自柱中线分别向两侧跨内的伸出长度值。当向两侧对称伸出时，长度值可仅在一侧标注，另一侧不注。外伸部位的伸出长度与方式按标准构造，设计不注。对同一板带中底部附加非贯通筋相同者，可仅在一根钢筋上注写，其他可仅在中粗虚线上注写编号。

原位注写的底部附加非贯通纵筋与集中标注的底部贯通纵筋，宜采用"隔一布一"的方式布置，即柱下板带或跨中板带底部附加非贯通纵筋与贯通纵筋交错插空布置，其标注间距与底部贯通纵筋相同（两者实际组合后的间距为各自标注间距的 1/2）。

当跨中板带在轴线区域不设置底部附加非贯通纵筋时，则不做原位注写。

2）注写修正内容。当在柱下板带、跨中板带上集中标注的某些内容（例如截面尺寸、底部与顶部贯通纵筋等）不适用于某跨或某外伸部位时，则将修正的数值原位标注在该跨或该外伸部位，施工时原位标注取值优先。

设计时应注意：对于支座两边不同配筋值的（经注写修正的）底部贯通纵筋，应按较小一边的配筋值选配相同直径的纵筋贯穿支座，较大一边的配筋差值选配适当直径的钢筋锚入支座，避免造成两边大部分钢筋直径不相同的不合理配置结果。

（4）柱下板带 ZXB 与跨中板带 KZB 的注写规定，同样适用于平板式筏形基础上局部有剪力墙的情况。

（5）以上各项规定的组合表达方式，详见 16G101-3 图集第 42 页"柱下板带 ZXB 与跨中板带 KZB 标注图示"。

4. 平板式筏形基础平板 BPB 的平面注写方式

（1）平板式筏形基础平板 BPB 的平面注写，分集中标注与原位标注两部分内容。

基础平板 BPB 的平面注写与柱下板带 ZXB、跨中板带 KZB 的平面注写为不同的表达方式，但是可以表达同样的内容。当整片板式筏形基础配筋比较规律时，宜采用 BPB 表达方式。

（2）平板式筏形基础平板 BPB 的集中标注，除按表 7-12 注写编号外，所有规定均与上述"一、梁板式筏形基础平法识读"中第 5 条中第（2）条相同。

当某向底部贯通纵筋或顶部贯通纵筋的配置，在跨内有两种不同间距时，先注写跨内两端的第一种间距，并在前面加注纵筋根数（以表示其分布的范围）；再注写跨中部的第二种间距（不需加注根数）；两者用斜线"/"分隔。

（3）平板式筏形基础平板 BPB 的原位标注，主要表达横跨柱中心线下的底部附加非贯通纵筋。注写规定如下：

1）原位注写位置及内容。在配置相同的若干跨的第一跨下，垂直于柱中线绘制一段中粗虚线代表底部附加非贯通纵筋，在虚线上的注写内容与上述"一、梁板式筏形基础平法识读"中第 5 条中第（3）条第 1）款相同。

当柱中心线下的底部附加非贯通纵筋（与柱中心线正交）沿柱中心线连续若干跨配置相同时，则在该连续跨的第一跨下原位注写，且将同规格配筋连续布置的跨数注写在括号内；当有些跨配置不同时，则应分别原位注写。外伸部位的底部附加非贯通纵筋应单独注写（当与跨内某钢筋相同时仅注写钢筋编号）。

当底部附加非贯通纵筋横向布置在跨内有两种不同间距的底部贯通纵筋区域时，其间距应分别对应为两种，其注写形式应与贯通纵筋保持一致，即先注写跨内两端的第一种间距，并在前面加注纵筋根数；再注写跨中部的第二种间距（不需加注根数）；两者用斜线"/"分隔。

2）当某些柱中心线下的基础平板底部附加非贯通纵筋横向配置相同时（其底部、顶部的贯通纵筋可以不同），可仅在一条中心线下做原位注写，并在其他柱中心线上注明"该柱中心线下基础平板底部附加非贯通纵筋同××柱中心线"。

（4）平板式筏形基础平板 BPB 的平面注写规定，同样适用于平板式筏形基础上局部有剪力墙的情况。

以上各项规定的组合表达方式，详见 16G101-3 图集第 43 页"平板式筏形基础平板 BPB 标注图示"。

5. 其他

（1）与平板式筏形基础相关的后浇带、上柱墩、下柱墩、基坑（沟）等构造的平法施工图设计，详见 16G101-3 图集第 7 章的相关规定。

（2）平板式筏形基础应在图中注明的其他内容如下：

1）注明板厚。当整片平板式筏形基础有不同板厚时，应分别注明各板厚值及其各自的分布范围。

2）当在基础平板周边沿侧面设置纵向构造钢筋时，应在图注中注明。

3）应注明基础平板外伸部位的封边方式，当采用 U 形钢筋封边时，应注明其规格、直径及间距。

4）当基础平板厚度大于 2m 时，应注明设置在基础平板中部的水平构造钢筋网。

5）当在基础平板外伸阳角部位设置放射筋时，应注明放射筋的强度等级、直径、根数以及设置方式等。

6）板的上、下部纵筋之间设置拉筋时，应注明拉筋的强度等级、直径、双向间距等。

7）应注明混凝土垫层厚度与强度等级。

8）当基础平板同一层面的纵筋相交叉时，应注明何向纵筋在下，何向纵筋在上。

9）设计需注明的其他内容。

三、基础主梁端部与外伸部位钢筋构造

梁板式筏形基础主梁端部与外伸部位钢筋构造有三种形式：端部等截面外伸构造、端部变截面外伸构造、端部无外伸构造，主要内容有：

（1）端部等截面外伸构造。上部钢筋：上部钢筋伸至柱外伸端部，竖向弯折 $12d$；下部钢筋：贯通钢筋伸至外伸端部竖向弯折 $12d$，非贯通筋伸至外伸端部直接截断，如图 7-63 所示。

（2）端部变截面外伸构造。截面变化部位，钢筋沿着截面变化布置，截断和弯折要求同端部等截面外伸构造，如图 7-64 所示。

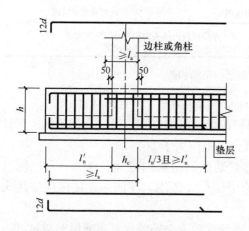

图 7-63　基础梁端部等截面外伸构造

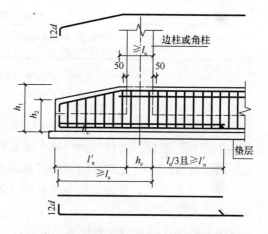

图 7-64　基础梁端部变截面外伸构造

（3）端部无外伸构造。基础梁底部与顶部纵筋成对连通设置，可采用通长钢筋或将底部与顶部钢筋对焊连接后弯折成形，并向跨内延伸或在跨内规定区域连接。成对连通后，顶部或底部多余的钢筋伸至端部弯钩。

基础梁底部下排与顶部上排纵筋伸至梁包柱侧腋，与侧腋的水平构造钢筋绑扎在一起。上部钢筋伸至尽端钢筋内侧弯折 $15d$，当直段长度 $\geqslant l_a$ 时可不弯折；下部钢筋伸至尽端钢筋内侧弯折 $15d$，水平段 $\geqslant 0.6l_{ab}$，如图 7-65 所示。

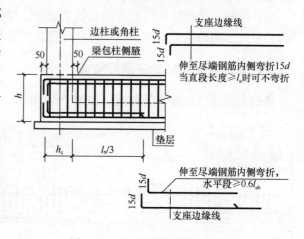

图 7-65　基础梁端部无外伸构造

259

四、基础主梁纵向钢筋与箍筋构造

基础主梁纵向钢筋与箍筋构造要求如图 7-66 所示，主要内容有：

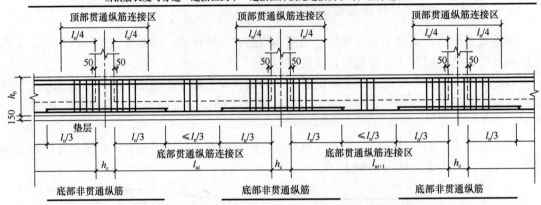

图 7-66　基础梁纵向钢筋与箍筋构造

l_{ni}—左跨净跨值；l_{ni+1}—右跨净跨值；

l_n—左跨 l_{ni} 和右跨 l_{ni+1} 中较大值；h_c—柱截面沿基础梁方向的高度；h_b—基础梁截面高度

（1）顶部钢筋。基础主梁纵向钢筋的顶部钢筋在梁顶部应连续贯通；其连接区位于柱轴线 $l_n/4$ 左右范围，在同一连接区内的接头面积百分率不应大于 50%。

（2）底部钢筋。基础主梁纵向钢筋的底部非贯通纵筋向跨内延伸长度为：自柱轴线算起，左右各 $l_n/3$ 长度值；底部钢筋连接区位于跨中≤$l_n/3$ 范围，在同一连接区内的接头面积百分率不应大于 50%。

当两毗邻跨的底部贯通纵筋配置不同时，应将配置较大一跨的底部贯通纵筋越过其标注的跨数终点或起点，伸至配置较小的毗邻跨的跨中连接区进行连接。

（3）箍筋。节点区内箍筋按梁端箍筋设置。梁相互交叉宽度内的箍筋按截面高度较大的基础梁设置。同跨箍筋有两种时，各自设置范围按具体设计注写。

五、基础主梁竖向加腋钢筋构造

基础主梁竖向加腋钢筋构造，如图 7-67 所示。

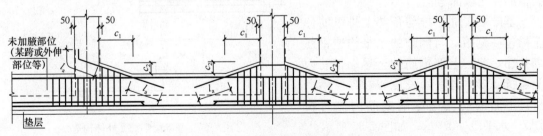

图 7-67　基础主梁竖向加腋钢筋构造

c_1—腋长；c_2—腋高；l_a—纵向受拉钢筋非抗震锚固长度

其构造要求可概括为：

（1）加腋筋的两端分别伸入基础主梁和柱内锚固长度为 l_a。

（2）加腋范围内的箍筋与基础梁的箍筋配置相同，仅箍筋高度为变值。

（3）基础梁高加腋筋规格，若施工图未注明，则同基础梁顶部纵筋；若施工图有标注，则按其标注。

（4）基础梁高加腋筋，根数＝基础梁顶部第一排纵筋根数－1。

六、基础次梁 JCL 纵向钢筋构造

16G101-3 图集第 85 页给出了基础次梁 JCL 纵向钢筋与箍筋构造（图 7-68）。

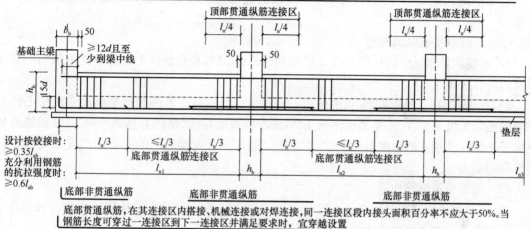

图 7-68　基础次梁 JCL 纵向钢筋与箍筋构造

七、基础次梁 JCL 外伸部位钢筋构造

16G101-3 图集第 85 页提供了基础次梁 JCL 外伸部位钢筋构造。

（1）"外伸部位"的截面形状分为：端部等截面外伸、端部变截面外伸。纵筋形状据此决定（图 7-69）。

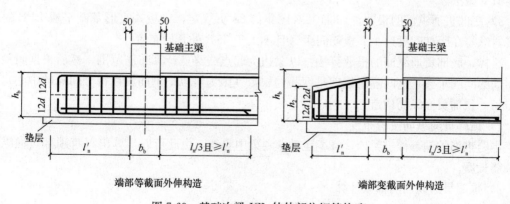

图 7-69　基础次梁 JCL 外伸部位钢筋构造

（2）基础次梁 JCL 外伸部位纵筋构造特点：

1）基础次梁顶部纵筋端部伸至尽端钢筋内侧，弯直钩 $12d$。

2）基础次梁底部第一排纵筋端部伸至尽端钢筋内侧，弯直钩 $12d$。

3）边跨端部底部纵筋直锚长度 $\geqslant l_a$ 时，可不设弯钩。

4）基础次梁底部第二排纵筋端部伸至尽端钢筋内侧，不弯直钩。

八、梁板式筏形基础平板 LPB 钢筋构造

梁板式筏形基础平板 LPB 钢筋构造如图 7-70 所示。

梁板式筏形基础平板 LPB 钢筋构造包括"柱下区域"、"跨中区域"两种部位的构造。但就基础平板 LPB 的钢筋构造来看，这两个区域的顶部贯通纵筋、底部贯通纵筋和非贯通纵筋的构造是一样的（当然跨中区域的底部纵筋稀疏一些，因为只存在底部贯通纵筋）。

（1）底部非贯通纵筋构造

1）底部非贯通纵筋的延伸长度，根据基础平板 LPB 原位标注的底部非贯通纵筋的延伸长度值进行计算。

2）在 16G101-3 图集第 88 页的图中，有这样一个信息：底部非贯通纵筋自梁中心线到跨内的延伸长度 $\geqslant l_n/3$（l_n 是基础平板 LPB 的净跨长度）。这是因为基础平板 LPB 的底部贯通纵筋连接区长度在图上的标注为"$\leqslant l_n/3$"，而这个"连接区"的两个端点又是底部非贯通纵筋的端点。

（2）底部贯通纵筋构造

1）底部贯通纵筋在基础平板 LPB 内按贯通布置。由于钢筋定尺长度的影响，底部贯通纵筋可以在跨中的"底部贯通纵筋连接区"进行连接。16G101-3 图集第 88 页规定"底部贯通纵筋连接区"的长度 $\leqslant l_n/3$（l_n 是基础平板 LPB 的净跨长度）。

底部贯通纵筋连接区长度＝跨度－左侧延伸长度－右侧延伸长度

（其中"左、右侧延伸长度"即左、右侧的底部非贯通纵筋延伸长度。）

2）当底部贯通纵筋直径不一致时。当某跨底部贯通纵筋直径大于邻跨时，如果相邻板区板底一平，则应在两毗邻跨中配置较小一跨的跨中连接区内进行连接（即配置较大板跨的底部贯通纵筋需越过板区分界线伸至毗邻板跨的跨中连接区域）。基础梁的底部贯通纵筋也有类似的做法。

3）底部贯通纵筋的根数。16G101-3 图集第 88 页规定，梁板式筏形基础平板 LPB 的底部贯通纵筋在距基础梁边 1/2 板筋间距（且不大于 75）处开始布置。

这样，底部贯通纵筋的根数算法：以梁边为起点或终点计算布筋范围，然后根据间距计算布筋的间隔个数，这间隔个数就是钢筋的根数（因为可以把钢筋放在每个间隔的中心）。

（3）顶部贯通纵筋构造

1）顶部贯通纵筋按跨布置

本跨钢筋的端部伸进梁内 $\geqslant 12d$ 且至少到梁中心线，由此可以计算出每跨顶部贯通纵筋的钢筋长度。

2）顶部贯通纵筋的根数计算

顶部贯通纵筋根数的计算方法与底部贯通纵筋相同。

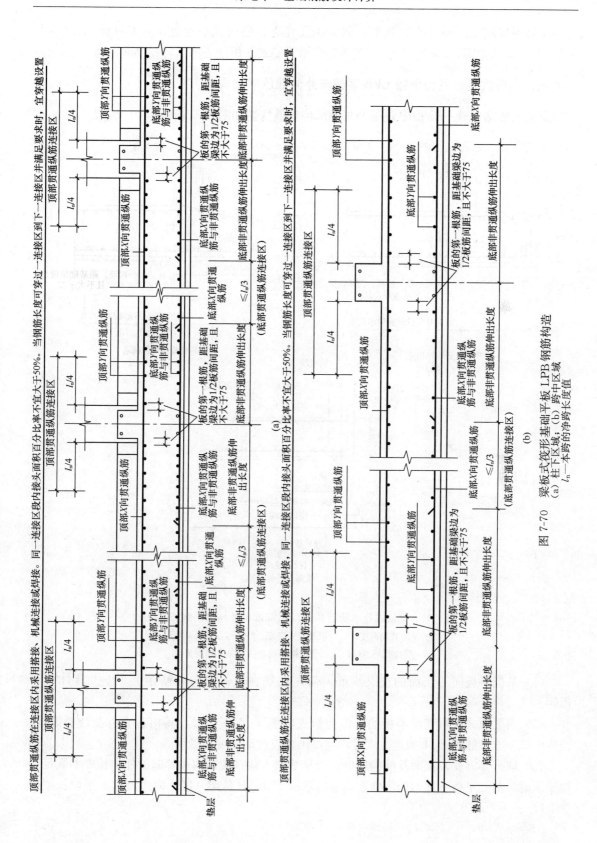

图 7-70　梁板式筏形基础平板 LPB 钢筋构造
(a) 柱下区域；(b) 跨中区域
l_n——本跨的净跨长度值

基础平板同一层面的交叉纵筋，何向纵筋在下、何向纵筋在上，应按具体设计说明。（见16G01-3图集第88页的"注"，它同时适用于基础平板的底部纵筋和顶部纵筋。）

九、梁板式筏形基础平板LPB端部与外伸部位钢筋构造

梁板式筏形基础平板LPB端部与外伸部位钢筋构造如图7-71所示。

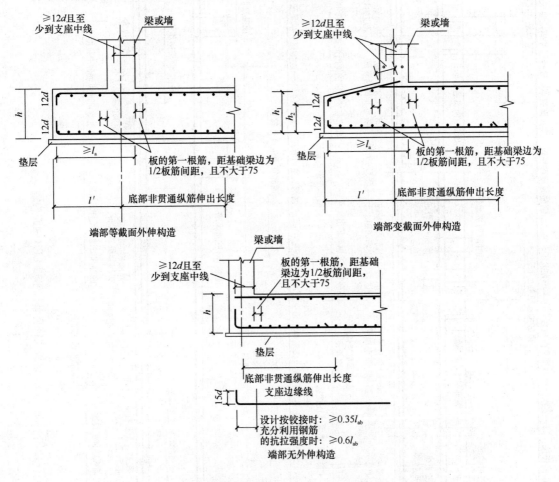

图7-71　梁板式筏形基础平板LPB端部与外伸部位钢筋构造
h—板的截面高度；h_1—根部截面高度；h_2—尽端截面高度；
d—受拉钢筋直径；l_{ab}—受拉钢筋的非抗震基本锚固长度

（1）基础平板同一层面的交叉纵筋，何向纵筋在下，何向纵筋在上，应按具体设计说明。

（2）当梁板式筏形基础平板的变截面形式与图7-71不同时，其构造应由设计者设计；当要求施工方参照图7-71构造方式时，应提供相应改动的变更说明。

（3）端部等（变）截面外伸构造中，当从基础主梁（墙）内边算起的外伸长度不满足直锚要求时，基础平板下部钢筋应伸至端部后弯折15d，且从梁（墙）内边算起水平段长度应≥0.6l_{ab}。

第五节　基础平法钢筋计算公式与实例

一、独立基础钢筋计算公式

（1）当独立基础底板 X 向或者 Y 向宽度不小于 2.5m，钢筋长度可以减短 10%，但是对偏心基础某边自中心至基础边缘不大于 1.25m 时不缩减，沿该方向钢筋长度 $=L-2\times$ 保护层。任何情况下独立基础四周钢筋不缩减。独立基础基边长小于 2500mm 不缩减。

$$独立基础四周钢筋长度 = 边长 - 2\times 保护层厚度 \tag{7-17}$$

$$独立基础缩减钢筋长度 = 0.9\times(边长 - 2\times 保护层厚度) \tag{7-18}$$

（2）当双柱独立基础与四柱独立基础柱距离较大时，尚需在双柱间配置基础顶部钢筋或者设置基础梁。

（3）柱截面钢筋长度

$$柱截面内钢筋长度 = 净长 + 2\times l_a \tag{7-19}$$

$$柱截面外钢筋长度 = 跨长 + 2\times l_a \tag{7-20}$$

（4）独立基础纵向钢筋根数

$$独立基础纵向钢筋总根数 = \frac{边长\ x - 2\times \min(75, 0.5s)}{s} + 1 \tag{7-21}$$

$$独立基础纵向缩减钢筋根数 = \frac{边长\ x - 2\times \min(75, 0.5s)}{s} - 1 \tag{7-22}$$

式中　s——独立基础受力钢筋间距。

二、条形基础钢筋计算公式

1. 基础梁纵筋

（1）基础梁无外伸

$$上部贯通纵筋长度 = 梁净跨长度 + 左\max(12d, 0.5h_b) + 右\max(12d, 0.5h_b)$$
$$\tag{7-23}$$

$$下部贯通纵筋长度 = 梁净跨长度 + 2l_a \tag{7-24}$$

（2）基础梁外伸

$$上部贯通筋长度 = 梁长 - 2\times 保护层厚度 + 左弯折 12d + 右弯折 12d \tag{7-25}$$

$$上部第二排纵筋长度 = 净跨长度 + 2l_a \tag{7-26}$$

$$下部贯通筋长度 = 梁长 - 2\times 保护层厚度 + 左弯折 12d + 右弯折 12d \tag{7-27}$$

2. 基础梁非贯通筋

（1）基础梁无外伸

$$下部端支座非贯通钢筋长度 = 0.5h_c + \frac{L_1}{3} + 15d \tag{7-28}$$

$$下部中间支座非贯通钢筋长度 = \frac{2l_0}{3} \tag{7-29}$$

式中　l_0——左跨与右跨的较大值。

（2）基础梁外伸

$$下部端支座非贯通钢筋长度 = 外伸长度 L + \frac{L_1}{3} + 12d \tag{7-30}$$

$$下部中间支座非贯通钢筋长度 = \frac{2l_0}{3} \tag{7-31}$$

3. 基础梁侧面纵筋

$$梁侧面筋根数 = 2 \times \left(\frac{梁高 h - 保护层厚度 c - 筏板厚 b}{梁侧面筋间距} - 1 \right) \tag{7-32}$$

$$梁侧面构造纵筋长度 = 梁净跨长 l_{n1} + 2 \times 15d \tag{7-33}$$

4. 基础梁架立筋

当梁下部贯通筋的根数少于箍筋的肢数时，在梁的跨中 1/3 跨度范围内必须设置架立筋用来固定箍筋，架立筋与支座负筋搭接 150mm。

$$基础梁首跨架立筋长度 = l_{n1} - l_1 - \frac{l_0}{3} - \max\left(\frac{l_1}{3}, \frac{l_2}{3} \right) + 2 \times 150 \tag{7-34}$$

$$基础梁中间跨架立筋长度 = l_{n2} - \max\left(\frac{l_1}{3}, \frac{l_2}{3} \right) - \max\left(\frac{l_2}{3}, \frac{l_3}{3} \right) + 2 \times 150 \tag{7-35}$$

式中　l_1——首跨轴线至轴线长度；

　　　l_2——第二跨轴线至轴线长度；

　　　l_3——第三跨轴线至轴线长度；

　　　l_{n1}——中间第一跨轴线至轴线长度；

　　　l_{n2}——中间第二跨轴线至轴线长度。

5. 基础梁拉筋

$$梁侧面拉筋根数 = 侧面筋道数 n \times \left(\frac{l_n - 50 \times 2}{非加密区间距的 2 倍} + 1 \right) \tag{7-36}$$

$$梁侧面拉筋长度 = (梁宽 b - 保护层厚度 c \times 2) + 4d + 2 \times 11.9d \tag{7-37}$$

6. 基础梁箍筋

（1）当设计有多种箍筋并注明范围或根数时：

箍筋根数 ＝根数 1 ＋根数 2

$$+ \frac{[梁净长 - 2 \times 50 - (根数 1 - 1) \times 间距 1 - (根数 2 - 1) \times 间距 2]}{间距 3} - 1$$

$$\tag{7-38}$$

（2）当设计未注明加密箍筋范围时：

$$箍筋加密区长度 L_1 = \max(1.5h_b, 500) \tag{7-39}$$

$$箍筋根数 = 2 \times \left[\frac{(L_1 - 50)}{加密区间距} + 1 \right] + \sum \frac{(梁宽 - 2 \times 50)}{加密区间距} - 1 + \frac{(l_n - 2 \times L_1)}{非加密区间距} - 1 \tag{7-40}$$

基础梁箍筋贯通布置时节点区内箍筋按第一种箍筋增加设置，不计入总数。

$$箍筋预算长度 = (b + h) \times 2 - 8c + 2 \times 11.9d + 8d \tag{7-41}$$

$$箍筋下料长度 = (b + h) \times 2 - 8c + 2 \times 11.9d + 8d - 3 \times 1.75d \tag{7-42}$$

$$内箍预算长度 = \left[\left(\frac{b - 2c - D}{n} - 1 \right) \times j + D \right] \times 2 + 2 \times (h - c) + 2 \times 11.9d + 8d$$

$$\tag{7-43}$$

$$内箍下料长度 = \left[\left(\frac{b-2c-D}{n}-1\right) \times j + D\right] \times 2 \tag{7-44}$$
$$+ 2 \times (h-c) + 2 \times 11.9d + 8d - 3 \times 1.75d$$

式中　b——梁宽度；

c——梁侧保护层厚度；

D——梁纵筋直径；

n——梁箍筋肢数；

j——内箍所包含的主箍孔数；

d——梁箍筋直径。

7. 变截面基础梁钢筋

梁变截面包括几种情况：上平下不平，下平上不平，上下均不平，左平右不平，右平左不平，左右无不平。

当基础梁下部有高差时低跨的基础梁必须做成 45°或者 60°梁底台阶或者斜坡。

当基础梁有高差时不能贯通的纵筋必须相互锚固。

（1）当基础下平上不平时：

低跨的基础梁上部纵筋伸入高跨内一个 l_a。

$$高跨梁上部第一排纵筋弯折长度 = 高差值 + l_a \tag{7-45}$$

（2）当基础上平下不平时：

$$高跨的基础梁下部纵筋伸入高跨内长度 = l_a + 高差值 \tag{7-46}$$

$$低跨梁下部第一排纵筋斜弯折长度 = \frac{高差值}{\sin 45°(60°)} + l_a \tag{7-47}$$

（3）当基础梁上下均不平时：

低跨的基础梁上部纵筋伸入高跨内一个 l_a。

$$高跨梁上部第一排纵筋弯折长度 = 高差值 + l_a \tag{7-48}$$

$$高跨的基础梁下部纵筋伸入高跨内长度 = l_a + 高差值 \tag{7-49}$$

$$低跨梁下部第一排纵筋斜弯折长度 = \frac{高差值}{\sin 45°(60°)} + l_a \tag{7-50}$$

当支座两边基础梁宽不同或者梁不对齐时，不能拉通的纵筋伸入支座对边后弯折 $15d$；当支座两边纵筋根数不同时，可以将多出的纵筋伸入支座对边后弯折 $15d$。

三、筏形基础钢筋计算公式

1. 基础梁纵筋

（1）基础梁无外伸

$$上部贯通筋长度 = 梁长 - 2 \times c_1 + \frac{(h_c - 2 \times c_2)}{2} \tag{7-51}$$

$$下部贯通筋长度 = 梁长 - 2 \times c_1 + \frac{(h_c - 2 \times c_2)}{2} \tag{7-52}$$

式中　h_c——基础梁高度；

c_1——基础梁端保护层厚度；

c_2——基础梁上下保护层厚度。

上部或者下部钢筋根数不同时：
$$多出的钢筋长度 = 梁长 - 2c + 左弯折\,15d + 右弯折\,15d \tag{7-53}$$

式中　c——基础梁保护层厚度（当基础梁端、基础梁底、基础梁顶保护层不同时应分别计算）；

　　　　d——钢筋直径。

（2）基础梁等截面外伸
$$上部贯通筋长度 = 梁长 - 2 \times 保护层 + 左弯折\,12d + 右弯折\,12d \tag{7-54}$$
$$下部贯通筋长度 = 梁长 - 2 \times 保护层 + 左弯折\,12d + 右弯折\,12d \tag{7-55}$$

2. 基础主梁非贯通筋

（1）基础梁无外伸
$$下部端支座非贯通钢筋长度 = 0.5h_c + \max\left(\frac{l_n}{3}, 1.2l_a + h_b + 0.5h_c\right) + \frac{(h_b - 2 \times c)}{2} \tag{7-56}$$

$$下部多出的端支座非贯通钢筋长度 = 0.5h_c + \max\left(\frac{l_n}{3}, 1.2l_a + h_b + 0.5h_c\right) + 15d \tag{7-57}$$

$$下部中间支座非贯通钢筋长度 = \max\left(\frac{l_n}{3}, 1.2l_a + h_b + 0.5h_c\right) \times 2 \tag{7-58}$$

式中　l_n——左跨与右跨之较大值；

　　　　h_b——基础梁截面高度；

　　　　h_c——沿基础梁跨度方向柱截面高度；

　　　　c——基础梁保护层厚度。

（2）基础梁等截面外伸
$$下部端支座非贯通钢筋长度 = 外伸长度\,l + \max\left(\frac{l_n}{3}, l_n'\right) + 12d \tag{7-59}$$

$$下部中间支座非贯通钢筋长度 = \max\left(\frac{l_n}{3}, l_n'\right) \times 2 \tag{7-60}$$

3. 基础梁架立筋

当梁下部贯通筋的根数少于箍筋的肢数时，在梁的跨中 1/3 跨度范围内必须设置架立筋用来固定箍筋，架立筋与支座负筋搭接 150mm。

$$基础梁首跨架立筋长度 = l_1 - \max\left(\frac{l_1}{3}, 1.2l_a + h_b + 0.5h_c\right)$$
$$- \max\left(\frac{l_1}{3}, \frac{l_2}{3}, 1.2l_a + h_b + 0.5h_c\right) + 2 \times 50 \tag{7-61}$$

$$基础梁中间跨架立筋长度 = l_{n2} - \max\left(\frac{l_1}{3}, \frac{l_2}{3}, 1.2l_a + h_b + 0.5h_c\right)$$
$$- \max\left(\frac{l_2}{3}, \frac{l_3}{3}, 1.2l_a + h_b + 0.5h_c\right) + 2 \times 50 \tag{7-62}$$

式中　l_1——首跨轴线至轴线长度；

　　　　l_2——第二跨轴线至轴线长度；

　　　　l_3——第三跨轴线至轴线长度；

l_n——中间第 n 跨轴线至轴线长度；

l_{n2}——中间第 2 跨轴线至轴线长度。

4. 基础梁拉筋

$$梁侧面拉筋根数 = 侧面筋道数\ n \times \left(\frac{l_n - 50 \times 2}{非加密区间距的\ 2\ 倍} + 1 \right) \quad (7\text{-}63)$$

$$梁侧面拉筋长度 = (梁宽\ b - 保护层厚度\ c \times 2) + 4d + 2 \times 11.9d \quad (7\text{-}64)$$

5. 基础梁箍筋

（1）箍筋根数

根数 = 根数 1 + 根数 2

$$+ \frac{\left[梁净长 - 2 \times 50 - (根数\ 1 - 1) \times 间距\ 1 - (根数\ 2 - 1) \times 间距\ 2 \right]}{间距\ 3} - 1$$

$$(7\text{-}65)$$

当设计未标注加密箍筋范围时：

$$箍筋加密区长度\ L_1 = \max(1.5h_b, 500) \quad (7\text{-}66)$$

$$箍筋根数 = 2 \times \left[\frac{(L_1 - 50)}{加密区间距} + 1 \right] + \Sigma \frac{(梁宽 - 2 \times 50)}{加密区间距} - 1 + \frac{(l_n - 2 \times L_1)}{非加密区间距} - 1$$

$$(7\text{-}67)$$

（2）箍筋下料长度

为方便计算，箍筋与拉筋弯钩平直段长度按 $10d$ 计算。实际钢筋预算与下料时应根据箍筋直径和构件是否抗震而定。

$$箍筋预算长度 = (b + h) \times 2 - 8c + 2 \times 11.9d + 8d \quad (7\text{-}68)$$

$$箍筋下料长度 = (b + h) \times 2 - 8c + 2 \times 11.9d + 8d - 3 \times 1.75d \quad (7\text{-}69)$$

$$内箍预算长度 = \left[\left(\frac{b - 2c - D}{n} - 1 \right) \times j + D \right] \times 2 + 2 \times (h - c) + 2 \times 11.9d + 8d$$

$$(7\text{-}70)$$

$$内箍下料长度 = \left[\left(\frac{b - 2c - D}{n} - 1 \right) \times j + D \right] \times 2$$
$$+ 2 \times (h - c) + 2 \times 11.9d + 8d - 3 \times 1.75d \quad (7\text{-}71)$$

式中　b——梁宽度；

　　　c——梁侧保护层厚度；

　　　D——梁纵筋直径；

　　　n——梁箍筋肢数；

　　　j——内箍所包含的主箍孔数；

　　　d——梁箍筋直径。

6. 基础梁附加箍筋

附加箍筋间距 $8d$（d 是箍筋直径）且不大于梁正常箍筋间距。

附加箍筋根数若设计注明则按设计，若设计只注明间距而没注写具体数量则按平法构造，计算如下：

$$附加箍筋根数 = 2 \times \left(\frac{次梁宽度}{附加箍筋间距} + 1 \right) \quad (7\text{-}72)$$

7. 基础梁附加吊筋

$$附加吊筋长度 = 次梁宽 + 2 \times 50 + 2 \times \frac{主梁高 - 保护层厚度}{\sin 45°(60°)} + 2 \times 20d \qquad (7\text{-}73)$$

8. 基础梁侧腋钢筋

除了基础梁比柱宽且完全形成梁包柱的情形以外，基础梁必须加腋，加腋钢筋直径不得小于 12mm 且不得小于柱箍筋直径，间距同柱箍筋间距。在加腋筋内侧梁高位置布置分布筋 $\phi 8@200$。

$$加腋纵筋长度 = \Sigma 侧腋边净长 + 2l_a \qquad (7\text{-}74)$$

9. 基础梁竖向加腋钢筋

$$加腋上部斜纵筋根数 = 梁下部纵筋根数 - 1 \qquad (7\text{-}75)$$

且根数不少于两根，并插空放置。其箍筋与梁端部箍筋相同。

$$箍筋根数 = 2 \times \frac{1.5 \times h_b}{加密区间距} + \frac{l_n - 3h_b - 2c_1}{非加密区间距} - 1 \qquad (7\text{-}76)$$

$$加腋区箍筋根数 = \frac{c_1 - 50}{箍筋加密区间距} + 1 \qquad (7\text{-}77)$$

$$加腋区箍筋理论长度 = 2b + 2 \times (2h + c_2) - 8c + 2 \times 11.9d + 8d \qquad (7\text{-}78)$$

$$加腋区箍筋下料长度 = 2b + 2 \times (2h + c_2) - 8c + 2 \times 11.9d + 8d - 3 \times 1.75d \qquad (7\text{-}79)$$

$$加腋区箍筋最长预算长度 = 2 \times (b + h + c_2) - 8c + 2 \times 11.9d + 8d \qquad (7\text{-}80)$$

$$加腋区箍筋最长下料长度 = 2 \times (b + h + c_2) - 8c + 2 \times 11.9d + 8d - 3 \times 1.75d \qquad (7\text{-}81)$$

$$加腋区箍筋最短预算长度 = 2 \times (b + h) - 8c + 2 \times 11.9d + 8d \qquad (7\text{-}82)$$

$$加腋区箍筋最短下料长度 = 2 \times (b + h) - 8c + 2 \times 11.9d + 8d - 3 \times 1.75d \qquad (7\text{-}83)$$

$$\frac{加腋区箍筋总}{长缩尺量差} = \frac{加腋区箍筋中心线最长长度 - 加腋区箍筋中心线最短长度}{加腋区箍筋数量} - 1 \qquad (7\text{-}84)$$

$$\frac{加腋区箍筋高}{度缩尺量差} = 0.5 \times \frac{加腋区箍筋中心线最长长度 - 加腋区箍筋中心线最短长度}{加腋区箍筋数量} - 1 \qquad (7\text{-}85)$$

$$加腋纵筋长度 = \sqrt{c_1^2 + c_2^2} + 2l_a \qquad (7\text{-}86)$$

10. 变截面基础梁钢筋

当基础梁下部有高差时，低跨的基础梁必须做成 45°或者 60°梁底台阶或者斜坡。

当基础梁有高差时，不能贯通的纵筋必须相互锚固。

（1）当基础下平上不平时：

低跨的基础梁上部纵筋伸入高跨内一个 l_a。

$$高跨梁上部第一排纵筋弯折长度 = 高差值 + l_a \qquad (7\text{-}87)$$

（2）当基础上平下不平时：

$$高跨的基础梁下部纵筋伸入低跨梁 = l_a \qquad (7\text{-}88)$$

$$低跨梁下部第一排纵筋斜弯折长度 = \frac{高差值}{\sin45°(60°)} + l_a \qquad (7\text{-}89)$$

（3）当基础梁上下均不平时：

低跨的基础梁上部纵筋伸入高跨内一个 l_a。

$$高跨梁上部第一排纵筋弯折长度 = 高差值 + l_a \qquad (7\text{-}90)$$

$$高跨基础梁下部纵筋伸入低跨内长度 = l_a \qquad (7\text{-}91)$$

$$低跨梁下部第一排纵筋斜弯折长度 = \frac{高差值}{\sin45°(60°)} + l_a \qquad (7\text{-}92)$$

当支座两边基础梁宽不同或者梁不对齐时，将不能拉通的纵筋伸入支座对边后弯折 $15d$；当支座两边纵筋根数不同时，可将余出的纵筋伸入支座对边后弯折 $15d$。

【实例一】独立基础 DJ_P2 长度缩减 10% 的对称配筋设计计算

独立基础 DJ_P2 如图 7-72、图 7-73 所示。试对 DJ_P2 的 X 向、Y 向钢筋进行设计。

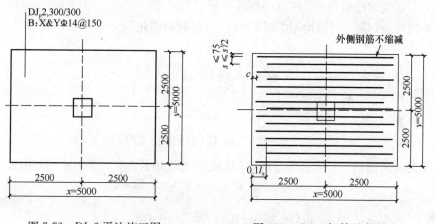

图 7-72　DJ_P2 平法施工图　　　　图 7-73　DJ_P2 钢筋示意图

【解】

由图可知 DJ_P2 为正方形，X 向钢筋与 Y 向钢筋完全相同，这里以 X 向钢筋为例进行计算。

（1）X 向外侧钢筋长度＝基础边长$-2c$＝$x-2c$＝$5000-2\times40$＝4920mm

（2）X 向外侧钢筋根数＝2 根（一侧各一根）

（3）X 向其余钢筋长度＝基础边长$-c-0.1\times$基础边长

　　　　$=x-c-0.1l_x=5000-40-0.1\times5000\approx4460$mm

（4）X 向其余钢筋根数 $= \dfrac{[y-2\times\min(75,s/2)]}{s} - 1 = \dfrac{(5000-2\times75)}{150} - 1 \approx 32$ 根

【实例二】独立基础 DJ_P3 长度缩减 10% 的非对称配筋设计计算

独立基础 DJ_P3 如图 7-74、图 7-75 所示。试对 DJ_P3 的 X 向、Y 向钢筋进行设计。

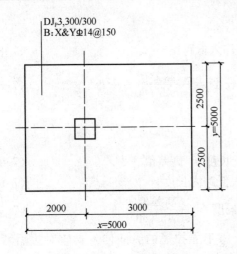

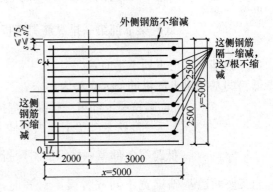

图 7-74　DJₚ3 平法施工图　　　图 7-75　DJₚ3 钢筋示意图

【解】

本例 Y 向钢筋与实例一中 DJ_p2 完全相同，故这里只介绍 X 向钢筋的计算。

（1）X 向外侧钢筋长度＝基础边长－$2c$＝$x-2c$＝$5000-2\times40$＝4920mm

（2）X 向外侧钢筋根数＝2 根（一侧各一根）

（3）X 向其余钢筋（两侧均不缩减）长度（与外侧钢筋相同）＝$x-2c$＝$5000-2\times40$＝4920mm

（4）根数＝$\dfrac{\left\{\dfrac{[y-2\times\min(75,s/2)]}{s}-1\right\}}{2}$

$=\dfrac{\left[\dfrac{(5000-2\times75)}{150}-1\right]}{2}$＝16 根（右侧隔一缩减）

（5）X 向其余钢筋（右侧缩减的钢筋）长度＝基础边长－c－$0.1\times$基础边长

$=x-c-0.1l_x$

$=5000-40-0.1\times5000=4460$mm

（6）根数＝$16-1$＝15 根（因为隔一缩减，所以比另一种少一根）

【实例三】独立基础 DJₚ4 的钢筋设计计算

独立基础 DJ_p4 如图 7-76 所示，基础混凝土强度等级 C40，保护层厚度 40mm。试对其 X 向、Y 向钢筋进行设计。

【解】

（1）底板底部 X 向钢筋

单根长度＝$x-2c$＝$2600-2\times40$＝2520mm

根数＝$\dfrac{[y-2\times\min(75,s/2)]}{s}+1$

$=\dfrac{(1900-2\times75)}{200}+1\approx10$ 根

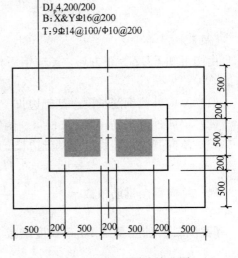

图 7-76　DJₚ4 平法施工图

（2）底板底部 Y 向钢筋

单根长度 $= y - 2c = 1900 - 2 \times 40 = 1820\text{mm}$

根数 $= \dfrac{\left[x - 2 \times \min(75, s/2) \right]}{s} + 1 = \dfrac{(2600 - 2 \times 75)}{200} + 1 \approx 14$ 根

【实例四】独立基础 DJ_J1 的钢筋设计计算一

独立基础 DJ_J1 如图 7-77、图 7-78 所示，基础保护层厚度为 40mm。试对其钢筋进行设计计算。

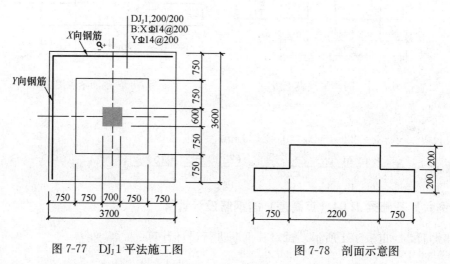

图 7-77　DJ_J1 平法施工图　　　　图 7-78　剖面示意图

【解】

由图可知，DJ_J1 是一个普通阶形独立基础，两阶高度为 200/200mm。

（1）X 向钢筋

1）长度 $= x - 2c = 3700 - 2 \times 40 = 3620\text{mm}$

2）根数 $= \dfrac{\left[y - 2 \times \min(75, s/2) \right]}{s} + 1 = \dfrac{(3700 - 2 \times 75)}{200} + 1 \approx 19$ 根

（2）Y 向钢筋

1）长度 $= y - 2c = 3700 - 2 \times 40 = 3620\text{mm}$

2）根数 $= \dfrac{\left[x - 2 \times \min(75, s/2) \right]}{s} + 1 = \dfrac{(3700 - 2 \times 75)}{200} + 1 = 19$ 根

【实例五】独立基础 DJ_J1 的钢筋设计计算二

独立基础 DJ_J1 如图 7-79、图 7-80 所示，基础保护层厚度为 40mm。试对其钢筋进行设计计算。

【解】

（1）底部 X 向钢筋

单根长度 $= x - 2c = 2200 - 2 \times 40 = 2120\text{mm}$

根数 $= \dfrac{\left[y - 2 \times \min(75, s/2) \right]}{s} + 1 = \dfrac{(2200 - 2 \times 75)}{200} + 1 \approx 12$ 根

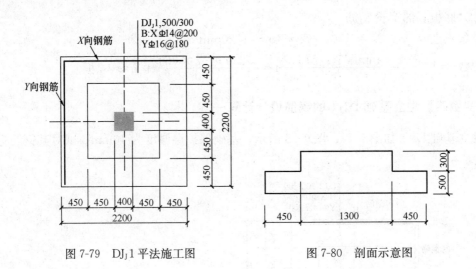

图 7-79　DJ_J1 平法施工图　　　　图 7-80　剖面示意图

（2）底部 Y 向钢筋

单根长度 $= y - 2c = 2200 - 2 \times 40 = 2120$mm

根数 $= \dfrac{[x - 2 \times \min(75, s/2)]}{s} + 1 = \dfrac{(2200 - 2 \times 75)}{180} + 1 \approx 13$ 根

【实例六】基础梁 JL04（有高差）的钢筋设计计算

基础梁 JL04 如图 7-81 所示，试对其钢筋进行设计计算。

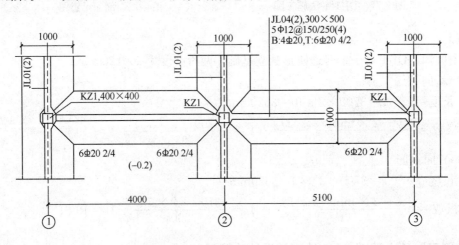

图 7-81　基础梁 JL04 平法施工图

【解】

本题中不计算加腋筋

（1）计算参数

1）保护层厚度 $c = 30$mm

2）$l_a = 30d$

3）梁包柱侧腋 $= 50$mm

4）双肢箍长度计算公式：$(b - 2c + d) \times 2 + (h - 2c + d) \times 2 + (1.9d + 10d) \times 2$

（2）第一跨底部贯通纵筋 4 Φ 20

$$长度 = 4000 + (200 + 50 - 30 + 15d) + (200 - 30 + \sqrt{200^2 + 200^2} + 30d)$$
$$= 4000 + (200 + 50 - 30 + 15 \times 20) + (200 - 30 + \sqrt{200^2 + 200^2} + 30 \times 20)$$
$$= 5573\text{mm}$$

（3）第二跨底部贯通纵筋 4 Φ 20

$$长度 = 5100 - 200 + 30d + 200 + 50 - 30 + 15d$$
$$= 5100 - 200 + 30 \times 20 + 200 + 50 - 30 + 15 \times 20 = 6020\text{mm}$$

（4）第一跨左端底部非贯通纵筋 2 Φ 20

$$长度 = \frac{5100}{3} + 200 + 50 - 30 + 15d$$
$$= \frac{5100}{3} + 200 + 50 - 30 + 15 \times 20 = 2220\text{mm}$$

（5）第一跨右端底部非贯通纵筋 2 Φ 20

$$长度 = \frac{5100}{3} + 200 + \sqrt{200^2 + 200^2} + 30d$$
$$= \frac{5100}{3} + 200 + \sqrt{200^2 + 200^2} + 30 \times 20 = 2783\text{mm}$$

（6）第二跨左端底部非贯通纵筋 2 Φ 20

$$长度 = \frac{5100}{3} + (30d - 200) = \frac{5100}{3} + (30 \times 20 - 200) = 2100\text{mm}$$

（7）第二跨右端底部非贯通纵筋 2 Φ 20

$$长度 = \frac{5100}{3} + 200 + 50 - 30 + 15d = \frac{5100}{3} + 200 + 50 - 30 + 15 \times 20 = 2220\text{mm}$$

（8）第一跨顶部贯通筋 6 Φ 20 4/2

$$长度 = 4000 + 200 + 50 - 30 + 12d - 200 + 30d$$
$$= 4000 + 200 + 50 - 30 + 12 \times 20 - 200 + 30 \times 20 = 4860\text{mm}$$

（9）第二跨顶部第一排贯通筋 4 Φ 20

$$长度 = 5100 + (200 + 50 - 30 + 12d) + 200 - 30 + 200(\text{高差}) + 30d$$
$$= 5100 + (200 + 50 - 30 + 12 \times 20) + (200 - 30 + 200 + 30 \times 20) = 6530\text{mm}$$

（10）第二跨顶部第二排贯通筋 2 Φ 20

$$长度 = 5100 + 200 + 50 - 30 + 12d - 200 + 30d$$
$$= 5100 + 200 + 50 - 30 + 12 \times 20 - 200 + 30 \times 20 = 5960\text{mm}$$

（11）箍筋

$$外大箍长度 = (300 - 2 \times 30 + 12) \times 2 + (500 - 2 \times 30 + 12) \times 2 + 2 \times 11.9 \times 12$$
$$= 1694\text{mm}$$

$$内小箍筋长度 = \left[\frac{(300 - 2 \times 30 - 20)}{3} + 20 + 12\right] \times 2 + (500 - 2 \times 30 + 12) \times 2$$
$$+ 2 \times 11.9 \times 12$$
$$= 1401\text{m}$$

箍筋根数：

1）第一跨：5×2＋6＝16 根

两端各 5φ12；

$$中间箍筋根数 = \frac{(4000-200\times2-50\times2-150\times5\times2)}{250} - 1 = 7 根$$

$$节点内箍筋根数 = \frac{400}{150} = 3 根$$

2）第二跨：5×2＋9＝19（其中位于斜坡上的 2 根长度不同）

①左端 5φ12，斜坡水平长度为 200，故有 2 根位于斜坡上，这 2 根箍筋高度取 700 和 500 的平均值计算：

$$外大箍长度 = (300-2\times30+12)\times2 + (600-2\times30+12)\times2 + 2\times11.9\times12$$
$$= 1894mm$$

$$内小箍长度 = \left[\frac{(300-2\times30-20)}{3}+20+12\right]\times2 + (600-2\times30$$
$$+12)\times2 + 2\times11.9\times12$$
$$= 1601mm$$

②右端 5φ12；

$$中间箍筋根数 = \frac{(5100-200\times2-50\times2-150\times5\times2)}{250} - 1 \approx 12 根$$

3）JL04 箍筋总根数为：

外大箍根数 ＝ 16＋19＋3×3 ＝ 44 根（其中位于斜坡上的 2 根长度不同）

里小箍根数 ＝ 44 根（其中位于斜坡上的 2 根长度不同）

【实例七】基础梁 JL02（底部非贯通筋、架立筋、侧部构造筋）的钢筋设计计算

基础梁 JL02 如图 7-82 所示，试对其钢筋进行设计计算。

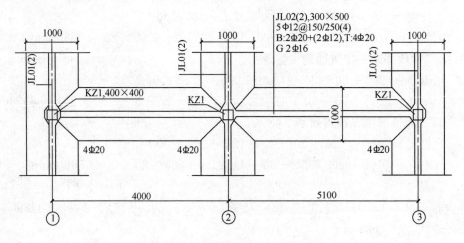

图 7-82 基础梁 JL02 平法施工图

【解】

本题中不计算加腋筋

（1）计算参数

1）保护层厚度 $c=30$mm

2）$l_a=30d$

3）梁包柱侧腋＝50mm

4）双肢箍长度计算公式：$(b-2c+d)\times 2+(h-2c+d)\times 2+(1.9d+10d)\times 2$

（2）底部贯通纵筋 2 Φ 20

$$长度 = (4000+5100+200\times 2+50\times 2)-2\times 30+2\times 15\times 20 = 10140mm$$

（3）顶部贯通纵筋 4 Φ 20

$$长度 = (4000+5100+200\times 2+50\times 2)-2\times 30+2\times 12\times 20 = 10020mm$$

（4）箍筋

$$外大箍长度 = (300-2\times 30+12)\times 2+(500-2\times 30+12)\times 2+2\times 11.9\times 12$$
$$=1694mm$$

$$内小箍筋长度 = \left[\frac{(300-2\times 30-20)}{3}+20+12\right]\times 2+(500-2\times 30+12)\times 2$$
$$+2\times 11.9\times 12$$
$$=1329mm$$

箍筋根数：

第一跨：$5\times 2+6=16$ 根

两端各 5ϕ12；

$$中间箍筋根数 = \frac{(4000-200\times 2-50\times 2-150\times 5\times 2)}{250}-1\approx 7 \ 根$$

第二跨：$5\times 2+9=19$ 根

两端各 5ϕ12；

$$中间箍筋根数 = \frac{(5100-200\times 2-50\times 2-150\times 5\times 2)}{250}-1\approx 12 \ 根$$

$$节点内箍筋根数 = \frac{400}{150}\approx 3 \ 根$$

JL02 箍筋总根数为：

外大箍根数 $= 16+19+3\times 3 = 44$ 根

内小箍根数 $= 44$ 根

（5）底部端部非贯通筋 2 Φ 20

$$长度 = \frac{延伸长度 \ l_0}{3}+伸至端部并弯折 15d$$

$$=\frac{5100}{3}+200+50-30+15\times 20 = 2220mm$$

（6）底部中间柱下区域非贯通筋 2 Φ 20

$$长度 = \frac{2\times l_0}{3} = 2\times \frac{5100}{3} = 3400mm$$

（7）底部架立筋 2 Φ 12

$$计算公式 = 轴线尺寸 - \frac{2\times l_0}{3}+2\times 150$$

$$第一跨底部架立筋长度 = 4000 - 2 \times \left(\frac{5100}{3}\right) + 2 \times 150 = 900mm$$

$$第二跨底部架立筋长度 = 5100 - 2 \times \left(\frac{5100}{3}\right) + 2 \times 150 = 2000mm$$

（8）侧部构造筋 2 Φ 16

$$计算公式 = 净长 + 15d$$

$$第一跨侧部构造钢筋长度 = 4000 - 2 \times (200 + 50) = 3500mm$$

$$第一跨侧部构造钢筋长度 = 5100 - 2 \times (200 + 50) = 4600mm$$

拉筋（$\phi8$）间距为最大箍筋间距的 2 倍

$$第一跨拉筋根数 = \frac{[4000 - 2 \times (200 + 50)]}{500} + 1 \approx 8 \, 根$$

$$第二跨拉筋根数 = \frac{[5100 - 2 \times (200 + 50)]}{500} + 1 \approx 10 \, 根$$

【实例八】基础平板 LPB1 顶部贯通纵筋的设计计算

梁板式筏形基础平板 LPB1 每跨的轴线跨度为 3800mm，该方向的顶部贯通纵筋为 $\phi14$ @150，两端的基础梁 JL1 的截面尺寸为 500mm×900mm，纵筋直径为 22mm，基础梁的混凝土强度等级为 C25。试设计 LPB1 的顶部贯通纵筋。

【解】

LPB1 每跨的轴线跨度为 3800mm，即两端的基础梁 JL1 的中心线之间的距离为 3800mm。

基础梁 JL1 的半个梁的宽度为：500/2＝250mm。

而基础平板 LPB1 顶部贯通纵筋直径 d 的 12 倍为：$12d = 12 \times 14 = 168mm$，显然，$12d < 250mm$。

所以，基础平板 LPB1 的顶部贯通纵筋按跨布置，而顶部贯通纵筋的长度为 3800mm。

【实例九】基础平板 LPB1 底部贯通纵筋的设计计算

梁板式筏形基础平板 LPB1 每跨的轴线跨度为 4000mm，该方向的底部贯通纵筋为 $\phi14$ @150，两端的基础梁 JL1 的截面尺寸为 500mm×900mm，纵筋直径为 22mm，基础梁的混凝土强度等级为 C25。试设计 LPB1 的底部贯通纵筋。

【解】

LPB1 每跨的轴线跨度为 4000mm，即两端的基础梁 JL1 的中心线之间的距离是 4000mm。

两端的基础梁 JL1 的梁角筋中心线之间的距离为：$4000 - 250 \times 2 + 22 \times 2 + (22/2) \times 2 = 3566mm$

所以底部贯通纵筋根数为：$\frac{3566}{150} \approx 24 \, 根$。

【实例十】基础平板 LPB01 的钢筋设计计算

基础平板 LPB01 的平法施工图如图 7-83 所示，保护层厚度为 40mm，锚固长度 l_a 为

$30d$，不考虑接头。试对其钢筋进行设计计算。

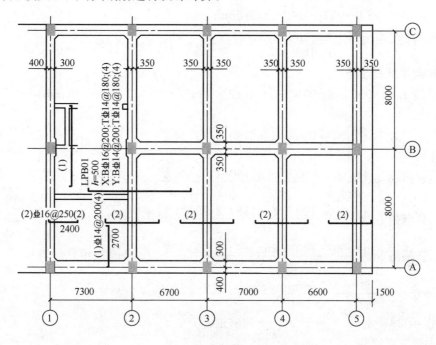

图 7-83　基础平板 LPB01 平法施工图

注：外伸端采用 U 形封边构造，U 形钢筋为 ϕ20@300，封边处侧部构造筋为 2ϕ8。

【解】

（1）X 向底部贯通筋

单根长度 $L = 7300 + 6700 + 7000 + 6600 + 1500 + 400 - 40 - 20 + 15 \times 16$
$- 40 + 12 \times 16 = 29832\text{mm}$

$$\text{根数} = \frac{\left[8000 \times 2 + 400 \times 2 - \min(200/2, 75) \times 2\right]}{200} + 1 \approx 85（根）$$

（2）Y 向底部贯通筋

单根长度 $L = 8000 \times 2 + 400 \times 2 - 80 - 20 \times 2 + 15 \times 14 \times 2 = 17100（\text{mm}）$

根数：

$$①～② \text{ 根数} = \frac{\left[7300 - 650 - \min(200/2, 75) \times 2\right]}{200} + 1 \approx 34（根）$$

$$②～③ \text{ 根数} = \frac{\left[6700 - 700 - \min(200/2, 75) \times 2\right]}{200} + 1 \approx 31（根）$$

$$③～④ \text{ 根数} = \frac{\left[7000 - 700 - \min(200/2, 75) \times 2\right]}{200} + 1 \approx 32（根）$$

$$④～⑤ \text{ 根数} = \frac{\left[6600 - 700 - \min(200/2, 75) \times 2\right]}{200} + 1 \approx 30（根）$$

$$\text{外伸部分} = \frac{\left[1500 - 350 - \min(200/2, 75) \times 2\right]}{200} + 1 \approx 6（根）$$

总根数 $= 34 + 31 + 32 + 30 + 6 = 133（根）$

（3）X 向顶部贯通筋

单根长度 $L = 7300 + 6700 + 7000 + 6600 + 1500 - 300 + \max(12 \times 14, 700/2)$
$- 40 + 12 \times 14 = 29278\text{mm}$

根数 $= \left(\dfrac{\left[8000 - 650 - \min(180/2, 75) \times 2 \right]}{180} + 1 \right) \times 2 \approx 82（根）$

（4）Y 向顶部贯通筋

单根长度 $L = 8000 \times 2 - 600 + \max(12 \times 14, 700/2) \times 2 = 16100（\text{mm}）$

根数：

①～② 根数 $= \dfrac{\left[7300 - 650 - \min(180/2, 75) \times 2 \right]}{180} + 1 \approx 38（根）$

②～③ 根数 $= \dfrac{\left[6700 - 700 - \min(180/2, 75) \times 2 \right]}{180} + 1 \approx 34（根）$

③～④ 根数 $= \dfrac{\left[7000 - 700 - \min(180/2, 75) \times 2 \right]}{180} + 1 \approx 36（根）$

④～⑤ 根数 $= \dfrac{\left[6600 - 700 - \min(180/2, 75) \times 2 \right]}{180} + 1 \approx 33（根）$

外伸部分 $= \dfrac{\left[1500 - 350 - \min(180/2, 75) \times 2 \right]}{180} + 1 \approx 7（根）$

总根数 $= 38 + 34 + 36 + 33 + 7 = 148（根）$

（5）①号非贯通筋

1）A 和 C 轴线处①号筋

单根长度 $L = 2700 + 350 - 40 - 20 + 15 \times 14 = 3200\text{min}$

根数：

①～② 根数 $= \left\{ \dfrac{\left[7300 - 650 - \min(200/2, 75) \times 2 \right]}{200} + 1 \right\} \times 2 \approx 68（根）$

②～③ 根数 $= \left\{ \dfrac{\left[6700 - 700 - \min(200/2, 75) \times 2 \right]}{200} + 1 \right\} \times 2 \approx 62（根）$

③～④ 根数 $= \left\{ \dfrac{\left[7000 - 700 - \min(200/2, 75) \times 2 \right]}{200} + 1 \right\} \times 2 \approx 64（根）$

④～⑤ 根数 $= \left\{ \dfrac{\left[6600 - 700 - \min(200/2, 75) \times 2 \right]}{200} + 1 \right\} \times 2 \approx 60（根）$

总根数 $= 68 + 62 + 64 + 60 = 254（根）$

2）B 轴线处①号筋

单根长度 $L = 2700 \times 2 = 5400（\text{min}）$

根数：

①～② 根数 $= \dfrac{\left[7300 - 650 - \min(200/2, 75) \times 2 \right]}{200} + 1 \approx 34（根）$

②～③ 根数 $= \dfrac{\left[6700 - 700 - \min(200/2, 75) \times 2 \right]}{200} + 1 \approx 31（根）$

③～④ 根数 $= \dfrac{\left[7000 - 700 - \min(200/2, 75) \times 2 \right]}{200} + 1 \approx 32（根）$

④～⑤ 根数 $= \dfrac{\left[6600 - 700 - \min(200/2, 75) \times 2 \right]}{200} + 1 \approx 30（根）$

总根数 $= 34 + 31 + 32 + 30 = 127$（根）

（6）②号非贯通筋

1）①轴线处的②号非贯通筋

单根长度 $L = 2400 + 350 - 40 - 20 + 15 \times 16 = 2930$（mm）

$$根数 = \left\{ \frac{\left[8000 - 650 - \min(250/2, 75) \times 2 \right]}{250} + 1 \right\} \times 2 = 60（根）$$

2）②～④轴线处的②号非贯通筋

单根长度 $L = 2400 \times 2 = 4800$（mm）

$$根数 = \left\{ \frac{\left[8000 - 650 - \min(250/2, 75) \times 2 \right]}{250} + 1 \right\} \times 6 \approx 180（根）$$

3）⑤轴线处的②号非贯通筋

单根长度 $L = 2400 + 1500 - 40 + 12 \times 16 = 4025$（mm）

$$根数 = \left\{ \frac{\left[8000 - 650 - \min(250/2, 75) \times 2 \right]}{250} + 1 \right\} \times 2 \approx 60（根）$$

（7）U形封边钢筋

单根长度 $L = 500 - 40 \times 2 + \max(15 \times 20, 200) \times 2 = 1020$（mm）

$$根数 = \frac{(8000 \times 2 + 400 \times 2 - 40 \times 2 - 20 \times 2)}{300} + 1 \approx 57（根）$$

思考题：

1. 扩展基础的构造应符合哪些规定？

2. 预制钢筋混凝土柱与杯口基础的连接，应符合哪些规定？

3. 预制钢筋混凝土柱与高杯口基础的连接，应符合哪些规定？

4. 柱下独立基础的受冲切承载力如何验算？

5. 在轴心荷载或单向偏心荷载作用下，当台阶的宽高比不大于 2.5 且偏心距不大于 1/6 基础宽度时，柱下矩形独立基础任意截面的底板弯矩如何计算？

6. 双柱普通独立基础底部与顶部配筋构造有哪些？

7. 带短柱独立基础的配筋构造有哪些？

8. 基础梁的集中标注内容有哪些？

9. 条形基础底板板底不平构造有哪些？

10. 基础梁 JL 与柱结合部侧腋构造有哪些？

11. 柱下板带、跨中板带的平面注写方式有哪些要求？

12. 基础主梁竖向加腋钢筋构造有哪些？

13. 梁板式筏形基础平板 LPB 端部与外伸部位钢筋构造有哪些？

参 考 文 献

[1]　中国建筑标准设计研究院.16G101-1混凝土结构施工图平面整体表示方法制图规则和构造详图(现浇混凝土框架、剪力墙、梁、板).北京：中国计划出版社，2016.

[2]　中国建筑标准设计研究院.16G101-2混凝土结构施工图平面整体表示方法制图规则和构造详图(现浇混凝土板式楼梯).北京：中国计划出版社，2016.

[3]　中国建筑标准设计研究院.16G101-3混凝土结构施工图平面整体表示方法制图规则和构造详图(独立基础、条形基础、筏形基础、桩基础).北京：中国计划出版社，2016.

[4]　中国建筑标准设计研究院.12G901-1～3系列图集　混凝土结构施工钢筋排布规则与构造详图系列图集.北京：中国计划出版社，2012.

[5]　中国建筑标准设计研究院.12SG904-1型钢混凝土结构施工钢筋排布规则与构造详图.北京：中国计划出版社，2013.

[6]　混凝土结构设计规范GB 50010—2010[S].北京：中国建筑工业出版社，2010.

[7]　建筑抗震设计规范GB 50011—2010[S].北京：中国建筑工业出版社，2010.

[8]　上官子昌.平法钢筋识图与计算细节详解[M].北京：机械工业出版社，2011.

[9]　赵荣.G101平法钢筋识图与算量[M].北京：中国建筑工业出版社，2010.

[10]　高竞.平法结构钢筋图解读[M].北京：中国建筑工业出版社，2009.

[11]　唐才均.平法钢筋看图、下料与施工排布一本通[M].北京：中国建筑工业出版社，2014.

[12]　赵治超.11G101平法识图与钢筋算量[M].北京：北京理工大学出版社，2014.

[12]　上官子昌.混凝土结构简易计算(第2版)[M].北京：机械工业出版社，2012.